电梯安全守则

主　编　夏国柱
副主编　方美娟　刘安铭
参　编　章伟良　方佰凡　龚才兴　叶　浩
主　审　郭力宜

机械工业出版社

本书按照《中华人民共和国安全生产法》、《特种设备安全监察条例》等有关法律、法规、规范、规则的要求，紧紧围绕“安全”——这不仅是电梯的生命线，也是所有企、事业单位永恒的主题——而展开，涉及电梯安全生产各个环节中必须遵循的安全守则。书中内容丰富、全面系统，言简意赅、通俗易懂，是作者多年来在行政机关，企、事业单位的工作总结和心得体会，具有很强的实用性、针对性和指导性。

本书共分八章。第一章导则：安全生产极端重要；第二章通则：安全生产基础知识；第三章原则：安全责任重于泰山；第四章法则：强化安全生产保障体系；第五章准则：操作人员安全作业要求；第六章规则：作业过程安全操作技术；第七章细则：常用计量器具的安全使用；第八章附则：电梯安全使用须知。

本书虽然是围绕电梯企业安全生产中必须遵循的安全要求编著的，但对于其他工矿企、事业等单位搞好安全生产也具有极为重要的参考价值。

本书适合从事电梯安装、使用和维修的人员，以及相关专业的中高职院校师生参考。

图书在版编目（CIP）数据

电梯安全守则/夏国柱主编．—北京：机械工业出版社，2011.5（2024.7 重印）
ISBN 978-7-111-33797-3

Ⅰ.①电…　Ⅱ.①夏…　Ⅲ.①电梯—安全管理　Ⅳ.①TU857

中国版本图书馆 CIP 数据核字（2011）第 045289 号

机械工业出版社（北京市百万庄大街 22 号　邮政编码 100037）
策划编辑：沈　红　责任编辑：沈　红　版式设计：张世琴
责任校对：赵　蕊　封面设计：赵颖喆　责任印制：常天培
固安县铭成印刷有限公司印刷
2024 年 7 月第 1 版第 11 次印刷
169mm×239mm · 19.5 印张 · 376 千字
标准书号：ISBN 978-7-111-33797-3
定价：59.00 元

电话服务　　　　　　　网络服务
客服电话：010-88361066　机　工　官　网：www.cmpbook.com
　　　　　010-88379833　机　工　官　博：weibo.com/cmp1952
　　　　　010-68326294　金　书　网：www.golden-book.com
封底无防伪标均为盗版　机工教育服务网：www.cmpedu.com

前　言

伴随着我国经济的飞速发展、城市化建设和人民生活水平的不断提高以及高层建筑物林立和大批住宅楼群的涌现，住宅楼内的垂直交通运输工具电梯，已像其他交通工具一样，成为人们日常生活中不可或缺的组成部分。但是，电梯在给人带来方便的同时，也不可避免地带来了一定的风险，电梯在使用中出现的安全故障或事故的数量也在不断地增加。而确保电梯的安全运行，是电梯设计、制造、安装、调试、维保、检验、使用等各个环节的从业人员必须充分认识并采取保障举措的极为重要的课题。本书的作者就是紧紧围绕“安全”——这一电梯企业永恒的主题，在编著《电梯工程实用手册》、《电梯安装维修人员培训考核必读》、《电梯安全管理人员培训考核必读》、《电梯司机培训考核必读》的基础上，根据《中华人民共和国安全生产法》、《特种设备安全监察条例》、《电梯制造与安装安全规范》、《电梯使用管理与维护保养规则》、《电梯监督检验和定期检验规则》等法律、法规、规范、规则的要求，编著了这本《电梯安全守则》奉献给广大读者。

本书由深圳市吉达电梯工程有限公司董事长郭力宜提出纲目和编写要求，并进行主审；由深圳市特种设备安全技术专家、高级工程师夏国柱任主编并统稿；由深圳市鹏方达电梯有限公司总经理方美娟、深圳市吉达电梯工程有限公司总经理刘安铭任副主编；工程师章伟良、叶浩，注册安全主任方佰凡，高级技师龚才兴参加编写。

在编著过程中，作者参阅了大量与电梯安全生产有关的文献，并得到电梯行业同仁的大力支持和帮助，在此，向关心和支持本书编辑出版的相关单位和有关人员深表感谢。

由于编者经验不足、水平有限，书中错误与不妥之处在所难免，恳请读者批评指正。

编　者

目　录

第一章　导则：安全生产极端重要

一、安全生产，人命关天

安全，泛指没有危险、不受威胁和不出事故的状态。生产过程中的安全，是指不发生工伤事故，不引发职业病，设备或财产不受损失的状况，即指人不受伤害，物不受损失。安全也可以从以下两个方面来理解：

1）通俗来讲，安全就是在人们的生产和生活过程中，生命安全得到保障，身体、设备、财产不受到损害。

2）从本质上来讲，安全就是预知人们活动的各个领域里存在的固定危险和潜在危险，并为消除这些危险的存在和状态而采取各种方法、手段和行动。

安全生产是指在劳动生产过程中，努力改善劳动条件，消除不安全因素，防止伤亡事故的发生，使劳动生产在保证劳动者安全健康和国家财产及人民生命财产安全的前提下顺利进行。

安全生产的重要性可以用一句话概括：安全生产，人命关天。其重要性也可以用三个“事关”来表述：安全生产事关人民群众生命财产安全，事关国民经济持续、快速、健康发展，事关改革发展和社会稳定的大局。

当前，尤其要站在维护人民群众根本利益的角度和高度来认识安全生产的重要性。

对于一个单位、一个人来说，安全生产的重要性也是显而易见的。没有安全就没有一切是客观存在的道理，安全是一切的根本，安全是单位（企业）生存的保障，安全是员工的所有。因此，建立以人为本、尊重人、关心人、对人的生命和健康给予极大的关怀，重视社会责任，保护国家和个人财产免受损失的基本原则，是新时代要求我们每个人必须确立的价值观。

二、正确认知、践行安全生产方针

《中华人民共和国安全生产法》第三条规定：“安全生产管理要坚持安全第一、预防为主的方针”。这一方针是人们从无数伤亡事故中得出的血泪教训，是对实践、认识、再实践、再认识过程的总结。

如何正确认识、践行“安全第一、预防为主、综合治理”的安全生产方针？

第一，必须牢固树立以人为本的观念，把保护劳动者的生命与健康作为安全生产工作的根本出发点。以人为本，这也是生产经营单位的价值取向。这里的人包括顾客和本单位员工。满足顾客当前和未来的需求和期望，是生产经营单位生存的根本；保证员工工作环境、满足职业健康安全要求，是生产经营单位发展的资本。以人为本、关注安全、关爱生命，不仅是贯彻“安全第一、预防为主、综合治理”的方针所要求的，也是管理理念所要求的。

第二，“安全第一”就是要求我们在认识、处理生产与安全的问题时，必须坚持把安全工作放在首位，实行“安全优先”的原则，在保证生产安全的同时，促进生产经营活动的顺利进行，促进经济的发展。也就是我们通常所说的“生产必须安全，安全为了生产”。

第三，“预防为主”就是要把预防生产安全事故的发生作为安全生产工作的主体性任务。对安全生产的管理，主要不是在发生事故后去组织抢救，进行事故调查，找原因、追责任、堵漏洞，而是要谋事在先，尊重科学、探索规律，采取有效的事前控制措施，千方百计地预防事故的发生，做到防患于未然，将事故消灭在萌芽状态。为了预测、预防、预控安全事故的发生，生产经营单位应结合生产实际，切实制定并采取一些以预防为主的安全措施。

第四，“综合治理”就是要动员全社会共同关心和支持安全生产工作，形成齐抓共管的最大合力，把安全生产工作抓细、抓实、抓好。对于我们来说，就是要做到思想认识上警钟长鸣，制度保证上严密有效，技术支撑上坚强有力，监督检查上严格细致，事故处理上严肃认真。特别是要通过多种形式、渠道实施和强化单位员工的安全教育和培训，从而提高全体员工的安全技术水平和防范事故能力，尤其是增强安全意识，认识到安全也是生产力，安全就是生活质量，安全就是最大的福利。把安全政策法规与安全行为准则转化为人们的自觉行为规范，最大限度地减少“三违”（即违章指挥、违章作业、违反劳动纪律）现象，努力做到“三不”（即不伤害自己、不伤害他人、不被别人伤害），降低事故率，确保安全生产。

三、安全——电梯的生命线

电梯是高层建筑物中必不可少的垂直交通运输工具，它的安全直接关系到人的生命和财产安全，所以安全性是电梯服务于高层建筑所应具备的最基本的性能，是用户对电梯最重要的期望与要求，也是电梯生产经营单位（以下简称电梯企业）一直以来孜孜不倦的追求。为了保证电梯安全运行，在设计、制造、安装、调试、维保、使用等各个环节都要充分考虑如何防止危险的发生，并针对各种可能发生的危险采取一系列的安全举措。

在电梯的设计制造过程中，生产厂家为了确保电梯的安全性和可靠性，严格执行国家制定的电梯及其相关基础标准、通用标准和专业标准、生产出或选择各种好的电梯配件、配套件，尤其是安全部件更要保证其可靠性。按照《特种设备质量监督与监察规定》中的规定：电梯出厂时，必须附有制造企业关于该电梯产品或部件的出厂合格证、使用维护说明书、装箱清单等出厂随机文件，重要安全部件还须具有有效的型式试验合格证书，这是电梯投入运行前必不可少的“身份证”。

承接电梯的安装，必须由具有相应安装资质和等级的单位和技术人员，在现场装配安装成为整机。在安装的过程中，安装技术人员要严格执行国家制定的强制性的标准和规范，并对各个项目、各个部件进行自检、专职检。安装竣工后，将由电梯生产厂家委派有资格的质检人员和安装人员一道，对所安装的电梯的整机质量进行检验。确认合格后，报请政府授权的相关部门进行验收，验收须按国家标准所规定的项目逐项、逐条地进行检验，验收合格后发放安全检验合格证，此时电梯方可投入运行。

电梯在交付使用后，必须进行长期的有效的维修保养工作，这是保证电梯安全运行必不可少的重要环节。电梯的维修保养工作必须由持有特种设备作业证的人员进行。由于这些人员经常和电梯设备打交道，电梯所发生的人身伤害事故，很大一部分受害者是电梯维修保养人员及电梯安装人员，因此电梯作业人员的安全操作是电梯安全运行中的重中之重。鉴于此，电梯企业历来十分重视电梯安装、维修人员的安全教育和培训，不断增强作业人员的安全意识，不断提高作业人员的安全技术、应知应会的安全生产基本知识、操作技能水平，严格遵守电梯企业制定的安全生产的规定、规程和要求，控制和改变一些作业人员的不安全行为，达到不发生或减少安全事故的目的。

电梯的安全有效运行，还取决于电梯乘客的安全、文明搭乘。综合分析电梯所发生的安全事故，其中有不少与乘客未能安全搭乘有关。因此，宣传安全、文明的搭乘知识，有利于减少安全事故的发生。

现实告诫我们，安全是电梯的生命线。注重安全生产，是全面落实科学发展观与构建社会主义和谐社会的必然要求，是电梯企业永恒的主题。

第二章　通则：安全生产基础知识

一、基本术语

1. 安全

指消除了不可接受的风险。

2. 安全生产方针

安全第一、预防为主、综合治理。

3. 安全生产

为预防生产过程中发生事故而采取的各种措施和活动。

4. 安全生产条件

满足安全生产的各种因素及其组合。

5. 安全生产业绩

在安全生产过程中产生的可测量的结果。

6. 安全生产能力

安全生产条件和安全生产业绩的组合。

7. 危险源

可能导致死亡、伤害、职业病、财产损失、工作环境破坏或这些情况组合的根源或状态。

8. 事故

造成死亡、伤害、职业病、财产损失、工作环境破坏或超出规定要求的不利环境影响的意外情况或事件的总称。

9. 隐患

未被事先识别可能导致事故的危险源和不安全行为及管理上的缺陷。

10. 安全生产保障体系

对项目安全风险和不利环境的管理系统。

11. 劳动强度

劳动的繁重和紧张程度的总和。

12. 特种设备

由国家认定的，因设备本身和外在因素的影响容易发生事故，并且一旦发生事故将造成人身伤亡及重大经济损失的危险性较大的设备。

13. 特种作业

由国家认定的，对操作者本人及其周围人员和设施的安全有重大危险因素的作业。

14. 特种工种

从事特种作业人员岗位类别的统称。

15. 特种劳动保护用品

由国家认定的，在易发生伤害及职业危害的场合，供职工穿戴或使用的劳动防护用品。

16. 有害物质

化学的、物理的、生物的等能危害职工健康的所有物质的总称。

17. 起因物

导致事故发生的物体、物质。

18. 原因

在危险状态下，导致产生后果的环境、情况、事件或行动。

19. 后果

危险状态出现时，原因导致的结果。

20. 伤害

对身体的损伤，或对人体健康、财产或环境的损害。

21. 伤害事件

危险状态导致了伤害的出现。

22. 危险

潜在的伤害源。

23. 危险状态

人员、财产或环境暴露于一种或多种危险中的情形。

24. 使用寿命

一个部件或一部电梯系统的使用期限。

25. 保护措施

用于降低风险的方法。

26. 风险

伤害发生的概率与伤害的严重程度的综合。

27. 情节

危险状态、原因和后果组成的先后次序。

28. 严重程度

潜在伤害的程度。

29. 有毒物质

作用于生物体，能使机体发生暂时或永久性病变，导致疾病甚至死亡的物质。

30. 危险因素

能对人造成伤亡或对物造成突发性损坏的因素。

31. 有害因素

能影响人的身体健康，导致疾病或对物造成慢性损坏的因素。

32. 有害作业

作业环境中有害物质的浓度、剂量超过国家卫生标准中该物质最高允许值的作业。

33. 有尘作业

作业场所空气中的粉尘含量超过国家卫生标准中粉尘的最高容许值的作业。

34. 有毒作业

作业场所空气中有毒物质的含量超过国家卫生标准中有毒物质的最高容许浓度的作业。

35. 防护措施

为避免职工在作业时，身体的某部位误入危险区域或接触有害物质而采取的隔离、屏蔽、安全距离、个人防护等措施或手段。

36. 个人防护用品

为使职工在职业活动过程中，免遭或减轻事故和职业危害因素的伤害而提供的个人穿戴用品。同义词：劳动防护用品。

37. 安全认证

由国家授权的机构，依法对特种设备、特种作业场所、特种劳动防护用品的安全卫生性能，以及特种作业人员的资格等进行考核、认可并颁发凭证。

38. 职业安全

以防止职工在职业活动过程中发生各种伤亡事故为目的的工作领域及在法律、技术、设备、组织制度和教育等方面所采取的相应措施。同义词：劳动安全。

39. 职业卫生

以职工的健康在职业活动过程中免受有害因素毒害为目的的工作领域及在法律、技术、设备、组织制度和教育等方面所采取的相应措施。同义词：劳动卫生。

40. 女职工劳动保护

针对女职工在经期、孕期、产期、哺乳期等的生理特点，在工作任务、工作时间和工作分配等方面所进行的特殊保护。

41. 未成年工劳动保护

针对未成年工（已满 16 周岁、未满 18 周岁）的生理特点，在工作时间和工作分配等方面所进行的特殊保护。

42. 职业病

职工因受职业性有害因素的影响而引起的，由国家以法规形式规定的，并经国家指定的医疗机构确诊的疾病。

43. 特别重大事故

是指造成 30 人以上死亡，或者 100 人以上重伤（包括急性工业中毒），或者 1 亿元以上直接经济损失的事故。同义词：特大伤亡事故。

44. 重大事故

是指造成 10 人以上 30 以下死亡，或者 50 人以上 100 人以下重伤，或者 5000 万元以上 1 亿元以下直接经济损失的事故。同义词：恶性事故。

45. 较大事故

是指造成 3 人以上 10 人以下死亡，或者 10 人以上 50 人以下重伤，或者 1000 万元以上 5000 万元以下直接经济损失的事故。

46. 一般事故

是指造成 3 人以下死亡，或者 10 人以下重伤，或者 1000 万元以下直接经济损失的事故。

47. 轻伤

指损失工作日低于 105 日的失能伤害。

48. 重伤

指相当于损失工作日等于和超过 105 日的失能伤害。

49. 违章指挥

强迫职工违反国家法律、法规、规章制度或操作规程进行作业的行为。

50. 违章操作

职工不遵守规章制度冒险进行操作的行为。

51. 工作条件

职工在工作中的设施条件、工作环境、劳动强度和工作时间的总和。同义词：劳动条件。

52. 工作环境

工作场所及周围空间的安全卫生状态和条件。

53. 致害物

指直接引起伤害及中毒的物体或物质。

54. 伤害方式

指致害物与人体发生接触的方式。

55. 不安全状态

指能导致事故发生的物质条件。

56. 不安全行为

指能造成事故的人为错误。

二、作业场地的不安全现象

1. 防护、保险、信号等装置缺乏或有缺陷

（1）无防护

1）无防护罩。

2）无安全保险装置。

3）无报警装置。

4）无安全标志。

5）无护栏或护栏损坏。

6）电气未接地。

7）绝缘不良。

8）风扇无消声系统、噪声大。

9）危房内作业。

10）未安装防止“跑车”的挡车器或挡车栏。

11）其他。

（2）防护不当

1）防护罩未在适当位置。

2）防护装置调整不当。

3）电气装置带电部分裸露。

4）其他。

2. 设备、设施、工具、附件有缺陷

（1）设计不当，结构不符合安全要求

1）通道门遮挡视线。

2）制动装置有缺欠。

3）安全间距不够。

4）拦车网有缺欠。

5）工件有锋利毛刺、毛边。

6）设施上有锋利的倒棱。

7）其他。

（2）强度不够

1）机械强度不够。

2）绝缘强度不够。

3）起吊重物的绳索不符合安全要求。

4）其他。

（3）设备在非正常状态下运行

1）设备带“病”运转。

2）超负荷运转。

3）其他。

（4）维修、调整不良

1）设备失修。

2）地面不平。

3）保养不当、设备失灵。

4）其他。

3. 个人防护用品用具

防护服、手套、护目镜及面罩、呼吸器官护具、听力护具、安全带、安全帽等缺少或存在缺陷：

1）无个人防护用品、用具。

2）所用防护用品、用具不符合安全要求。

4. 生产（施工）场地环境不良

1）照明光线不良：a. 照度不足；b. 作业场地烟雾、灰尘弥漫，视物不清；c. 光线过强。

2）通风不良：a. 无通风；b. 通风系统效率低；c. 风流短路；d. 其他。

3）作业场所狭窄。

4）作业场地杂乱：a. 设备布设不合理；b. 工具、制品、材料堆放不安全；c. 安全距离不足；d. 作业环境安全标志不符合要求；e. 作业环境安全信息设置不合理；f. 其他。

5）地面滑：a. 地面有油或其他液体；b. 冰雪覆盖；c. 地面有其他易滑物。

6）作业环境卫生条件不良：a. 生产设备存在跑、冒、滴、漏现象；b. 作业现场脏、乱、差。

三、作业人员的不安全行为

1. 不按规定的方法操作

1）不按规定的方法使用机械设备、装置。

2）使用有故障或带“病”的机械设备、工具和用具。

3）错误选择机械装置、工具、用具。

4）离开运转着的机械设备、装置。

5）机动车超速。

6）机动车驾驶员违章驾驶。

7）其他。

2. 不采取安全措施

1）没有防止意外风险的措施。

2）没有防止机械设备、装置会“突然”起动的意识。

3）没有信号就移动或放开物体。

3. 对运转着的设备进行清洁、加油、修理及调节作业

1）运转中的机械设备。

2）带电设备。

3）加压容器。

4）装有危险物的容器。

4. 安全防护、保护装置失效

1）拆掉、移走安全保护装置。

2）安全保护装置不起作用（如短接安全回路）。

3）安全保护装置调整错误。

4）去掉其他防护物。

5. 制造存在风险的状态

1）货物过载。

2）把规定物换成不安全物。

3）临时使用不安全措施。

4）其他。

6. 使用劳动保护用品、用具不当

1）不使用劳动保护用品、用具。

2）不穿戴劳动保护服装。

3）劳动保护用品、用具、服装的选择、使用方法有误。

7. 不安全放置

1）机械装置在不安全状态下放置。

2）车辆、物料运输设备的不安全放置。

3）物料、工具、垃圾等的不安全放置。

8. 接近危险场所

1）接近或接触运转中的机械装置。

2）接触正被吊起的货物。

3）接近或走到起吊货物的下面。

4）进入危险场所。

5）登上、爬上或接触易倒的物体。

6）在不安全场所攀、坐。

7）其他。

9. 某些不安全行为

1）用手代替工具。

2）没有确认是否安全就进入下一个动作。

3）从中间、底下抽取货物。

4）用扔（抛）的方式替代用手传递物体。

5）不必要的奔跑。

6）在作业环境不良的场地（如工地）行走时不注意脚下的路。

7）捉弄人、恶作剧。

8）其他。

10. 错误动作

1）货物拿得过多。

2）拿物体的方法有误。

3）推、拉物体的方法不对。

4）其他。

11. 其他不安全行为

1）作业时精神不集中。

2）麻痹大意。

3）好奇乱动。

4）在不安全处逗留。

5）违反劳动纪律。

四、作业人员的不安全心理

1. 骄傲自大，争强好胜

自己能力不强，但自信心过强，总认为自己有工作经验，有时也感觉力不从心，但在众人面前争强好胜、图虚荣，不计后果、蛮干、冒险作业。

2. 情绪波动，思想不集中

受社会、家庭环境等客观原因的影响，产生烦躁、心慌意乱、思想分散、顾此失彼、手忙脚乱的情形，或者高度喜悦和兴奋、手舞足蹈、得意忘形，导致不安全行为的发生。

3. 技术不熟练，遇险惊慌

操作技术不熟练，生产工艺不熟，面对突如其来的异常情况，正常的思维活动受到抑制或出现紊乱，束手无策，惊慌失措，甚至茫然无措。

4. 盲目自信，思想麻痹

青年工人和一部分有经验的老工人表现尤为突出，他们在安全规程面前“不信邪”，在领导面前“不在乎”，把别人的提醒当成“耳旁风”，把安监人员的监管视为“找麻烦”。盲目自信，自以为绝对安全，我行我素。

5. 盲目从众，逆反心理

看见别人违章作业，有些人也盲目地照着学，对执行安全规章制度有逆反心理。

6. 侥幸心理

侥幸心理是许多违章人员在行动前的一种普遍心态。在他们看来，违章不一定出事，出事不一定伤人，伤人不一定是我。这实际上是把出事的偶然性绝对化了。

7. 惰性心理

惰性心理也可称为“节能心理”，它是指在作业中尽量减少能量支出，能省力便省力，能将就凑合就将就凑合的一种心理状态，它是懒惰行为的心理根源。在实际工作中，有些违章操作是由于干活图省事、嫌麻烦而造成的。

8. 无所谓心理

无所谓心理表现为心不在焉，满不在乎。无所谓心理对安全的影响极大，因为有些人心里根本就没有安全这根弦，因此在行为上常表现为频繁违章。有这种心理的人常是事故的多发者。

9. 好奇心理

好奇心人皆有之，它是人对外界新异刺激的一种反应。有的人违章，就是好奇心所致。

10. 工作枯燥，厌倦心理

从事危险、单调重复工作的人员，容易产生心理疲劳、厌倦心理。

11. 错觉、下意识心理

这是个别人的特殊心态。一旦出现，后果极为严重。

12. 心理幻觉，近似差错

有些从业人员感到自己“莫名其妙”违章，其实是人体心理幻觉所致。

13. 环境干扰，判断失误

在作业环境中，温度、色彩、声响、照明等因素超出人们感觉功能的限度时，会干扰人的思维判断，导致判断失误和操作失误。

五、电梯运行中的不安全状况

电梯运行中的不安全状况如下：

1）选层后关闭厅门、轿门，门已闭合而不能正常起动行驶。

2）厅门、轿门没有闭合而电梯仍能起动行驶。

3）电梯运行方向与选层方向相反。

4）电梯运行速度有明显变化。

5）内选单层、换速、召唤和指层信号失灵、失控。

6）电梯在正常条件下运行，安全钳突然发生动作。

7）运行中发现有异常噪声、较大振动和冲击。

8）电梯在正常负荷下，超越端站位置继续行驶，造成冲顶或蹲底。

9）电梯在行驶中突然停电或无故停车，停车不开门，厅门可随意从外面人为扒开。

10）电梯部件过热而散发出焦热的气味。

11）人接触任何金属部分都有麻电现象。

12）电梯发生湿水事故。

六、安全色及对比色

1. 安全色

（1）安全色的含义　安全色是表达安全信息的颜色，如表示禁止、警告、指令、提示等安全信息。应用安全色使人们能够迅速发现或分辨安全标志并提醒人们注意，以防发生事故，但安全色本身不能消除任何危险。国家标准《安全色》（GB 2893—2008）中规定的安全色为红色、黄色、蓝色、绿色四种，并规定黑、白两种颜色为对比色。安全色的含义及其对比色与用途详见表2－1。

（2）安全色的特性

1）红色：很醒目，可使人们在心理上产生兴奋感，感到刺激。红色光波较长，不易被尘雾所散射，在较远的地方也容易辨认，即红色的注目性非常高，视认性也很好，所以用其表示危险、禁止和紧急停止的信号。其缺点是，易使人神经紧张而导致不安。

2）黄色：对人眼能产生比红色更高的明度，黄色与黑色组成的条纹是视认性最高的色彩，特别能引起人们的注意，所以用于警告信号。

3）蓝色：注目性和视认性虽然都不太好，但与白色配合使用效果比较好，特别是在太阳光直射的情况下较明显，因此适合用做指令标志的颜色。

4）绿色：视认性和注目性不太高，但绿色是大自然、新鲜、年轻的象征，具有和平、舒适、恬静、安全等心理效应，所以用于提示安全的信息。

（3）安全色的用途及注意事项

1）安全色含义及其对比色与用途见表2－1。

表 2－1 安全色含义及其对比色与用途

安全色	相应的对比色	含 义	所起心理效应	用 途 举 例
红色	白色	禁止 停止	危险	禁止标志 停止信号：机器、车辆上的紧急停止手柄或按钮，以及禁止人们触动的部位，红色也表示防火
黄色	黑色	警告 注意	警告 希望	警告标志 警戒标志：如厂内危险机器和坑池周围的警戒线，行车道中线 机械上齿轮箱内部 安全帽
蓝色	白色	指令 必须遵守的规定	沉重 诚实	指令标志：如必须佩戴个人防护用具，道路上指引车辆和行人行驶的方向指令
绿色	白色	提示 安全状态 通行	安全 希望	提示标志 车间内的安全通道 行人和车辆通行标志 消防设备和其他安全防护设备的位置

2）安全色应用中的注意事项：

① 安全色的应用必须以表示安全为目的。如不是以表示安全为目的，即使应用了红、黄、蓝、绿四种颜色，也只能叫颜色，不能叫安全色。例如气瓶、容器管道等涂以各种颜色，目的是用以区分气瓶或容器中装的不同的介质，而不是向人们表示禁止、警告或安全的含义。如氮气瓶上涂以黄色，不是警告人们搬动这种气瓶时有危险；氯气瓶上涂以绿色，也不是说明这种气瓶是安全的。

② 安全色有规定的颜色范围，超出范围就不符合安全色的要求。颜色范围所规定的安全色是最不容易相互混淆的颜色，如果超出它们的颜色范围，就会削弱它们的辨别度。

③ 安全色不能用有色的光源照明，照明应符合《工业企业照明设计标准》的规定。安全色不能使人感觉耀眼。

④ 安全色涂料必须符合相关规定的颜色。安全色卡具有最佳的颜色辨认率。

⑤ 涂有安全色的部位应注意检查、保养、维修。当发现颜色有污染或有变化、褪色，不在 GB 2893—2008 规定的颜色范围时，应及时清理或更换。至少每年检查一次。

3）施工现场安全色标登记表见表 2－2。

表 2-2　施工现场安全色标登记表

工程名称：　　　　　　　　　　　　　　　　　　　　　　　　　　年　　月　　日

类别		数量	位置	起止时间	备注
禁止类（红色）	禁止吸烟		材料库房、成品库、油料堆放处、易燃易爆场所、材料场地、木工棚、施工现场、打字复印室		
	禁止通行		外架拆除、坑、沟、洞、槽、吊钩下方，危险部位		
	禁止攀登		外用电梯出口、通道口、楼道出入口		
	禁止跨越		首层外架四面、栏杆、未验收的外架		
指令类（蓝色）	必须戴安全帽		外用电梯出入口、现场大门口、吊钩下方、危险部位、楼道出入口、通道口、上下交叉作业		
	必须系安全带		现场大门口、楼道出入口、外用电梯出入口、高处作业场所、特种作业场所		
	必须穿防护服		通道口、楼道出入口、外用电梯出入口、电焊作业场所、油漆防水施工场所		
	必须戴防护眼镜		楼道出入口、外用电梯出入口、通道出入口、车工操作间、焊工操作场所、抹灰操作场所、机械涂装场所、修理间、电镀车间、钢筋加工场所		
警告类（黄色）	当心弧光		焊工操作场所		
	当心塌方		坑下作业场所、土方开挖		
	机械伤人		机械操作场所，电锯、电钻、电刨、钢筋加工现场，机械修理场所		
提示类（绿色）	安全状态通行		安全通道、行人车辆通道、外架施工层防护、人行通道、防护棚		

2. 对比色

（1）对比色的含义及用途　对比色是为了使安全色更加醒目而采用的反衬色，它的作用是提高物体颜色的对比度。国家标准《安全色》（GB 2893—2008）规定对比色为黑、白两种颜色。对比色的主要用途是：

1）黑色，用于安全标志的文字，图形符号、警告标志的几何图形。

2）白色，作为安全色红、蓝、绿的背景色，也可以用于安全标志的图形符号和文字。

3）用于双色间隔条纹标志，有红色与白色相间隔的、黄色与黑色相间隔的，以及蓝色与白色相间隔的条纹，其中红色与白色、黄色与黑色相间隔的条纹，是两种较醒目的标志，如图 2－1 所示。

（2）间隔条纹标志的含义及用途　用安全色及其对比色制成的间隔条纹标志，能显得更加清晰醒目。安全色与对比色相间的条纹宽度相等，即各占 50%。这些间隔条纹标志的含义和用途见表 2－3。

表 2－3　间隔条纹标志的含义和用途

间隔条纹	含　义	用 途 举 例
红、白色相间	禁止进入、禁止超过	道路上用的防护标杆和隔离墩
黄、黑色相间	提示特别注意	轮胎式起重机的外伸腿 吊车吊钩的滑轮架 铁路和通道交叉口上的防护栏杆
蓝、白色相间	必须遵守规定的信息	交通指标性导向标志
绿、白色相间	与提示标志牌同时使用，更为醒目的提示	固定提示标志杆上的色带

图 2－1　间隔条纹标志

3. 安全色及对比色在电梯中的应用

我国电梯标准中对安全色、对比色的使用也有规定，主要有以下几个方面：

1）紧急停止开关按钮应为红色。

2）报警开关按钮应为黄色。国家标准规定红、黄两色不应用于其他按钮，但这两种颜色可以用于发光的“呼唤登记”信号。

3）盘车手轮应涂以黄色，开闸扳手应涂以红色。

4）限速器整定部位的封漆应为红色。

5）机房吊装用吊钩应用红色数字标示出其最大载荷量。

6）限速器动作方向曳引轮旋转方向箭头标志应为红色。

7）限速轮和曳引轮应涂以黄色，至少其边缘应涂以黄色，以警示切勿触及。

8）超载信号闪烁应为红色。

9）对于轿厢运行方向指示灯颜色，国家标准中未做规定，但许多生产厂家采用绿色箭头灯显示运行方向，以示安全运行。

10）电梯电气线路供电系统中，依据电气供电有关规定：L1（A相）——黄色、L2（B相）——绿色、L3（C相）——红色、P（工作零线）——黑色、PE（保护零线）——黄、绿双色。

4. 安全线

在工矿企业中，用以划分安全区域与危险区域的分界线为安全线。国家标准GB 2893—2008《安全色》规定，安全线用白色，宽度不得小于60mm。

七、安全标志

1. 安全标志的含义

安全标志是指在操作人员容易产生错误而造成事故的场所，为了确保安全，提醒操作人员注意所采用的一种特殊标志。

制定安全标志的目的是引起人们对不安全因素的注意，预防事故的发生。因此要求安全标志含义简明、清晰易辨、引人注目。安全标志中应尽量避免出现过多的文字说明，甚至不用文字说明，也能使人们一看就知道它所表达的信息含义。安全标志不能代替安全操作规程和保护措施。

依据国家有关标准，安全标志应由安全色、几何图形和图形符号构成。必要时，还需要补充一些文字说明与安全标志一起使用。

国家标准《安全标志及其使用导则》（GB 2894—2008）对安全标志的尺寸、衬底色、制作、设置位置、检查、维修以及各类安全标志的几何图形、标志数目、图形颜色及其辅助标志等都做了具体规定。安全标志的文字说明必须与安全标志同时使用。辅助标志应位于安全标志几何图形下方，文字有横写、竖写两种形式。

2. 安全标志的标志

安全标志的标识根据其使用目的的不同，可以分为以下九种标志：

1）防火标志（有发生火灾危险的场所，有易燃、易爆危险的物质及位置，防火、灭火设备位置）。

2）禁止标志（所禁止的危险行动）。

3）危险标志（有直接危险性的物体和场所）。

4）注意标志（由于不安全行为或不注意就有危险的场所）。

5）救护标志。

6）小心标志。

7）放射性标志。

8）方向标志。

9）指示标志。

3. 安全标志的类型

国家标准《安全标志及其使用导则》（GB 2894—2008）中共规定了103个安全标志，按其用途可分为禁止标志、警告标志、指令标志和提示标志四大类型。这四类标志采用4个不同的几何图形表示，见表2-4。

表2-4　安全标志的类型、图形及含义

类　型	图　形	含　义
禁止标志		圆形内画一斜杠，并用红色描画成较粗的圆环和斜杠，表示“禁止”或“不允许”。在圆环内画上简单易辨的图像，这种图像即是表示“禁止”该行为的图形符号。目前世界各国的禁止标志都是采用圆形内画一斜杠的几何图形，2008年我国颁布的国家标准GB 2894—2008《安全标志及其使用导则》，也采用了这种国际通用的禁止标志 禁止标志圆环内的图像用黑色绘画，背景用白色；说明文字在几何图形的下面，文字用白色，背景用红色
警告标志	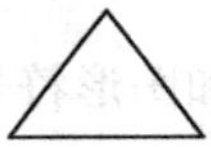	由于三角形引人注目，故用做“警告标志”，警告人们注意可能发生的各种各样的危险 三角形的背景用黄色，三角图形和三角内的图像均用黑色描绘。黄色是有警告含义的颜色，在对比色黑色的衬托下，绘成的“警告标志”更引人注目；说明文这用空心黑框、黑色字表示
指令标志	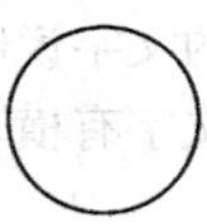	在圆形内配指令含义的颜色——蓝色，并用白色画出必须履行的图形符号，构成“指令标志”，要求到这个地方的人必须遵守。如工地附近有“必须戴安全帽”的指令标志，则进入工地的任何人都必须戴上安全帽，任何人都可禁止不戴安全帽的人进入施工现场，以免发生意外
提示标志	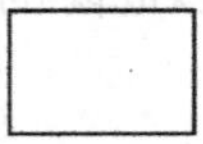	以绿色为背景的长方形几何图形，配以白色文字和图形符号，并标明目标的方向，即构成提示标志 提示标志分一般提示标志和消防设备提示标志两种。一般提示标志指出安全通道或太平门的方向；消防设备提示标志标明各种消防设备存放或放置的地方

4. 安全标志装置

凡是以安全为目的向人们提醒和传递系统、场所、设备所处状态安全信息的标志性信号装置，都属于安全标志装置。

（1）安全标志装置的类型　根据传递信息方式的不同，安全标志装置可分为：

1）视觉警告信号装置，这是使用最为广泛的装置类型，如安全标志牌、安全标志照明、安全信号灯等。

2）听觉报警信号装置，如警铃、火警装置、急救报警装置等。当视觉警告信号装置不适用时，应采用听觉报警信号装置。在距离相当时，听觉信号的效果比视觉信号好。

3）嗅觉报警信号装置，利用人的嗅觉作为报警信号的比较少，因为人的嗅觉能力不同。另外，有的气体有害有毒，而且只有达到一定浓度，鼻子才能闻到。但有时可利用嗅觉来察觉润滑油的温度变化，如轴承过热、润滑油挥发，操作和检修人员即可发现。

4）触觉报警信号装置，例如利用人对振动的感觉可以察觉设备故障，利用人的触觉可以感觉温度变化，进而了解设备运行是否正常。但最好利用仪器进行监测，因为人的触觉能力差异很大，而且不能定量表示。

5）组合式警告信号装置，如声光报警装置。

（2）常用安全标志装置

1）安全标志牌。安全标志牌是安全标志的主要载体，通过标志牌将安全标志显示在需要向人们传递安全信息的环境、场所、设备、部位，以提醒人们引起注意。制作安全标志牌要用可防腐蚀的坚固耐用的材料，如搪瓷金属板、塑料板，也可直接画在墙壁或机具上。在有触电危险的场所，标志牌应使用绝缘材料制作。标志牌上的安全标志必须符合国家标准的要求。安全标志牌必须经国家指定的产品质量监督检验部门检验合格后方能生产和销售。安全标志牌应设在醒目、有充足照明、与安全有关的地方，不宜设在门、窗、架等可移动的物体上。安全标志牌应定期检修，如发现变形、破损或图形符号脱落及变色导致其不在安全色的范围，应及时修整或更换。

2）安全标志照明。标志照明是带有发光装置（用以提高背景亮度的文字或图形符号）的一种利用光信号传递安全信息的指示装置。标志照明比一般的标志牌更为醒目，对人们的引导和提示效果更佳。

标志照明灯具上的标志用文字或图形表示，或者两种形式相辅并用。其中图形符号使人看见便知标志内容，而不受语言和文字的约束；所采用的文字符号，应该力求大众化和规范化，不要随意使用不符合规范的名词。标志灯具表面亮度的高低，应考虑标志的内空、材料的透光性和环境空间的亮度，以确定适当的亮度对比，引起人们的注意。标志照明灯具的装设位置一般选定在视野范围内的醒目处，距地面高度 1.5 ~ 3m 为宜。疏散指示标志灯应装设在太平门的上部和疏散通道及其拐角处距地 1m 以下的墙壁上。对用于防止因电源突然中断而造成秩序混乱或具有严重危害的事故的安全标志照明，应由能够自动切换的双电源供电，以保证标志照明的正常工作。

3）安全信号灯。安全信号灯是一种有色信号灯，是为辨认危险和防止事故而应用的最普遍的信号装置。采用的灯光有恒定型和闪烁型两种，闪烁灯光用以表示紧迫性并引起人们的注意。

灯光的含义与安全色一样：红色信号灯表示存在危险、紧急情况，机件失灵，出现故障、错误、停止；黄色信号灯表示危险临近、处于边缘状态、警告、缓慢进行；绿色信号灯表示情况、性能发挥正常，数据在规定范围以内，处于安全状态；白色信号灯表示系统准备就绪、操作顺利进行。

4）险情听觉信号。险情听觉信号标志险情的开始、持续与终止。根据险情对人身安全影响的紧急程度，险情听觉信号分为警告听觉信号和紧急撤离听觉信号。警告听觉信号包括预起动警告信号或准备起动前的警告信号。它标志可能或正在发生的险情，还表示应使用相应手段对险情予以控制、消除及其实施程序；紧急撤离听觉信号标志开始出现或正在发生的有可能造成伤害的紧急情况，以可识别的方式命令人们立即离开危险区。险情听觉信号必须清晰，具备可听性、可分辨性和含义明确性。常用的险情听觉报警信号装置有汽笛、电铃型、蜂鸣器、语言报警信号型、变调信号型。险情听觉信号最好用独立的通信系统，以免因发生事故或停电而影响使用。

5. 安全符号

（1）安全符号的含义　安全符号也是安全标志的一种类型，它通常是以图形符号为主，有些配以文字或颜色。这类图形符号通常是工程上使用的简图标记符号，如接地标记图形符号、危险电压标记图形符号、报警器标记图形符号等。它们具有简单明了的特点，能直观形象地向人们表达特定的安全信息，也同样起到提醒、警示的作用。一般主要用做设备上的安全标记以及说明书、操作流程等的安全标记。

（2）安全符号在电梯中的应用　见表2－5。

表2－5　安全符号在电梯中的应用

编　号	符　号	名　称	说　明
1	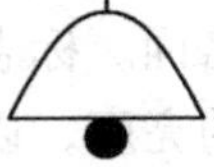	报警按钮	铃形符号
2	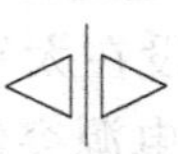	开门按钮	仿形箭头

（续）

编　号	符　号	名　称	说　明
3	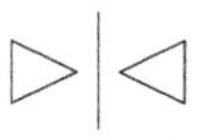	关门按钮	仿形箭头
4		电话	仿形受话器、手持式受话器符号
5		停止使用信号	红色圆盘带白色水平线
6		呼梯按钮、箭头形指示器和方向箭头的方向指标	仿形箭头
7	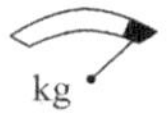	超载指示器	仿形秤盘

6. 安全标志在电梯中的应用

GB 5083—1999《生产设备安全卫生设计总则》中规定：生产设备易发生危险的部位，必须有安全标志。

电梯有许多地方设置了标志，以便使乘客和维修人员了解该电梯的相关数据与须知，或增强乘客和维修人员的安全意识，保证电梯安全运行，防止发生人身伤害事故。我国电梯标志借鉴和参照采用了 GB 2894—2008《安全标志及其使用导则》中的相关内容。

电梯的安全标志可分为说明类标志、提示类标志、指令类标志、警告类标志、禁止类标志及补充标志。

（1）说明类标志　这类标志主要指电梯设备铭牌，这些铭牌都应由设备生产厂家提供并固定在适当的位置，铭牌应字迹清楚、固定牢固。这类标志主要有：

1）轿厢内铭牌内容有轿厢额定载荷、乘客数量、生产厂家等。铭牌上的汉字、数字、大写字母高度不得小于 10mm，小写字母不得小于 7mm。

2）安全钳、限速器、缓冲器、层门锁紧装置铭牌内容除应标明设备名称、型号、生产厂家、生产日期外，还应标明型式试验标志及出处，限速器还应标明已测定好的动作速度。

3）电动机、曳引机、制动器、控制柜等设备铭牌上除应标明设备名称、型号、生产厂家、生产日期外，还应标明主要技术数据，如电动机额定容量、接线方式、曳引机速比、减速机型号等。

（2）提示类标志　该类标志主要用数字、文字、图形符号来提醒人们注意以防止发生事故。这类标志主要有：

1）在承重梁和吊钩上应标明最大允许载荷，防止吊装时超载。

2）应在曳引轮旋转部位的边缘或附近，标明轿厢向上、向下时的旋转方向，限速器应标明与安全钳动作相应的旋转方向，以利于维修人员识别。

3）曳引电动机轴端盖处应标明轿厢上、下行时，电动机的旋转方向，以便于人工盘车时辨别。

4）机房及轿厢操作盘内、轿厢顶操作盒、底坑操作盒等处设置的停止按钮，其旁边应标示“停止”字样。

5）轿厢顶操作盒、机房等处设置的检修开关处的，应标示“检修”、“正常”字样，以便于操作者识别。

6）轿厢顶操作盒、机房等设有上、下行方向按钮的旁边，应标示出轿厢运行“上”、“下”字样，以避免错误操作的可能。

7）紧急开锁三角钥匙上应附带有说明文字的小牌，用来提醒人们注意使用此钥匙可能引起的危险，并注意在层门关闭后应确认其已锁牢。

8）机房控制柜、曳引机、主开关应有相互对应的编号，以防止错误操作的可能。

9）GB 7588—2003 规定：在机房内应易于检查轿厢是否在开锁区。例如：这种检查可借助于曳引绳或限速器绳上的标记。在曳引绳上做标记，可以在机房内检查轿厢的位置，其方法是：在机房主机承重梁上做一标记，将轿厢逐一平层，每当平层时在曳引绳上做一层站标记，该标记与承重梁上的标记相对应。做标记的方式有多种，楼层较低时，比如六层六站电梯，曳引绳为六根时，可采用对应法，即第一根绳代表一层楼，依次类推，当第五根绳标记与承重梁上标记对应时，就表示轿厢处在五层平层位置。绳少楼层多时，可采用二进制或 8421 制表示法，将表示方法制成表格挂在机房显眼位置。标记一般用黄色，其长度为 200~250mm，两端站做特殊标记，标记应明显且处于不会被曳引机挡住视线的位置。标记的作用是当电梯断电或发生故障停梯时，在机房就可以知道轿厢所处的位置，便于处理故障或手动操作电梯。

提示类标志应设在明显、容易出现误操作的地方并应易于识别。

（3）指令类标志　该类标志是强制人们必须做到某种动作或采用防范措施的图形标志。主要有：

1）在电梯安装现场，凡进入人员必须戴安全帽。

2）在 2m 以上的高度作业时必须使用安全带。

3）焊工电焊时必须戴防护眼镜。

4）电工作业时必须穿防护鞋。

5）在粉尘作业中必须戴防尘口罩。

（4）警告类标志　该类标志是提醒人们对周围环境引起注意，以避免可能发生危险的图形标志，在警告类标志旁边，往往还附有警告语言。警告语言应通俗易懂、上口好记，字迹应清晰、规范，例如：

1）井道检修门近旁设有“电梯井道危险，未经许可禁止入内”等警示语言。

2）通往机房和滑轮间的门外侧应设有“机房重地，未经许可禁止入内”等警示语言或警告标志。

3）对于活板门，应设永久可见的“谨防坠落——重新关好活板门”等警示语言或警告标志。

4）在层门三角钥匙孔的周边应贴有警告语言：“禁止非专业人员使用三角钥匙；门开启时，先确定轿厢位置。”

（5）禁止类标志　该类标志是禁止人们不安全行为的图形标志。如在电梯施工中有时使用的“禁止合闸”、“禁止吸烟”，自动扶梯入口贴有的“禁止婴儿车进入”等即是。

安全标志应设在明显位置，高度应稍高于人的视线，色彩鲜明并符合安全色要求，图案、字迹规范，大小合乎要求。

（6）补充标志　除以上标志外，还有一种补充标志，是用来表明安全标志含义的文字说明，它必须与安全标志同时使用，补充标志的文字可以横写，也可以竖写。一般来说挂牌补充标志用横写，用杆竖立在特定地方的补充标志，文字竖写在标志的立杆上。补充标志的规定见表 2-6。

表 2-6　补充标志的规定

补充标志项目	补充标志的横写法	补充标志的竖写法
背景颜色	禁止标志：红色 警告标志：白色 指令标志：蓝色	白色
文字颜色	禁止标志：白色 警告标志：黑色 指令标志：白色	黑色
字体	粗等线体	粗等线体
书写部位	在标志下方，可与标志相连，也可分开	在标志杆上部

（7）安全标志图例　下面摘录部分电梯企业可能用到的安全标志，资料来源于 GB 2894—2008《安全标志及其使用导则》和欧洲电梯协会出版的《Signs for the lift and escalator industry》，供读者学习参考。

1）基本安全标志。

① 提示类标志如图 2－2 所示。

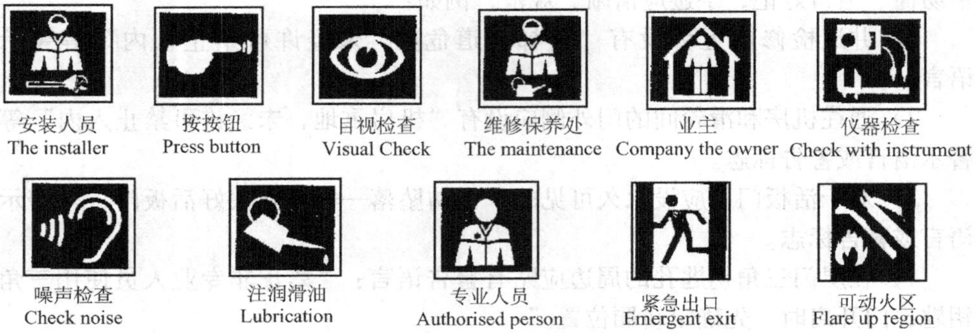

图 2－2　提示类标志

② 指令类标志如图 2－3 所示。

图 2－3　指令类标志

③ 警告类标志如图 2－4 所示。

图 2－4　警告类标志

④ 禁止类标志如图 2－5 所示。

禁止吸烟
No smoking
禁止跨越
No striding
禁止通行
No throughfare
禁止启动
No starting
禁止攀登
No clambing
禁止靠近
No nearing
禁止乘人
No riding
禁止转动
No turning
禁止入内
No entering
禁止堆放
No stocking
禁止触摸
No touching
禁止合闸
No switching on
禁止停留
No stopping
禁止抛物
No tossing
禁止放置易燃物
No laying inflammable thing
禁止烟火
No burning
禁止跳下
No jumping down

图 2-5　禁止类标志

2）升降电梯安全标志如图 2-6 所示。

禁止叉车进入
No access far fork lift trucks
and other industrial vehicles
当心无防护及钢丝绳
Warning:unguarded
sheave hazards
当心自动门关闭
Warning:closing
of automatic
井道内当心上部挤压
Warning:overhead crush hazard in hoistway
底坑内当心挤压
Warning:pit crush hazard
当心坠落物
Warning:danger of falling objects
乘客电梯
Passenger lift
货物电梯或杂物电梯
Goods only lifts or service
残疾人电梯
Lift for use by disabled
汽车电梯
Lift used by cars
消防电梯
Fire-fighting lift
病床电梯
Transport of bospital
beds accompanied by
authorized staff
双向通话系统
Two-way
communication system
应由专业人员进行应急开锁操作
Use of emergency unlocking
key by authorised person only
保持应急开锁应在安全可靠处
Keep the emergency unlocking
key in a secure place only

图 2-6　升降电梯安全标志

3）自动扶梯和自动人行道安全标志如图 2－7 所示。

禁止购物车进入
Use of supermarket trolley on escalators forbidden

禁止行李车进入
Use of luggage trolley forbidden on escalator

禁止婴儿车进入
Use of pram forbidden on escalator

当心梯级伤害
Warning escalator crush hazard

自动扶梯运行方向
Escalator this way

请抱起宠物
Carry your animal

请当心站稳
Avoid sides

请右侧站立
Stand right/walk left

儿童应由成人陪同乘坐，并站立于成人前面
Children to be accompanied by adults

图 2－7　自动扶梯和自动人行道安全标志

八、劳动防护用品

劳动防护用品，是为职工在生产经营活动过程中，免遭或减轻事故和职业危害而提供的个人穿戴用品。《中华人民共和国劳动合同法》第五十四条规定："用人单位必须为劳动者提供符合国家规定的劳动安全卫生条件和必要的劳动防护用品。"《劳动防护用品监督管理规定》第十九条规定："从业人员在作业过程中，必须按照安全生产规章制度和劳动防护用品使用规则，正确佩戴和使用劳动防护用品；未按规定佩戴和使用劳动防护用品的，不得上岗作业。"据此，任何不按规定发放劳动防护用品或不穿戴和使用防护用品的行为都应视为违法行为，必须予以纠正。

1. 使用劳动防护用品的一般规则

1）进入施工现场，必须戴安全帽。

2）各工种应按规定着装上岗。

3）使用工具时，操作者穿戴防护用品应符合要求。

4）使用砂轮、砂轮锯及剔凿墙体时应戴护目镜。

5）使用金属外壳的手持电动工具时，应戴绝缘手套。

6）从事高度超过 2m 的高空作业时，应系好安全带，扣好保险绳。

7）使用锤子时，握手柄的手不得戴手套。

8）使用喷灯浇注巴氏合金时，应戴防护手套和防护眼镜。

2. 劳动防护用品的分类

根据国家《劳动防护用品分类与代码》的规定，我国实行以人体防护部位进行分类的标准，将劳动防护用品分为以下九大类：

（1）头部防护用品　头部防护用品是为防止头部受外来物体打击和其他因素危害而采用的个人防护用品。

根据防护功能的要求，目前主要有普通工作帽、防尘帽、防水帽、防寒帽、安全帽、防静电帽、防高温帽、防电磁辐射帽、防昆虫帽等九类产品。

（2）呼吸器官防护用品　呼吸器官防护用品是为防止有害气体、蒸气、粉尘、烟、雾经呼吸道吸入或直接向配用者供氧或清净空气，保证在尘、毒污染或缺氧环境中作业人员正常呼吸的防护用具。

呼吸器官防护用品按功能主要分为防尘口罩和防毒口罩（面具），按形式又可分为过滤式和隔离式两类。

（3）眼面部防护用品　预防烟雾、尘粒、金属火花和飞屑、热、电磁辐射、激光、化学飞溅等伤害眼睛或面部的个人防护用品。

根据防护功能，大致可分为防尘、防水、防冲击、防高温、防电磁辐射、防射线、防化学飞溅、防风沙、防强光九类。

（4）听觉器官防护用品　能够防止过量的声能侵入外耳道，使人耳避免噪声的过度刺激，减少听力损伤，预防噪声对人身引起不良影响的个人防护用品。

听觉器官防护用品主要有耳塞、耳罩和防噪声头盔三大类。

（5）手部防护用品　具有保护手和手臂的功能，供作业者劳动时戴的手套称为手部防护用品，通常人们称作劳动防护手套。

按照防护功能将手部防护用品分为 12 类：普通防护手套、防水手套、防寒手套、防毒手套、防静电手套、防高温手套、防 X 射线手套、防酸碱手套、防油手套、防振手套、防切割手套及绝缘手套。

（6）足部防护用品　足部防护用品是防止生产过程中有害物质和能量损伤劳动者足部的护具，通常称为劳动防护鞋。

国家标准按防护功能将其分为防尘鞋、防水鞋、防寒鞋、防冲击鞋、防静电鞋、防高温鞋、防酸碱鞋、防油鞋、防烫脚鞋、防滑鞋、防穿刺鞋、电绝缘鞋、防振鞋 13 类。

（7）躯干防护用品　躯干防护用品就是我们通常讲的防护服。根据防护功能分为普通防护服、防水服、防寒服、防砸背服、防毒服、阻燃服、防静电服、防高温服、防电磁辐射服、耐酸碱服、防油服、水上救生衣、防昆虫服、防风沙服 14 类产品。

（8）护肤用品　护肤用品用于防止皮肤（主要是面、手等外露部分）免受化学、物理等因素的危害。

按照防护功能，护肤用品分为防毒、防射线、防油漆及其他类。

（9）防坠落用品　防坠落用品是为防止人体从高处坠落，通过绳带将高处作业者的身体系接于固定物体上或在作业场所的边沿下方张网，以防不慎坠落的防护用品，这类用品主要有安全带和安全网两种。

3. 劳动防护用品选用规定（见表 2-7）

表 2-7　劳动防护用品选用规定

作业类别编号	作业类别名称	不可使用的防护用品	必须使用的防护用品	可考虑使用的防护用品
A01	易燃易爆场所作业	的确良、锦纶等着火焦结的衣物 聚氯乙烯塑料鞋 底面钉铁件的鞋	棉布工作服 防静电服 防静电鞋	
A02	可燃性粉尘场所作业	的确良、锦纶等着火焦结的衣物 底面钉铁件的鞋	棉布工作服 防毒口罩	防静电服 防静电鞋
A03	高温作业	的确良、锦纶等着火焦结的衣物 聚氯乙烯塑料鞋	白帆布类隔热服 耐高温鞋 防强光、紫外线、红外线护目镜或面罩	镀反射膜类的隔热服 其他零星护品，如披肩帽、鞋罩、围裙、袖套等
A04	低温作业	底面钉铁件的鞋	防寒服、防寒手套、防寒鞋	防寒帽、防寒工作鞋
A05	低压带电作业		绝缘手套、绝缘鞋	安全帽、防异物伤害护目镜
A06	高压带电作业		绝缘手套、绝缘鞋、安全帽	等电势工作服、防异物伤害护目镜
A07	吸入性气相毒物作业		防毒口罩	有相应滤毒罐的防毒面罩、供应空气的呼吸保护器
A08	吸入性气溶胶毒物作业		防毒口罩或防尘口罩、护发罩	防化学液眼镜 有相应滤毒罐的防毒面罩 供应空气的呼吸保护器 防毒物渗透工作服

（续）

作业类别编号	作业类别名称	不可使用的防护用品	必须使用的防护用品	可考虑使用的防护用品
A09	沾染性毒物作业		防化学液眼镜、防毒口罩 防毒物渗透工作服 防毒物渗透手套 护发帽	有相应滤毒罐的防毒面罩 供应空气的呼吸保护器 相应的皮肤保护剂
A10	生物性毒物作业		防毒口罩、防毒物渗透工作服、护发帽、防毒物渗透手套、防异物伤害护目镜	有相应滤毒罐的防毒面罩 相应的皮肤保护剂
A11	腐蚀性作业		防化学液眼镜、防毒口罩、防酸（碱）工作服 耐酸（碱）手套、耐酸（碱）鞋、护发帽	供应空气的呼吸保护器
A12	易污作业		防尘口罩、护发帽、一般性工作服，其他零星防护用品，如披肩帽、鞋罩、围裙、袖套等	相应的皮肤保护剂
A13	恶味作业		一般性工作服	供应空气的呼吸保护器 相应的皮肤保护剂 护发帽
A14	密闭场所作业		供应空气的呼吸保护器	
A15	噪声作业			塞栓式耳塞 耳罩
A16	强光作业		防强光、紫外线、红外线护目镜或面罩	
A17	激光作业		防激光护目镜	
A18	荧光屏作业			荧光屏作业护目镜
A19	微波作业			防微波护目镜、屏蔽服
A20	射线作业		防射线护目镜、防射线服	
A21	高处作业	底面钉铁件的鞋	安全帽、安全带	防滑工作鞋
A22	存在物体坠落、撞击危险的作业		安全帽、防砸安全鞋	

（续）

作业类别编号	作业类别名称	不可使用的防护用品	必须使用的防护用品	可考虑使用的防护用品
A23	有碎屑飞溅的作业		防异物伤害护目镜 一般性工作服	
A24	操纵转动机械	手套	护发帽、防异物伤害护目镜	
A25	人工搬运	底面钉铁件的鞋	防滑手套	安全帽、防滑工作鞋 防砸安全鞋
A26	接触使用锋利器具		一般性工作服	防割伤手套、防砸安全鞋、防刺穿鞋
A27	地面存在尖利器物的作业		防刺穿鞋	
A28	手持振动机械作业		防辐射服	
A29	人承受全身振动的作业		减振鞋	
A30	野外作业		防水工作服（包括防水鞋）	防寒帽、防寒服、防寒手套、防寒鞋、防异物伤害护目镜、防滑工作鞋
A31	水上作业		防滑工作鞋、救生衣（服）	安全带、水上作业服
A32	涉水作业		防水工作服（包括防水鞋）	
A33	潜水作业		潜水服	
A34	地下挖掘建筑作业		安全帽	防尘口罩、塞栓式耳塞、减振手套、防砸安全鞋、防水工作服（包括防水鞋）
A35	车辆驾驶		一般性工作服	防强光、紫外线、红外线护目镜或面罩；防异物伤害护目镜；防冲击安全头盔

（续）

作业类别编号	作业类别名称	不可使用的防护用品	必须使用的防护用品	可考虑使用的防护用品
A36	铲、装、吊、推机械操纵		一般性工作服	防尘口罩；防强光、紫外线、红外线护目镜或面罩；防异物伤害护目镜；防水工作服（包括防水鞋）
A37	一般性作业			一般性工作服
A38	其他作业			一般性工作服

4. 安全生产“三宝”

安全生产“三宝”，是指现场作业中必须具备的安全帽、安全带和安全网。电梯作业人员进入施工现场必须戴安全帽，登高作业必须系安全带，防止人、物坠落或物击伤害必须设置安全网。目前，这三宝防护用品都有产品标准，在使用时都有明确的安全使用要求。

（1）“三宝”的产品标准

1）安全帽是用来避免或减轻外来冲击和碰撞对头部造成伤害的防护用品。当前制作安全帽的材料有塑料、玻璃钢、竹、藤等。无论选择哪种材料的安全帽，都必须满足以下条件：

① 耐冲击。将安全帽在50℃、-10℃的温度，或用水浸这三种情况下处理，然后将5kg的钢锤自1m高处自由落下，冲击安全帽，安全帽应无损坏，即其应能承受500kgf（5000N）的冲击力。因为人体的颈椎只能承受500kgf的冲击力，超过时就容易受伤害。

② 耐穿透。根据安全帽的不同材质，在50℃、-10℃或用水浸的情况下处理后，用3kg重的钢锥，自安全帽的上方1m处自由落下，钢锥穿透安全帽，但不能碰到头皮。这就要求选择的安全帽，在戴在头上的情况下，帽衬顶端间隙为20～50mm，四周为5～20mm，如图2-8所示。

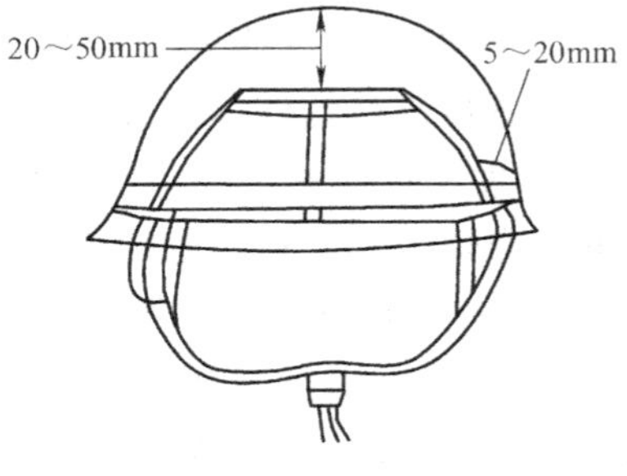

图2-8　安全帽

③ 耐低温。在-10℃以下的气温中，安全帽的耐冲击和耐穿透性不改变。

2）安全带是高处作业人员预防伤亡的防护用品。

安全带应是符合标准要求的合格产品。目前常用的是单边护胸安全带和全身式安全带。其标准要求主要是不能有破损或异味。

3）安全网是用来防止人、物坠落或用来避免、减轻坠落及物击伤害的网具。

安全网按形式及其作用可分为平网和立网两种。安全网由网体、边绳和筋绳组成，所用材料一般以化学纤维为主，如用维纶和锦纶等合成化纤作网绳。不论采用何种材料，每张安全网的重量一般不能超过15kg，并且能承受80kgf（800N）的冲击力。

（2）使用“三宝”时的注意事项

1）安全帽。

① 检查外壳是否破损，如有破损，其分解和削减外来冲击力的性能已减弱或丧失，不可再用。

② 国家标准中规定佩戴安全帽的高度，为帽箍底边至人头顶端（以试验时的木质人头模型作代表）的垂直距离为80～90mm。

③ 检查有无合格帽衬，帽衬的作用在于吸收和减缓冲击力，安全帽无帽衬，就失去了保护头部的功能。

④ 检查帽带是否齐全。

⑤ 佩戴前调整好帽衬间距（约4～5cm），调整好帽箍。戴帽后必须系好帽带，如图2－9所示。

⑥ 现场作业中，不得随意将安全帽脱下搁置一旁，或当坐垫使用。

图2－9　安全帽佩戴

2）安全带。

① 应当使用经质检部门检查合格的安全带。

② 不得私自拆换安全带的各种配件，使用前应仔细检查各部分构件，无破损时才能佩系。

③ 使用过程中，安全带应高挂低用，并防止摆动、碰撞，避开尖刺，不接触明火，不能将钩直接挂在安全绳上，一般应挂到连接环上，如图2－10所示。

④ 严禁使用打结和系接的安全绳，以防坠落时腰部受到较大的冲力伤害。

⑤ 作业时应将安全带的钩、环牢挂在系留点上，卡接扣紧，以防脱落。

⑥ 在温度较低的环境中使用安全带时，要注意防止安全绳的硬化割裂。

图2－10　安全带使用示意

⑦ 使用后，将安全带、绳卷成盘放在无化学试剂和阳光的场所中，切忌不可折叠。在金属配件上涂些机油，以防生锈。

⑧ 安全带不使用时要妥善保管，不可接触高温、明火、强酸、强碱或尖锐物体。使用频繁的安全绳要经常做外观检查，使用两年后要做抽检，抽验过的样带继续使用要更换新安全绳。

⑨ 安全带的使用期为 3 ~5 年，在此期间安全绳磨损应及时更换，如果带子破裂应提前报废。

3）安全网。

① 施工现场使用的安全网必须有产品质量检验合格证。使用过的旧网必须进行严格检查，检查内容包括：网内不得存留建筑垃圾，网下不能堆置物品，网身不能出现严重变形和磨损，以及是否受化学品与酸、碱烟雾的污染及电焊火花的烧灼等。

② 根据安装形式和使用目的，安全网可分为平网和立网。在施工现场立网不能代替平网。

③ 安装前必须对网的支撑物（架）进行检查，要求支撑物（架）有足够的强度、刚性和稳定性，且系网处无撑角及尖锐边缘，确认无误后方可安装。

④ 安装时，每个系结点处，边绳应与支撑物（架）靠紧，并用一根独立的系绳连接，系结点沿网边均匀分布，其距离不得大于 750mm。系结点应符合打结方便、连接牢固、容易解开、受力后又不会散脱的原则。有筋绳的网在安装时，也必须把筋绳连接在支撑物（架）上。

⑤ 多张网连接使用时，相邻网与网之间以及网与支撑物（架）之间的连接点亦不允许出现松脱，应靠紧或重叠，所有连接、绑拉绳材料应与网相同，抗拉强度不得低于网绳抗拉强度，且不能有严重磨损或者变形。

⑥ 安装平网时应外高里低，以 15°为宜，网不宜绑紧。

⑦ 安装立网时，安装平面应与水平面垂直，立网底部与脚手架之间必须全部封严。

⑧ 安全网安装后，必须经专人检查验收合格签字后才能使用。

⑨ 在施工现场支搭和拆除安全网要严格按照施工负责人的安排进行，不得随意拆毁安全网。

⑩ 在使用过程中要经常清理网内坠落物，保持网体洁净，受力均匀。还要避免大量焊接或其他火星落入网内，并避免高温或蒸汽环境。当网体受到化学品的污染或网绳嵌入粗砂粒或其他可能引起磨损的异物时，须进行清洗，洗后使其自然干燥。

⑪ 不可使用铁钩或带尖刺的工具搬运安全网，以防损伤网绳。网体要存放在仓库或专用场所，并将其分类、分批存放在架子上，不允许随意乱堆。仓库要

求具备通风、遮光、隔热、防潮、避免化学物品的侵蚀等条件。在存放过程中，亦要求对网体做定期检验，发现问题，立即处理，以确保安全。

九、高处作业常识

1. 高处作业的含义

按照国家标准规定：凡在坠落高度基准面 2m 以上（含 2m）有可能坠落的高度进行的作业均称为高处作业。

2. 高处作业的级别

高处作业可分为 4 级，即 2 ~ 5m 时为一级高处作业，5 ~ 15m 时为二级高处作业，15 ~ 30m 时为三级高处作业，超过 30m 时为特级高处作业。

3. 高处作业的分类

高处作业分为一般高处作业和特殊高处作业，其中特殊高处作业又分为 8 类：

1）在阵风风力 6 级（10.8m/min）以上的情况下进行的高处作业称为强风高处作业。

2）在高温或低温环境下进行的高处作业，称为异温高处作业。

3）降雪时进行的高处作业，称为雪天高处作业。

4）降雨时进行的高处作业，称为雨天高处作业。

5）室外完全采用人工照明时进行的高处作业，称为夜间高处作业。

6）在接近或接触带电体条件下进行的高处作业，称为带电高处作业。

7）在无立足点或无牢靠立足点的条件下进行的高处作业，称为悬空高处作业。

8）对突然发生的各种灾害事故进行抢救的高处作业，称为抢救高处作业。

一般高处作业是指除特殊高处作业以外的高处作业。

4. 登高作业前必须注意的事项

1）作业负责人（含班、组长）要对全体作业人员进行安全教育，检查各种工具和防护用品、机电和其他设施是否安全可靠，发现问题立即调整、更换、停用，直至确认安全可靠，才能开始作业。

2）作业人员必须做好上岗前的一切准备，检查脚手架和所用的工具、设施、安全用具等，按规定穿戴好防护用品：装备好安全带，扎住裤脚，戴好安全帽，不准穿光滑底和硬底的鞋。

3）进行特殊高处作业，必须保证安全，有具体实施方案，明确各级各岗位责任人和专职监护人。禁止在露天进行强风（6 级以上大风）特殊高处作业。

4）夜间作业必须配置足够的照明设施。

5. 高处作业时的安全保护措施

1）作业区的地面应划出禁区，并在作业区醒目处悬挂标记，写明级别种类和技术安全措施，在作业区入口处悬挂有关标志牌或危险信号旗，提醒作业人员和其他有关人员注意安全。

2）有精神病、高血压、贫血、动脉硬化、器质性心脏病及其他不适于高处作业者，禁止上岗作业。

3）靠近电力线路施工时，距离低压线路至少应2m，距离10kV线路至少应5m，否则应采取绝缘、屏护及防止误触电事故的措施。

4）高处作业人员在上下时，不得乘坐货梯和非载人的吊笼，必须从指定的路线上下。不准在高处投掷任何物件。不准将易滚易滑的物体堆放在脚手架上，工具、材料要放平稳、牢固。工作完毕应及时将工具、材料、零部件等一切易坠落物件清理干净。

5）严禁上下同时垂直作业。若特殊情况必须垂直作业应经有关领导批准，并在上下层间设专用防护隔离设施。

6）严禁坐在高处的无遮拦处休息，脚手架不准超负荷使用（每平方米不能超过270kg），禁止多人集中在一块脚手板上作业，超过3m长的铺板不能同时站2人工作。

7）进行高处焊接、气割作业时，必须事先清除火星飞溅范围内的易燃易爆物品，若对锅炉、压力容器、金属构件等大中型产品工件进行高度超过2m的作业时，必须搭设活动梯台、平台及防护栏网，禁止在无防护技术措施的情况下登高作业。

8）道板、跳板和交通运输道，应随时清扫，并采取有效的防滑措施，经工程负责人会同安全检查同意后方可开工。

9）登高作业所使用的各种梯子必须符合相关标准规定，并应有防滑装置。梯顶无搭钩、梯脚不能稳固时必须有人扶梯，人字梯拉绳必须牢固可靠。

6. 防止高处坠落、物体打击的10项基本安全要求

1）高处作业人员必须着装整齐，严禁穿硬塑料底等易滑鞋、高跟鞋，工具应放入工具袋中。

2）高处作业人员严禁相互打闹，以免失足发生坠落危险。

3）在进行攀登作业时，攀登用具的结构必须牢固可靠，使用必须正确。

4）各类手持机具使用前应检查，确保安全牢靠。洞口临边作业应防止物件坠落。

5）施工人员应从规定的通道上下，不得攀爬脚手架、跨越阳台，不得在非规定通道进行攀登、行走。

6）进行悬空作业时，应有牢靠的立足点并正确系挂安全带，现场应视具体情况配置防护栏网、栏杆或其他安全设施。

7）高处作业时，所有物料应该堆放平稳，不可放置在临边或洞口附近，并不可妨碍通行。

8）进行高处拆除作业时，对拆卸下的物料、建筑垃圾都要加以清理并及时运走，不得在走道上任意乱置或向下丢弃，保持作业走道畅通。

9）高处作业时，不准向下或向上乱抛材料和工具等物件。

10）各施工作业场所内，凡有坠落可能的任何物件，都应先行拆除或加以固定，拆卸作业要在设有禁区、有人监护的条件下进行。

十、安全用电须知

1. 电路基础知识

电路就是电流通过的路径。电路可分为直流电路和交流电路。

（1）直流电路　大小和方向与时间无关且保持恒定的电动势、电压及电流称为直流电。在直流电作用下的电路称为直流电路。

（2）交流电路　大小和方向随时间作周期性变化的电动势、电压及电流称为交流电。在交流电作用下的电路称为交流电路。在实际生产和生活中，交流电得到广泛应用。这是因为交流电有一系列的好处，如电路计算简便，便于远距离输电，发电设备和用电设备构造简单、性能良好等。交流电分单相交流电和三相交流电。

目前电能的产生、输送和分配，绝大多数都是采用三相制。在用电设备方面，三相交流电动机最为普遍。此外，需要大功率直流电的厂矿企业，大多数也采用三相整流。三相交流电得到广泛应用的原因为：

1）三相发电机的铁心和电枢磁场能得到充分利用，与同功率的单相发电机比较，具有体积小、节约原材料的优点。

2）三相输电比较经济，如果在相同的距离内以相同的电压输送相同的功率，三相输电线路比单相输电线路所用的材料少。

3）三相交流电动机具有结构简单、性能良好、工作可靠、价格低廉等优点。

4）三相交流电经整流以后，其输出波形较为平直，比较接近于理想的直流电。

（3）电路的基本组成　最基本的电路由电源、导线、负载和控制器组成。

1）电源。把化学能或机械能等其他形态的能量转换为电能的设备叫电源，如干电池、蓄电池等。电源内部的分离电荷，使其两端分别聚集正电荷和负电荷，保持电位差，不断向外供电的能力叫电动势，用字母 E 表示，单位是伏特（V），它总是针对电源的内部而言。规定电流流出的一端为正极，流入的一端为负极，E 的方向规定为在电源内部从负极指向正极。

2）负载。将电能转换为其他形式能量的装置，如电灯、电动机等。

3）控制器。控制器在电路中起开断的控制作用。

4）导线。导线把电流输送给负载。

电源的内部电路叫内电路，外部电路叫外电路。一般电路可能具有通路、断路和短路三种工作状态。短路是由于某种原因使电源的正、负极直接接通的情况，可能会引起火灾、烧毁电气设备、人员触电等事故，通常在电路中需串联熔断器作为保护装置。

（4）电路中的基本物理量

1）电荷。指组成物质的带电粒子，它分为正、负电荷两种。同性电荷相斥，异性电荷相吸。带有电荷的物体称为带电体。

导体中电荷的定向移动形成电流，通常用 I 表示。规定正电荷的移动方向为电流方向。电流的强弱以单位时间内通过导体横截面的电量（电荷的数量）来计算，其单位为安培（A）。

2）电压。任何两个带电体之间（或电场中某两点之间）具有的电位差，就叫该两带电体（或电场中某两点）之间的电压。电位差越大，电压越高。

电压用字母 U 表示，它的单位是伏特（V）、千伏（kV）、毫伏（mV）等，电压的方向由高电位指向低电位，或说从正极（+极）指向负极（-极）。

电场当一个物体带有电荷时，它就具有一定的电位，通常把大地的电位当作零电位。

3）电功。电流所做的功叫电功，用 W 表示。电流通过负载时，负载把电能转变为光能、热能和机械能等。电能的单位是焦耳（J）、千瓦·小时（kW·h）等，千瓦·小时也称度，1kW·h=3.6MJ。

电能的计算公式为

$$W = UIt$$

式中，W 为电功，单位为焦（J）；U 为电压，单位为伏特（V）；I 为电流，单位为安培（A）；t 为时间，单位为小时（h）。

电流在单位时间内对负载做的功称为电功率，用 P 表示。电功率的单位是瓦特（W）、千瓦（kW）、毫瓦（mW）等。

电功率的计算公式为

$$P = UI$$

（5）电路中的基本元件

1）电阻。电流在物体中流动时遇到的阻力称电阻。常用 R 表示，它的单位是欧姆（Ω）、千欧（kΩ）、兆欧（MΩ）等。

2）电容。电容是储存电场能量的元件，用字母 C 表示。

3）电感。电感是储存磁场能量的元件，用字母 L 表示。

4）导体。能很好地传导电流的物体叫导体，例如铜、铝、铁等一般金属，此外溶有盐类的水也可以导电。导体的电阻大小与其长度成正比，与其横截面积成反比，并与导体材料的导电性能有关。

5）绝缘体。基本上不能传导电流的物体为绝缘体，常见的有橡胶、陶瓷、玻璃、棉纱、塑料及干燥的木材、空气等。

6）半导体。半导体的特性介于导体和绝缘体之间，常见的有硅、锗、氧化铜等。

2. 常见的触电形式

按照人体触及带电体的方式和电流通过人体的路径，触电形式分为单相触电、两相触电、跨步电压触电以及接触电压触电。

（1）单相触电　人体的某部分在地面或其他接地导体上，另一部分触及一相带电体的触电事故称单相触电。这时触电的危险程度取决于三相电网的中性点是否接地，一般情况下，接地电网的单相触电危险性比不接地电网的大。

图 2－11a 所示为供电网中性点接地时的单相触电，此时人体承受电源的相电压；图 2－11b 所示为供电网无中线或中线不接地时的单相触电，此时电流通过人体进入场大地，再经过其他两相对电容或绝缘电阻流回电源，当绝缘不良时，也有危险。在实际生产、生活中，一般有接地的系统多为 6～10kV，若在该系统单相触电，由于电压高，因此触电电流大，几乎是致命的。

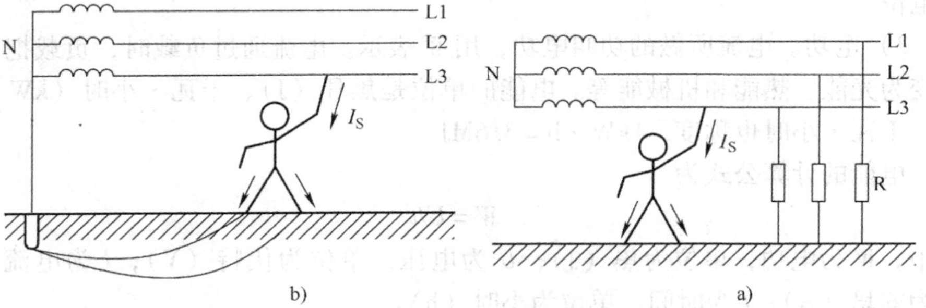

图 2－11　单相触电

a）中性点接地时的单相触电　b）无中线或中线不接地时的单相触电

（2）两相触电　人体的不同部分同时分别触及同一电源的任何两相导线称两相触电。这时电流从一根导线通过人体流至另一根导线，人体承受电源的线电压，这种触电形式比单相触电更危险，如图 2－12 所示。

（3）跨步电压触电　当带电体接地有电流流入地下时（如架空导线中的一根断落在地上时），在地面上以接地点为中心形成不同的电势，人在接地点周围，两脚之间出现的电位差即为跨步电压。线路电压越高，离落地点越近，触电危险性越大。

（4）接触电压触电　人体与电气设备的带电外壳接触而引起的触电称接触电压触电。如图 2-13 所示，人体站立点离接地点越近，接触电压越小。

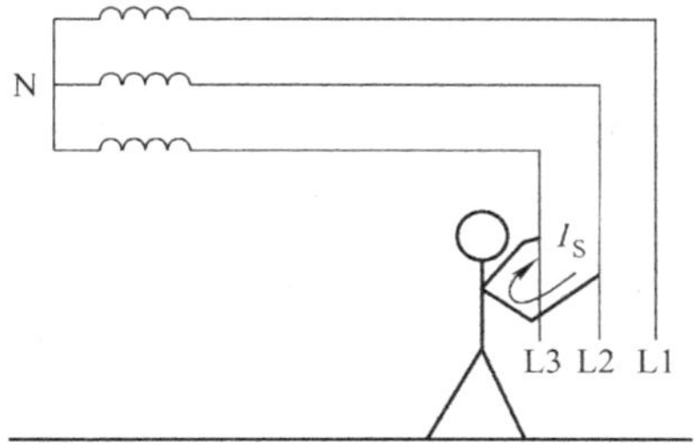

图 2-12　两相触电

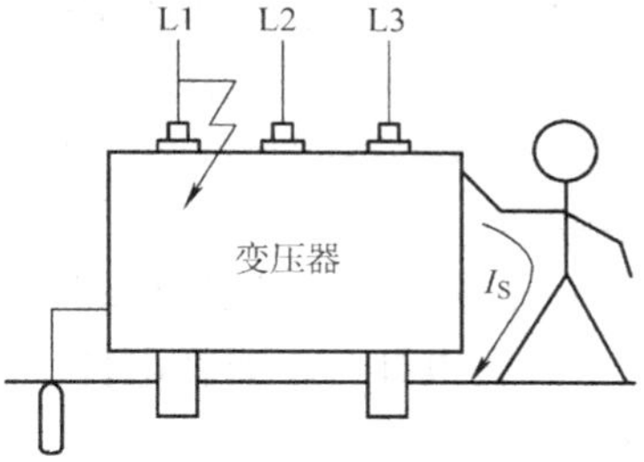

图 2-13　接触电压触电

3. 电流对人体的伤害

当人体直接或间接接触带电体时，流过人体的电流为 0.5～5mA 时，会对人体造成疼痛感，但尚可忍受和自主摆脱；当流过人体的电流大于 5mA 后，人体会难以忍受，并会发生痉挛，这称之为电击，此时电流伤害神经系统，使心脏和呼吸系统功能受阻，极易导致死亡。只有皮肤表面被电弧烧伤时称之为电伤，烧伤面积过大也可能导致死亡。无论是电击还是电伤，都是电流流经人体，对人体造成的伤害。

电流对人体伤害的严重程度，与电流的种类、电压的高低、持续的时间、电流经过人体的途径等因素有关。

（1）电流的种类　工频交流电的危险性大于直流电，因为交流电主要是麻痹破坏神经系统，往往难以自主摆脱。高频（2000Hz 以上）交流电由于具有集肤效应，危险性较小。

（2）电压的高低　人体触电的电压越高，越危险。当人体接近高压时，也会产生感应电流，可能造成危险。

（3）触电时间的长短　电流达到 50mA（0.05A）持续数秒到数分钟，将引起昏迷和心室颤动，会造成生命危险。

（4）电流流过人体的途径　电流最忌通过心脏和中枢神经，因此从手到手、从手到脚都是危险的电流途径，而从脚到脚危险性较小。电流通过头部会损伤人脑，也会导致死亡。

4. 日常用电常识

1）任何电气设备在确认无电以前应一律认为有电。不要随便接触电气设备，不要盲目信赖开关或控制装置，不要依赖绝缘来预防触电。

2）尽量避免带电操作，手湿时更应禁止带电操作。在必须进行时，应尽量用一只手工作，并应有人监护。

3）若发现电线插头损坏应立即更换，禁止乱拉临时电线。如需拉临时电线，应用橡皮绝缘线，且离地不低于2.5m，用后及时拆除。

4）广播线、电话线应与电力线分杆架设，电话线、广播线在电力线下面经过时，与电力线的垂直距离不得小于1.12m。

5）电线上不能晾衣物，晾衣物的铁丝不能靠近电线，更不能与电线交叉搭接或缠绕在一起。

6）不能在架空线路和室外变电所附近放风筝，不得用枪或弹弓打电线上的鸟，不许爬电杆，不要在电杆、拉线附近挖土，不要玩弄电线、开关、灯头等电气设备。

7）不带电移动电气设备。将带有金属外壳的电气设备移至新的地方后，要先安装好地线，检查设备完好后，才能使用。

8）移动电气设备的插座，一般要用带保护接地的插座。不要用湿手去摸灯头、开关和插头。

9）当电线落在地上时，不可走近。对落地的高压线，应离落地点8～10m以上，以免跨步电压伤人，更不能用手去拣。而是应立即禁止行人通过，设人看守，并通知供电部门前来处理。

10）当电气设备起火时，应立即断开电源，并用干沙覆盖灭火，或者用二氧化碳灭火器灭火。绝不能用水或泡沫灭火器灭火，否则有触电的危险。在使用二氧化碳灭火器时，由于二氧化碳是液态的，向外喷射灭火时，强烈扩散，大量吸热，形成温度很低的干冰，并隔绝了氧气，因此要打开门窗，并与火源保持2～3m的距离，小心喷射，防止干冰沾到皮肤产生冻伤。救火时，不要随便与电线或电气设备接触，特别要留心地上的导线。

5. 安全用电“三必须”原则

（1）必须采用TN接地、接零保护系统　在我国的供电系统中，为防止间接触电最常用的防护措施是将有故障的电气设备的外露导电部分与供电变压器的中性点进行电气连接。此连接方式一般有两种，一是通过大地，称为“接地”；另一种是直接由导线连接，称为“接零”。这两种连接的防护方法统称为TN系统防护法。T表示配电网中变压器副边的中性点直接接地，N表示电气设备的金属外壳接零。这种连接系统又称为保护接零。

根据中性线与保护线的组合情况，TN系统可分为TN-C系统、TN-S系统和TN-C-S系统三种形式。

1）TN-C系统，即常称的三相四线制系统，由三条火线（分别为黄、绿、红的绝缘线）A、B、C和一条保护线（PE）及一条中线（N）合一的PEN线

（浅蓝色绝缘线）组成，如图2－14所示。在这种系统中由于电气设备的外壳接到保护中性线的PEN上，当一相绝缘损坏与外壳相连时，则由该相线、设备外壳、保护中性线形成闭合回路。这时，短路电流一般来说是比较大的，从而引起保护电器动作，使故障设备脱离电源。由于TN-C系统是将保护线与中性线合一的，所以通常适用于三相负荷比较平衡且单相负荷容量较小的场所。

2）TN-S系统，即常称的三相五线制系统，这种保护系统中整个电力网的中性线N与保护线PE是分开的。如图2－15所示，即将设备外壳接在保护线PE上，在正常情况下，保护线上没有电流流过，所以设备外壳不带电。但是，三相五线制并不是总能实现的，它在很大程度上取决于供电方式。

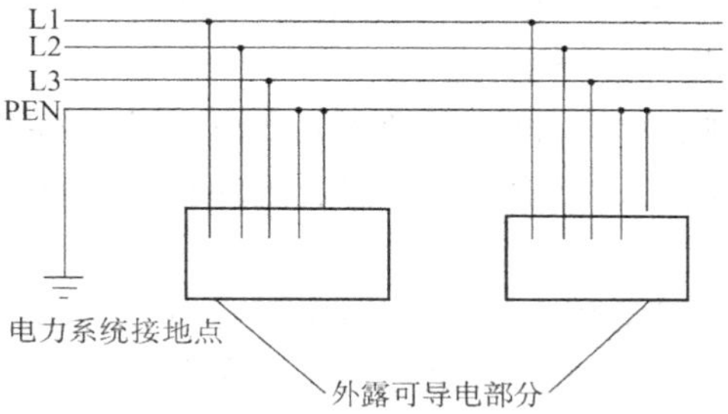

图2－14　TN-C系统

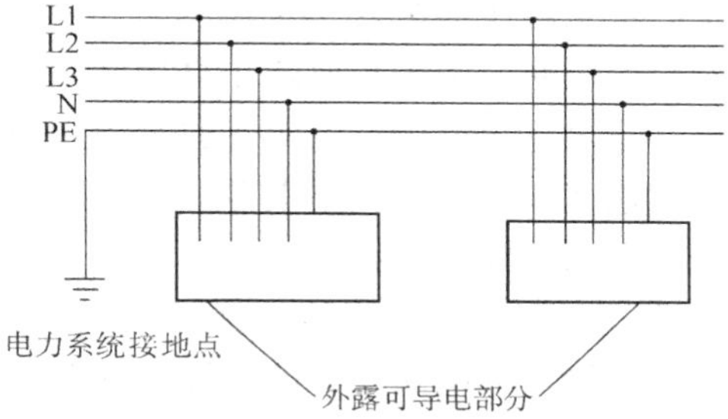

图2－15　TN-S系统

3）TN-C-S系统，该系统中一部分采用中性线与保护线合一的形式，局部采用专设的保护线，如图2－16所示。显然这是上述两种方案的折中，其目的是尽量减小中性线电势的影响。

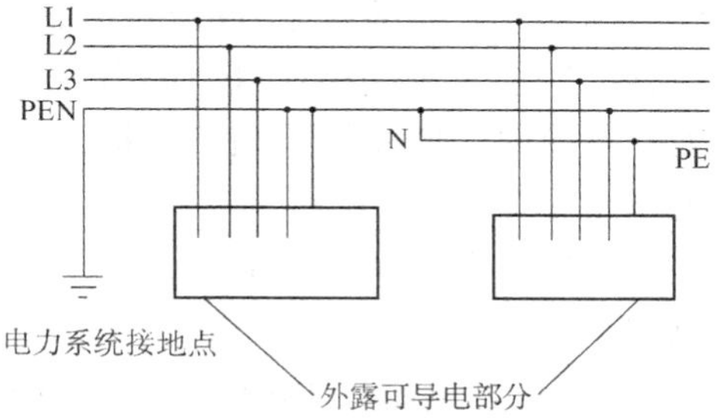

图2－16　TN-C-S系统

应该注意的是，在电梯以及自动扶梯的安全规范GB 7588—2003、GB 16899—1997中都提到“零线与地线应始终分开”的要求，实际上指的就是这种情况，用通俗的话来说应该是“最迟从进入机房起，零线与保护地线应始终分开”。

（2）必须采用三级配电机构　所谓三级配电是指从电源进线开始至用电设备中间应经过三级配电装置配送电力，即由总配电箱（配电室内的配电柜），经分配电箱（负荷或若干用电设备相对集中处），到开关箱（用设备处）分三个层逐级配送电力。而开关箱作为末级配电装置，与用电设备之间必须实行一机一闸制，即每一台用电设备必须有自己专用的控制开关箱，而每一个开关箱只能用于控制一台用电设备。总配电箱、分配电箱内开关电器可设若干分路，且动力与照明宜分路设置。

(3) 必须采用两级漏电保护防线　所谓两级漏电保护是指在整个用电过程中，总配电箱中必须装设漏电保护器，所有开关箱也必须装设漏电保护器。

6. 防止触电的安全技术措施

为了防止触电事故，除思想上重视、建立安全管理组织措施外，还应健全安全技术措施。这主要有如下几项：

(1) 使用安全电压　安全电压是指为了防止触电事故而采用的由特定电源供电的电压。在任何情况下（含故障、空载等），两导体间或任一导体与大地之间的安全电压的最大值都不得超过交流（50～500Hz）有效值（50V），我国规定的安全电压等级为42V、36V、24V、12V和6V五种。当设备采用超过24V的安全电压时，必须采取防止直接接触带电体的安全措施。

安全电压的供电电源，通常采用安全隔离变压器。必须强调指出，千万不能用自耦变压器作为安全电源。这是因为它的一、二次之间不但有磁的联系，而且还有电的直接联系。

(2) 采用保护接地　保护接地就是在1kV以下的变压器中性点（或一相）不直接接地的电网中，电气设备的金属外壳和接地装置良好连接。在电气设备绝缘损坏而人体触及带电外壳时，若采用了保护接地，人体电阻和接地电阻并联，人体电阻远远大于接地电阻，故流经人体的电流就远远小于流经接地电阻的电流，并在安全范围内，这样就起到了保护人身安全的作用（见图2－17）。

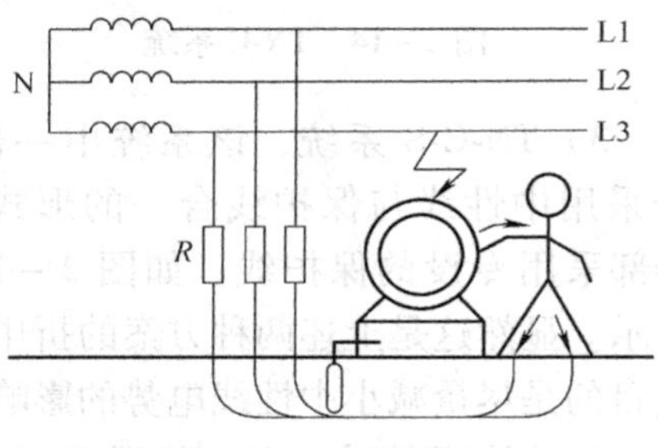

图2－17　保护接地

当仅采用安全保护接地时，安全检查要点如下：

1）单台容量超过10kV·A或使用同一接地装置并联运行且总容量超过100kV·A的电力变压器或发电机的工作接地电阻值不得大于4Ω。

2）单台容量不超过100kV·A或使用同一接地装置并联运行且总容量不超过100kV·A的电力变压器或发电机的工作接地电阻值不得大于10Ω。

3）在土壤电阻率大于1000Ω·m的地区，当接地电阻值达到10Ω有困难时，工作接地电阻值可提高到30Ω。

4）在TN系统中，保护零线每一处重复接地装置的接地电阻值不应大于10Ω。在工作接地电阻值允许达到10Ω的电力系统中，所有重复接地的等效电阻值不应大于10Ω。

5）每一接地装置的接地线应采用两根及以上导体，在不同点与接地体做电气连接。

6）不得采用铝导体作接地体或地下接地线。垂直接地体宜采用角钢、钢管或光面圆钢，不得采用螺纹钢。

7）接地可利用自然接地体，但应保证其电气连接和热稳定性可靠。

8）移动式发电机供电的用电设备，其金属外壳或底座与发电机电源的接地装置之间应有可靠的电气连接。

（3）采用保护接零　保护接零就是在1kV以下的变压器中性点直接接地的电网中，电气设备金属外壳与零线做可靠连接。低压系统电气设备采用保护接零后，如有电气设备发生单相碰壳故障时，会形成单相短路回路。由于短路电流极大，使熔丝快速熔断，保护装置动作，从而迅速地切断了电源，防止了触电事故的发生，如图2－18所示。

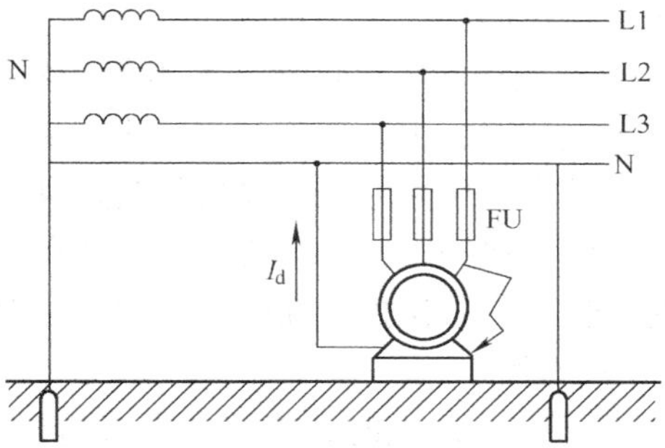

图2－18　保护接零

当仅采用保护接零时，安全检查要点如下。

1）在TN系统中，下列电气设备不带电的外露可导电部分，应做保护接零。

① 电动机、变压器、电器、照明器具、手持式电动工具的金属外壳。

② 电气设备传动装置的金属部件。

③ 配电柜与控制柜的金属框架。

④ 配电装置的金属箱体、框架及靠近带电部分的金属围栏和金属门。

⑤ 电力线的金属保护管、铺线的钢索、起重机的底座和轨道、滑升模底板、金属操作平台等。

⑥ 安装在电力线路杆（塔）上的开关、电容器等电气装置的金属外壳及支架。

2）城防、人防、隧道等潮湿或条件特别恶劣的施工现场的电气设备必须采用保护接零。

3）在TN系统中，下列电气设备不带电的外露可导电部分，可不做保护接零。

① 在木质、沥青等不良导电地坪的干燥房间内，交流电压380V及以下的电气装置的金属外壳（当维修人员可能同时触及电气设备金属外壳和接地金属物件时除外）。

② 安装在配电柜、控制柜金属框架和配电箱的金属箱体上，且与其有可靠电气连接的电气测量仪表、电流互感器以及电气设备的金属外壳。

4）使用同一台变压器的供电系统的电气设备不允许一部分采用保护接地，另一部分采用保护接零。

5）保护零线上不准装设熔断器。

6）保护接地或接零线不得串联。

7）在保护接零方式中，将零线的多处通过接地装置与大地再次连接，叫重复接地。保护接零回路的重复接地可保证接地系统可靠运行，防止零线因断线而失去保护作用。

（4）使用漏电保护器　漏电保护器包括漏电开关和漏电器，是一种新型的电气安全装置，主要作用是当用电设备（或线路）发生漏电故障并达到限定值时，能够自动切断电源，以免伤及人身和烧毁设备。

当漏电保护装置与空气开关组装在一起时，就能使这种新型的电源开关具备短路保护、过载保护、漏电保护和欠压保护的功效。

1）作用。

① 当人员触电时，能够在尚未达到受伤害的电流和时间时即跳闸断电，防止由于电气设备和电气线路漏电引起的触电事故。

② 设备线路漏电故障发生时，人尚未触及即先跳闸，避免设备长期存在带电隐患，以便及时发现并排除故障（因未排除故障无法合闸送电）。

③ 及时切断电气设备运行中的单相接地故障，可以防止因漏电而引起的火灾或设备损坏等事故。

④ 防止用电过程中的单相触电事故。

2）漏电保护器的工作原理。其原理是依靠检测漏电或人体触电时电源导线上的电流在剩余电流互感器上产生的不平衡磁通，当漏电电流或人体触电电流达到某动作的额定值时，其开关触头分开，切断电源，实现触电保护，如图2－19所示。

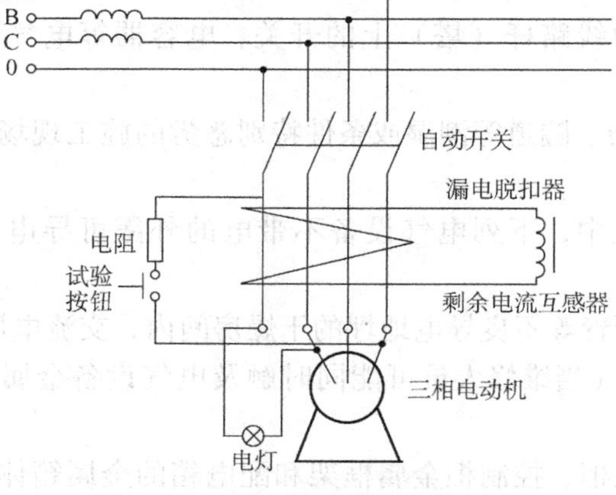

图2－19　漏电保护器的工作原理

3）漏电保护器的基本结构。漏电保护器包括电流动作型和电压动作型两种。由于电压动作型漏电保护器性能不够稳定，已很少使用。

电流动作型漏电保护器的基本结构组成主要包括三个部分：检测元件、放大元件和执行元件，如图 2－20 所示。其中，检测元件为一个高等磁电流互感器，用以检测漏电电流，并发出信号；放大元件包括比较器和放大器，用以交换和比较信号；执行元件为一带有脱扣机构的主开关，由中间环节发出指令动作，用以切断电源。

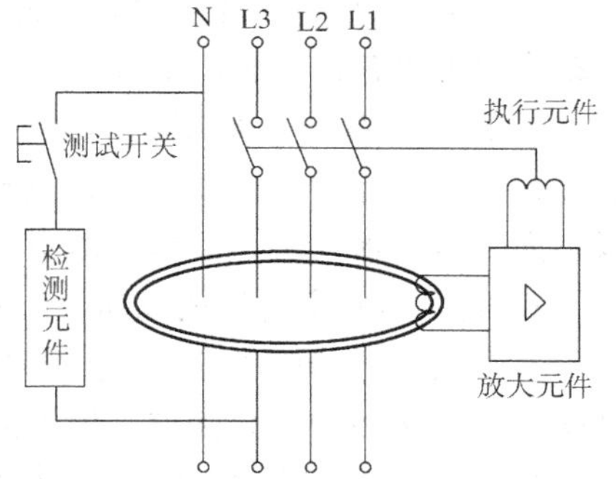

图 2－20　漏电保护器的基本结构

4）漏电保护器的连接方法。漏电保护器的正确接线方法如图 2－21 所示。

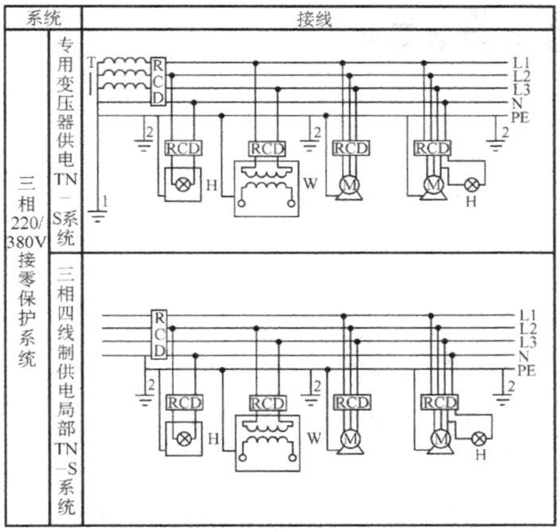

图 2－21　漏电保护器的正确接线方法

L1、L2、L3—相线　N—工作零线　PE—保护零线、保护线　1—工作接地　2—重复接地
T—变压器　RCD—漏电保护器　H—照明器　W—电焊机　M—电动机

5）漏电保护器的选用。漏电保护器是按照动作特性来选择的，按其用于干线、支线和线路末级等不同位置，选用不同灵敏度和动作时间的漏电保护器，以达到协调配合。一般在线路的末级（开关箱内）应安装高灵敏度、快速型的漏电保护器；在干线（总配电箱内）或分支线（分配电箱内），应安装中灵敏度、快速型或延时型（总配电箱）漏电保护器，以形成分级保护。

① 触电、防火要求较高的场所和新、改、扩建工程使用各类低压用电设备、插座处，均应安装漏电保护器。

② 对于新制造的低压配电柜（箱、屏）、动力柜（箱）、开关箱（柜）、操作台、试验台，以及机床、起重机械、各种传动机械等机电设备的动力配电箱，在考

虑设备的过载、短路、失压、断相等保护的同时，必须考虑采用漏电保护器。

③ 建筑施工场所、临时线路的用电设备，必须安装漏电保护器。

④ 手持式电动工具（除Ⅲ类外）、移动式生活日用电器（除Ⅲ类外）、其他移动式机电设备以及触电危险性大的用电设备，必须安装漏电保护器。

⑤ 潮湿、高温、金属比例大的场所及其他导电良好的场所，如机械加工、冶金、化工、船舶制造、纺织、电子、食品加工、酿造等行业的生产作业场所，以及锅炉房、水泵房、食堂、浴室、医院等辅助场所，必须安装漏电保护器。

⑥ 应采用安全电压的场所，不得用漏电保护器代替。

⑦ 额定漏电动作电流不超过 30mA 的漏电保护器，在其他保护措施失效时可作为直接接触的补充保护，但不能作为唯一的直接接触保护。

⑧ 选用漏电保护器时，应根据保护范围、人身设备安全和环境要求来确定，一般应选用电流动作型的漏电保护器，如图 2－22 所示。

图 2－22　电流动作型漏电保护器

7. 静电防护

在生产、生活中产生静电的情况很多，例如：带式输送机运行时，输送带轮摩擦起电；物料粉碎、碾压、搅拌、挤出等加工过程中的摩擦起电；在金属管道中输送液体或用气流输送粉体等物料时产生静电。带静电的物体按照静电感应原理还可以对附近的导体在近端感应出异性电荷，在远端产生同性电荷，并能在导体表面曲率较大的部分发生尖端放电。

静电的危害主要是由于静电放电引起周围易燃易爆的液体、气体或粉尘起火乃至爆炸，还可能使人遭受电击。由于静电能量低，一般情况下不至于造成死亡，但可能引起二次伤害。

消除静电的最基本的方法是接地。把物料加工、储存和运输等设备及管理的金属体统一用导线连接起来并接地。接地电阻值不要求像供电线路中保护接地那么小，但要牢靠，并可与其他的接地以自然泄漏法和静电中和法的方式使静电消散或消除。

8. 电气设备接零或接地的规定

1）在施工现场专用变压器供电的 TN-S 接零保护系统中，电气设备的金属外壳必须与保护零线连接。保护零线应由工作接地线、配电室（总配电箱）电源侧零线或总漏电保护器电源侧零线处引出（见图 2－23）。

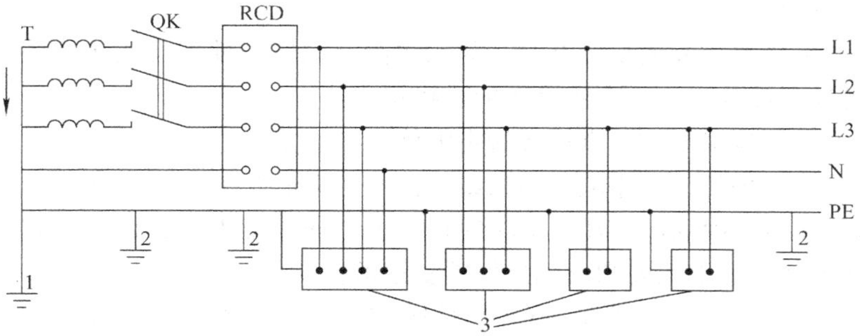

图 2－23　专用变压器供电时 TN－S 接零保护系统示意图

1—工作接地　2—PE 线重复接地　3—电气设备金属外壳（正常不带电的外露可导电部分）
L1、L2、L3—相线　N—工作零线　PE—保护零线　QK—总电源隔离开关　T—变压器
RCD—总漏电保护器（兼有短路、过载、漏电保护功能的漏电保护器）

2）当施工现场与外电线路共用同一供电系统时，电气设备的接地、接零保护应与原系统保持一致。不得一部分设备做接零保护，另一部分设备做接地保护。

3）采用 TN 系统做接零保护时，工作零线（N 线）必须通过总漏电保护器，保护零线（PE 线）必须由电源零线重复接地处或总漏电保护器电源侧零线处引出，形成局部 TN-S 接零保护系统（见图 2－24）。

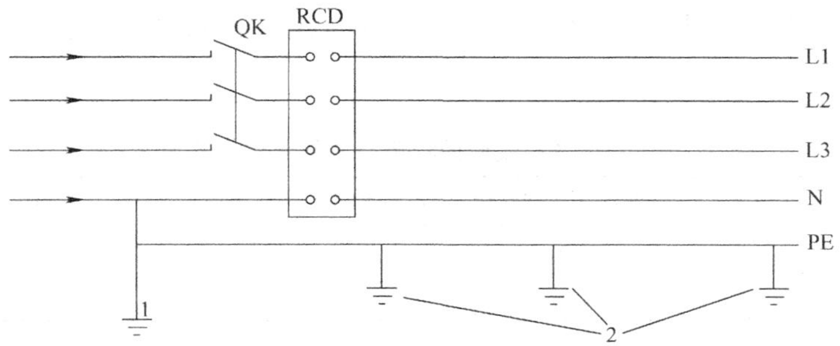

图 2－24　三相四线供电时，局部 TN-S 接零保护系统保护零线引出示意图

1—PEN 线重复接地　2—PE 线重复接地　L1、L2、L3—相线　N—工作零线　PE—保护零线
QK—总电源隔离开关　RCD—总漏电保护器（兼有短路、过载、漏电保护功能的漏电保护器）

4）在TN接零保护系统中，在总漏电保护器的工作零线与保护零线之间不得再做电气连接。

5）在TN接零保护系统中，PE零线应单独敷设。重复接地线必须与PE线相连接，严禁与N线相连接。

6）使用一次侧由50V以上电压的接零保护系统供电，二次侧为50V及以下电压的安全隔离变压器时，二次侧不得接地，并应将二次线路用绝缘管保护或采用橡胶护套软线。

7）当采用普通隔离变压器时，其二次侧一端应接地，且变压器正常不带电的外露可导电部分应与一次回路保护零线相连接。

8）变压器应采取防止直接接触带电体的保护措施。

9）施工现场的临时用电电力系统严禁利用大地做相线或零线。

10）TN系统中的保护零线除必须在配电室或总配电箱处做重复接地外，还必须在配电系统的中间处和末端处做重复接地。

11）在TN系统中，严禁将单独敷设的工作零线再做重复接地。

12）接地装置的设置应考虑土壤干燥或冻结以及季节变化的影响，并应符合表2-8的规定，接地电阻值在四季中均应符合要求。但防雷装置的冲击接地电阻只考虑在雷雨季节中土壤干燥状态的影响。

表2-8 接地装置的季节系数 ϕ 值

埋深/m	水平接地体	长2~3m的垂直接地体
0.5	1.4~1.8	1.2~1.4
0.8~1.0	1.25~1.45	1.10~1.15
2.5~3.0	1.0~1.1	1.0~1.1

注：大地比较干燥时，取表中较小值；比较潮湿时，取表中较大值。

13）PE线所用材质与相线、工作零线（N线）相同时，其最小截面积应符合表2-9的规定。

表2-9 PE线截面积与相线截面积的关系 （单位：mm^2）

相线芯线截面积 S	PE线最小截面积	相线芯线截面积 S	PE线最小截面积
$S\leqslant16$	5	$S>35$	$S/2$
$16<S<35$	16		

14）保护零线必须采用绝缘导线。

15）配电装置和电动机械相连接的PE线应为截面积不小于$2.5mm^2$的绝缘多股铜线。手持式电动工具的PE线应为截面积不小于$1.5mm^2$的绝缘多股铜线。

16）PE线上严禁装设开关或熔断器，严禁通过工作电流，且严禁断线。

17）相线、N线、PE线的颜色标记必须符合以下规定：相线L1（A）、L2（B）、L3（C）的绝缘线颜色依次为黄色、绿色、红色；N线的绝缘线颜色为淡蓝色；PE线的绝缘线颜色为绿/黄双色。任何情况下，上述颜色标记都严禁混用和互相代用。

18）移动式发电机系统接地应符合电力变压器系统接地的要求，下列情况可不另做保护接零。

① 移动式发电机和用电设备固定在同一金属支架上，且不供给其他设备用电时。

② 不超过两台的用电设备由专用的移动式发电机供电，供、用电设备间距不超过50m，且供、用电设备的金属外壳之间有可靠的电气连接时。

9. 防止触电伤害的10项基本操作要求

根据安全用电“装的安全、拆的彻底、用的正确、修的及时”的基本要求，防止触电伤害的10项基本操作要求为：

1）非电工严禁拆接电气线路、插头、插座、电气设备及电灯等。

2）使用电气设备前，必须检查线路、插头、插座、漏电保护装置是否完好。

3）电气线路或机具发生故障时，应找电工处理，非电工不得自行修理或排除。

4）使用手持电动工具从事湿作业时，要由电工接好电源，安装上漏电保护器，而操作者必须穿戴好绝缘鞋和绝缘手套后再进行作业。

5）搬迁或移动电气设备时必须先切断电源。

6）搬运钢筋、钢管及其他金属物体时，严禁触碰电线。

7）禁止在电线上挂晒物料。

8）禁止使用照明器烘烤、取暖，禁止擅自使用电炉和其他电加热器。

9）在架空输电线路附近工作时，应停止输电。不能停电时，应有隔离措施，保持安全距离，防止触碰。

10）电线必须架空，不得在地面、施工楼面随意乱拖。若必须通过地面、楼面时应有过路保护，物料车、人不准压踏碾磨电线。

10. 防止触电“十戒”

1）一戒将电气设备的电源线直接插入插座内。

2）二戒拔插头时拉扯连接插头的软线。

3）三戒用湿手触摸开关和电气设备外壳。

4）四戒走近断落在地上的电线。

5）五戒用手直接去拉触电者。

6）六戒带负荷断电。

7）七戒使用过期或未检验的绝缘工具。

8）八戒易燃易爆场所的电气设备未做到整体防爆。

9）九戒在锅炉、金属容器内或特别潮湿的场所，使用超过12V的电压。

10）十戒超负荷用电。

11. 触电急救的原则及方法

（1）抢救触电者的原则　一旦发生触电事故，必须进行急救。现场抢救触电者的原则是：

1）迅速：争分夺秒使触电者脱离电源。

2）就地：必须在现场附近就地抢救，千万不要长途送往医院抢救，以免耽误抢救时间。从触电时算起，5min以内及时抢救，救生率90%左右；10min以内抢救，救生率60%；超过15min，希望甚微。

3）准确：人工呼吸法的动作必须准确。

4）坚持：只要有百分之一的希望就要尽百分之百的努力去抢救。

触电者死亡的几个表征：心跳、呼吸停止，瞳孔放大，尸斑，尸僵，血管硬化。这五个表征只要1~2个未出现，就应作为假死去抢救。

（2）急救触电的方法

1）4种人工呼吸触电急救方法。

① 胸外心脏按压法（见图2-25）。心脏按压是有节律地按压胸骨下部，间接压迫心脏，排出血液，然后突然放松，让胸骨复位，心脏舒张，接受回流血液，用人工的方式维持血液循环，其要领如下：a. 将触电者仰卧在硬板或地面上，不能仰卧在软床上或垫上厚软物件，否则会抵消按压效果；b. 压胸位置是一只手掌根部放在触电者的心口窝上方，另一只手掌作辅助；抢救者跪在触电者腰旁，操作过度疲劳时可以交换两只手的位置；c. 按压方法是压胸的一只手，在预备动作时略变，然后向前压胸，成90°角，完成动作后，突然放松（向后一缩），如此循环下去；d. 按压时触摸大动脉是否有脉搏，如果没有脉搏，应加大按压力度，减慢按压速度。

胸外心脏按压法口诀如下：

掌根下压不冲击，突然放松手不离；

手腕略弯压一寸，一秒一次较适宜。

② 对口吹人工呼吸法（见图2-26）。对口吹人工呼吸法是用人工的方法使气体有节律地进入肺部，再排出体外，使触电者获得氧气，排出二氧化碳，人为地维持呼吸功能。其要领如下：a. 将触电者仰卧，使头部尽量后仰。操作者在其腰旁侧卧，一手抬高触电者下颌，使其口张开，用另一只手捏住触电者的鼻子，保证吹气时不漏气；如果在触电者口上盖一块手帕，可能影响吹气效果。

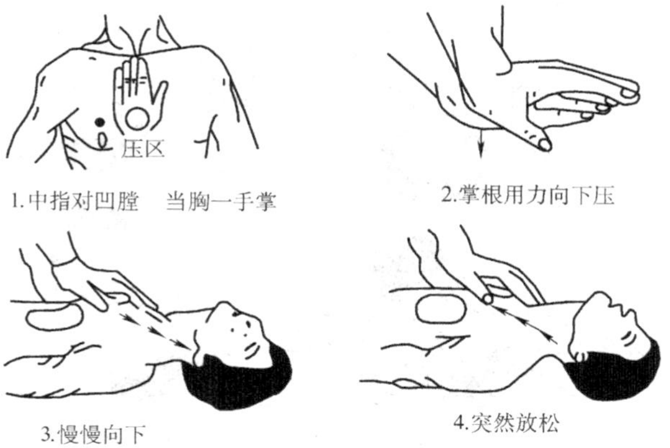

图 2－25　胸外心脏按压法

b. 操作者用中等深度呼吸，把口紧贴触电者的口，缓慢而均匀地吹气，使触电者胸部扩张。但胸部起伏过大，容易把肺泡吹破；而胸都起伏过小，则效果不佳。因此需要通过观察胸部起伏程度来掌握吹气量。c. 吹气速度，对成人是吹气 2s 停 3s，5s 一次，每分钟 12～16 次；对儿童是每分钟吹 18～24 次。d. 触电者的嘴不能掰开时，可进行口对鼻吹气，方法同上，只是要用一只手封住嘴以免漏气。

对口吹的口诀如下：

张口捏鼻手抬颌，深吸缓吹口对紧；

张口困难吹鼻孔，五秒一次坚持吹。

触电者心跳、呼吸都停止时，应同时进行胸外心脏按压和口对口人工呼吸。如果有两个操作者，可以一人负责心脏按压，另一人负责对口吹气。操作时，心脏按压 4～5 次，暂停，吹气 1 次，叫 4 比 1 或 5 比 1。如果只有一个操作者，操作时最好是先进行两次很快的肺部吹气，接着进行 15 次胸部按压，叫 15 比 2。肺部充气时，不应按压胸部，以免损伤肺部和降低通气的效果。

③ 摇臂压胸呼吸法。摇臂压胸呼吸法的操作要领如下：a. 使触电者仰卧，头部后仰。b. 操作者在触电者头部，一只脚作跪姿，另一只脚半蹲。两手将触电者的双手向后拉直，压胸时将触电者的手向前顺推，至胸部位置时将两手向胸部靠拢，用触电者两手压胸部。在同一时间内还要完成以下几个动作，跪着的一只脚向后蹬（成前弓后箭状），半蹲的前脚向前倒，然后用身体重量自然向胸部压下。压胸动作完成后，将触电者的手向左右扩张。完成后，将两手往后顺向拉直，恢复原来位置。c. 压胸时不要有冲击力，两手关节不要弯曲，压胸深度要看对象，对小孩子不要用力过猛，对成年人每分钟完成 14～16 次。

摇臂压胸呼吸法的口诀如下：

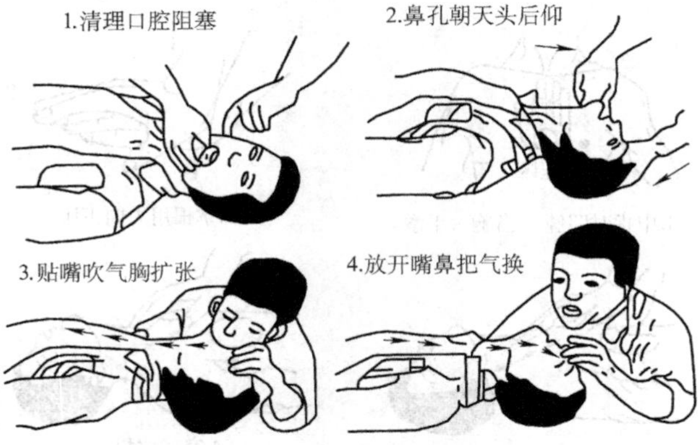
1.清理口腔阻塞
2.鼻孔朝天头后仰
3.贴嘴吹气胸扩张
4.放开嘴鼻把气换

图 2-26 对口吹人工呼吸法

单腿跪下手拉直，双手顺推向胸靠；
两腿前弓后箭状，胸压力量要自然；
压胸深浅看对象，用力过猛出乱子；
左右扩胸最要紧，操作要领勿忘记。

④ 俯卧压背呼吸法（此法只适用于触电后溺水，肚内喝饱了水的情况）。俯卧压背呼吸法操作要领如下：a. 使触电者俯卧，触电者的一只手臂弯曲放在头上，脸侧向一边，另一只手在头旁伸直。操作者跨腰跪，四指并拢，尾指压在触电者背部肩胛骨下（相当于第 7 对肋骨）。b. 压时，操作者手臂不要弯，用身体重量向前压。向前压的速度要快，向后收缩的速度可稍慢，每分钟完成 14～16 次。c. 触电后溺水，可将触电者面部朝下平放在木板上，木板向前倾斜 10°左右，在触电者腹部垫放柔软的垫物（如枕头等），这样压背时会迫使触电者将吸入腹内的水吐出。

俯卧压背法的口诀如下：

四指并拢压一点，挺胸抬头手不弯；
前冲速度要突然，还原速度可稍慢；
抢救溺水用此法，倒水较好效果佳。

2）人工呼吸法的选择。

① 有轻微呼吸和轻微心跳，不用做人工呼吸，观察其病变，可用油擦身体，轻轻按摩。

② 有心跳、无呼吸，采用对口吹呼吸法。

③ 有呼吸、无心跳，采用胸外心脏按压法。

④ 呼吸、心跳全无，采用胸外心脏按压法与对口吹呼吸法配合抢救，这是目前国内推广的最佳方法。

⑤ 触电后溺水，肚内有水，采用俯卧压背呼吸法。

3）做人工呼吸法之前必须注意的事项：

① 松衣扣，解裤带，使触电者易于呼吸。

② 清理呼吸道。将触电者口腔内的食物以及可能脱出来的义齿（假牙）取出，若口腔内有痰可用口吸出。

③ 维持好现场秩序，非抢救人员不准围观。

④ 派人向医院、供电部门救援，但千万不要打强心针。垂危病人的心脏是松弛的，替垂危病人打强心针，目的是帮助其心脏恢复跳动功能。而触电者的心脏是纤颤的（即剧烈收缩），而强心针是刺激心脏收缩的药物，若给触电者打强心针，是加速其心脏收缩，无异火上加油，加速死亡。

对口吹人工呼吸法、胸外心脏按压法的口诀见表 2－10。

表 2－10　对口吹人工呼吸法、胸外心脏按压法口诀

没有呼吸但有心跳的， 采用口对口（鼻）人工呼吸法	病人仰卧平地上，松开领扣解衣裳 清理口腔防阻塞，鼻孔朝天头后仰 捏紧鼻子托头颈，贴嘴吹气胸扩张 吹气量要看对象，大人小孩要适量 吹两秒来停三秒，五秒一次最恰当
有呼吸但无心跳的， 采用胸外心脏按压法	病人仰卧硬地上，松开领扣解衣裳 救者跪跨腰两旁，双手迭式，中指对凹膛，当胸一手掌 掌根用力压胸膛，压力轻重要适当 用力太轻效果差，过分用力会压伤 慢慢压下突然放，掌根不要离胸膛 一秒一次向下压，寸到寸半最适当 救护儿童时，只要一只手压胸膛，用力稍轻

注：1. 对小孩吹时，不要捏紧鼻子。

2. 如果触电者张口有困难，可用嘴吹鼻孔，效果相同。

3. 呼吸心跳都没的，两法同时进行。急救者只有一人时，可先吹 2 次气，立即挤压 15 次，反复进行，不能停止。

4. 群众抢救直到医务人员来接替抢救为止。

十一、防火防爆要点

1. 火灾的分类

火灾通常指违背人们的意志，在时间和空间失去控制的燃烧所造成的灾害。

国家标准《火灾分类》（GB/T 4968—2008）根据可燃物的类型及燃烧特性进行分类的。根据国际通用原则，结合我国国情制定的火灾分类标准，可把火灾分为 A、B、C、D、E、F 类。

下列命名是为了划分不同性质的火灾，并依此简化口头和书面表述。

A 类火灾：固体物质火灾。这种物质通常具有有机物性质，一般在燃烧时能产生灼热的余烬。

B 类火灾：液体或可熔化的固体物质火灾。

C 类火灾：气体火灾。

D 类火灾：金属火灾。

E 类火灾：带电火灾。物体带电燃烧的火灾。

F 类火灾：烹饪器具内的烹饪物（如动植物油脂）火灾。

2. 火灾的条件

尽管火灾与燃烧有区别，但在本质上两者是相同的。火灾的条件也就是燃烧的条件，即必须是可燃物、助燃物、火源这三个条件（也称火灾三要素）同时存在并且相互作用。

（1）可燃物　物质按可燃性被分成可燃物质、难燃物质和不燃物质三类。可燃物质是指在火源作用下能被点燃，并且当火源移走后能继续燃烧，直到燃烬的物质。

一般来说，凡是能在空气、氧气或其他氧化剂中发生燃烧反应的物质都称为可燃物。可燃物的种类繁多，按其状态不同可分为气态、液态和固态三类，一般是气态较易燃烧，其次是液态，再次是固态。

（2）助燃物　凡具有较强的氧化性能，与可燃物发生氧化反应并引起燃烧的物质称为助燃物。

助燃物的种类很多。氧气是最常见的助燃物，其次是氧化剂。由于空气中含有21%（体积分数）的氧气，因此人们的生产和生活空间，普遍被这种助燃物所包围。在生产中，许多物质的分子中含氧较多，当受到光、热或摩擦、撞击等作用时，都能发生分解，放出氧气，使可燃物氧化燃烧，因此它们属于氧化剂，都能作为助燃物。

（3）火源　具有一定能量，且能够引起可燃物着火的能源称为火源。

生产和生活中常用的多种能源都有可能转化为火源。例如，化学能转化为化合热、分解热、聚合热、燃烧热，电能转化为电阻热、电火花、电弧、感应发热、静电火花、雷电火花，机械能转化为摩擦热、压缩热、撞击热，光能转化为热能；核能转化为热能等。同时，这些能源的能量转化可能形成各种高温表面，如灯泡、汽车排气管、暖气管、烟囱等。

3. 扑救火灾的方法

众所周知，燃烧必须具备三个基本条件，即有可燃物、助燃物和着火源，这三个条件缺一不可，一切灭火的措施都是为了破坏已经产生的燃烧条件。根据物质的燃烧原理和长期以来扑救火灾的实践经验总结，归纳起来有 4 种基本方法，即窒息灭火法、冷却灭火法、隔离灭火法和抑制灭火法。

（1）窒息灭火法　就是阻止空气流入燃烧区，或用不燃物质（气体）冲淡空气，使燃烧物质断绝氧气的助燃而熄灭。

这种灭火方法，仅适用于扑救比较密闭的房间、地下室和生产装置设备等部位发生的火灾。这些部位发生火灾的初期，空气充足，燃烧比较迅速；随着燃烧时间的延长，由于被封闭部位内的空气（氧）越来减少，烟雾及其他燃烧产物逐渐充满空间，因此燃烧速度降低；当空气中的氧含量降低到14%～18%（体积分数）时，燃烧即停止。

在火场上运用窒息法扑灭火灾时，可采用石棉布、浸湿的棉被、帆布等不燃或难燃材料覆盖燃烧物或封闭孔洞；将水蒸气、惰性气体、二氧化碳或氮气充入燃烧区域内；利用建筑物原有的门、窗以及生产储运设备上的部件，封闭燃烧区，阻止新鲜空气流入，以降低燃烧区内氧气的含量，从而达到窒息燃烧的目的。此外，在万不得已且条件又允许的情况下，也可采用水淹没（灌注）的方法扑灭火灾。

采取窒息法扑救火灾时，必须注意以下几个问题：

1）燃烧部位的空间必须较小，又容易堵塞封闭，且燃烧区域内没有氧化剂存在。

2）采取水淹方法扑救火灾时，必须考虑到水与可燃物作用后，不至于产生不良的后果。

3）采取窒息法灭火后，必须在确认火已熄灭后，方可打开孔洞进行检查，严防因过早打开封闭的房间或生产装置，而使新鲜空气注入燃烧区，引起新的燃烧，导致火势猛烈发展。

4）在条件允许的情况下，为阻止火势迅速蔓延，争取灭火的准备时间，可先采取临时性的封闭窒息措施或先不打开门、窗，将燃烧速度控制在最低程度，在组织好扑救力量后，再打开门、窗解除窒息封闭措施。

5）采用惰性气体灭火时，必须要保证充入燃烧区域内的惰性气体用量充足，使燃烧区域内氧气的含量控制在14%（体积分数）以下，以达到灭火的目的。

（2）冷却灭火法　冷却灭火法是扑救火灾常用的方法，即将灭火剂直接喷洒在燃烧物体上，使可燃物质的温度降低到燃点以下，以终止燃烧。

在火场上，除了用冷却法扑灭火灾外，在必要的情况下，可用冷却剂冷却建筑构件、生产装置、设备容器等，防止建筑结构变形造成更大的损失。

（3）隔离灭火法　隔离灭火法就是将燃烧物体与附近的可燃物质与火源隔离或疏散开，使燃烧失去可燃物质而停止。这种方法适用于扑救各种固体、液体和气体火灾。

采取隔离灭火法的具体措施有：将燃烧区附近的可燃、易燃、易爆和助燃物质转移到安全地点；关闭阀门，阻止气体、液体流入燃烧区；设法阻拦流散的易燃、可燃液体或扩散的可燃气体；拆除与燃烧区相毗连的可燃建筑物，形成防止火势蔓延的间距。

以上三种灭火方法均属于物理灭火方法，所使用的灭火剂（或方法），在灭火过程中不参与燃烧过程中的化学反应。

（4）抑制灭火法　抑制灭火法与前三种灭火方法不同，所用灭火剂参与燃烧反应过程，使燃烧过程中产生的游离基消失，从而形成稳定分子或低活性的游离基，使燃烧反应停止。目前抑制灭火法常用的灭火剂有1211、1202、1301。

4. 灭火剂

（1）水　水是不燃液体，是价格低廉、取用方便的天然灭火剂，在灭火中应用最广。

1）灭火原理。水受热后，温度升高，达到沸点时又进一步汽化，这些过程都要吸收热量，而且水的吸热能力比其他液体要大，因此，用水灭火时，能有效地吸收大量的热量。此外，水与炽热的含碳可燃物接触时还会发生吸热的化学反应。由此可见，水在与燃烧物接触后，就会通过物理和化学作用，从燃烧物中摄取大量的热，迫使燃烧物的温度大大降低而最终停止燃烧。

水遇到炽热的燃烧物后蒸发产生的大量水蒸气，能够阻止空气进入燃烧区，并能稀释燃烧区中氧的浓度，从而使燃烧区逐渐缺氧而减弱火势。

水溶性的可燃性液体发生火灾时，在允许用水扑救的条件下，水与可燃性液体混合后，可降低它的浓度和燃烧区内的可燃蒸气的浓度，使燃烧减弱甚至停止。

2）应用范围。通过水泵加压并由直流水枪喷出的柱状水流称为直流水。直流水可用于扑救一般固体物质的火灾（如煤炭、木制品、粮草、棉麻、橡胶、纸张等）。

由喷雾水枪喷出、水滴直径小于100μm的水流称为雾状水。雾状水比直流水的表面积大，能够大大提高灭火效率。大量的微小水滴有利于吸附烟尘，故可用于扑救粉尘、纤维状物质及谷物堆等固体可燃物的火灾。又因雾状水滴互不接触，所以雾状水还可以用于扑救带电设备的火灾。但雾状水的射程较直流水近，不能远距离使用。

3）注意问题。与水接触具有爆炸危险的物质着火时，不能用水扑救，如遇水燃烧的物质、铁液或钢液引起的火灾，在它们未冷却前也不能用水扑救，因水在铁液或钢液的高温作用下会迅速蒸发并分解出氢和氧，也有爆炸的危险。

非水溶性的可燃性液体的火灾，原则上不得用水扑救，但原油、重油可以用雾状水扑救。

直流水不能用于扑救带电设备的火灾，也不能扑救可燃粉尘聚集处的火灾。

（2）泡沫灭火剂　凡能够与水混溶，并可通过化学反应或机械方法产生灭火泡沫的灭火药剂，称为泡沫灭火剂。它一般由发泡剂、泡沫稳定剂及其他添加剂和水组成，按照生成泡沫的原理，泡沫灭火剂可以分为化学泡沫灭火剂和空气泡沫灭火剂两大类。化学泡沫是通过两种药剂（酸性和碱性药剂）的水溶液发生化学反应产生的，泡沫中所含的气体为CO_2。空气泡沫也称机械泡沫，是通过空气泡沫灭火剂的水溶液与空气在泡沫产生器中进行机械混合搅拌而生成的，泡沫中所包含的气体一般为空气。根据发泡剂的类型和用途，空气泡沫又可分为蛋白泡沫、氟蛋白泡沫、水成膜泡沫、合成泡沫和抗溶性泡沫五种类型。

1）灭火原理。灭火泡沫是由泡沫灭火剂的水溶液通过化学、物理的作用，充填大量气体（CO_2或空气）后形成的无数小气泡。通常使用的灭火泡沫的发泡倍数为2～1000，相对密度为0.001～0.5。由于它的相对密度远小于一般可燃性液体的相对密度，因而可以漂浮于液体的表面，形成一个泡沫覆盖层。而且灭火泡沫还具有一定的黏性，可粘附于一般可燃性固体的表面。因此，泡沫灭火剂在灭火中起到如下的作用：

① 燃烧物表面的泡沫覆盖层，可使燃烧物表面与空气隔绝。

② 覆盖泡沫封闭了燃烧物表面，可以遮挡火焰的热辐射，阻止燃烧物的蒸发。

③ 泡沫析出的液体可以对燃烧表面进行冷却。

④ 泡沫受热蒸发产生的水蒸气可以降低燃烧物附近空气中氧的浓度。

2）应用范围。泡沫灭火剂主要用于扑救非水溶性的可燃性液体以及一般固体的火灾。抗溶性泡沫灭火剂还可用于扑救水溶性的可燃性液体的火灾。所有的泡沫灭火剂都不能用来扑救带电设备的火灾和遇水可能发生燃烧爆炸物质的火灾。

蛋白泡沫由于具有良好的热稳定性，因而在油罐灭火中被广泛使用。同时它析液较慢，可以较长时间密封油面，所以在防止油罐火灾蔓延时，常将泡沫喷向未着火的油罐，以防止其被附近着火油罐的辐射热引燃。它是石油化工消防中应用最广泛的灭火剂之一。

氟蛋白泡沫弥补了蛋白泡沫流动性差、抵抗油类污染的能力低、灭火缓慢等缺点，而且它能与干粉联合使用，发挥各自的特点联合灭火。

水成膜泡沫灭火剂能够迅速地控制火灾的蔓延和扑灭火灾，但价格较高，泡沫稳定性差，因此在需要尽快地控制火灾和扑灭火灾以保护人员或贵重设备时，它是一种最理想的灭火剂，而且与各种干粉灭火剂联用时，效果更好。此外，因为水成膜泡沫具有非常好的流动性，能绕过障碍物流动，所以用于扑救因设备破裂而造成流散液体火灾，效果也很好。

抗溶性泡沫灭火剂主要应用于扑救乙醇、甲醇、丙酮、醋酸乙酯等一般水溶性的可燃性液体的火灾。因为这些液体的分子极性较强，对泡沫有破坏作用，一般的灭火泡沫遇到这类液体，很快就消失而不起作用了。抗溶性泡沫虽然也可以扑灭一般油类火灾和固体火灾，但因价格较贵，一般不予采用。

（3）干粉灭火剂　干粉灭火剂是一种干燥、易于流动的微细固体粉末。一般借助于专用的灭火器或其他灭火设备中的气体压力，将干粉从容器中喷出，以粉雾的形式灭火。由能灭火的基料（如 $KHCO_3$、$NaHCO_3$ 等）和防潮剂、流动促进剂、结块防止剂等添加剂组成。基料的含量（质量分数）一般在90%以上。

1）灭火原理。干粉能够灭火主要是因为它对游离基有抑制作用。燃烧反应实际上是游离基的一系列链式反应，如果游离基的消亡量大于产生量，则燃烧逐渐减弱，直至停止。当干粉的粉粒与游离基接触时，游离基被瞬时吸附在粉粒表面，与粉粒发生反应，形成了不活泼的惰性物质。干粉灭火剂平时储存于干粉灭火设备中，灭火时靠加压气体的压力将干粉从喷嘴射出，形成一股夹着加压气体的雾状粉流射向燃烧物。当大量的粉粒以雾状形式喷向火焰时，可以大量吸收火焰中的游离基，使其数量急剧减少，并中断燃烧的连锁反应，从而使火焰熄灭。

2）应用范围。以 $NaHCO_3$ 为基料的干粉灭火剂，主要用于扑救各种可燃性液体的火灾、天然气和液化石油气等可燃性气体的火灾以及一般带电设备的火灾。

以磷酸盐为基料的干粉灭火剂不但可以用于扑救上述几类火灾，还可以用于扑救一般固体的火灾。

干粉对燃烧物质的冷却作用很差。扑救大面积的火灾时，如灭火不完全或因火场中炽热物的作用，容易引起复燃。这时，需要用水或氟蛋白泡沫等灭火剂联合作用，以防止复燃，而干粉有利于迅速控制火势。

（4）卤代烷灭火剂　卤代烷是由以卤素原子取代烷烃分子中的部分或全部氢原子后得到的一类有机化合物的总称。通常用作灭火剂的多为甲烷和乙烷的卤代物，分子中的卤素原子为氟、氯、溴。目前最常用的卤代烷灭火剂有二氟一氯一溴甲烷（代号1211）、三氟一溴甲烷（代号1301）、二氟二溴甲烷（代号1202）和四氟二溴乙烷（代号2402），国内生产和使用较多的是1211。

1）灭火原理。卤代烷灭火剂的灭火原理与干粉类似，主要是通过抑制燃烧的化学反应过程，使燃烧中断，达到灭火的目的。由于这一化学过程所需的时间往往比较短，所以灭火也就比较迅速。

2）应用范围。卤代烷灭火剂在一般条件下或加压条件下都是液体，作为灭火剂使用时，是用 N_2 或 CO_2 加压装入容器的，使用时由于压力作用从喷嘴以雾状喷出，在燃烧热的作用下迅速变为蒸气。由于它们都是液化气体，所以灭火后不留痕迹，不污损物品，灭火效率和热稳定性等也比较高，毒性低。主要用于扑救易燃、可燃性液体、气体，带电设备等的初期火险，更适用于扑救精密仪器、计算机、珍贵文献及贵重物资仓库等处的初期火险。不适用于扑救活泼金属、金属氢化物和能在惰性介质中由自身供氧燃烧物质的火灾。

由于卤代烷会破坏臭氧层，现在已被逐渐限制生产和使用，很多国家正研究寻找卤代烷灭火剂的替代物。

（5）CO_2 灭火剂　CO_2 是惰性气体，它制造方便，易于液化，便于罐装和储存，所以也是一种常见的灭火剂。

1）灭火原理。CO_2 灭火剂以液态的形式加压充装在灭火器中。由于它的平衡蒸气压很高，瓶阀一打开，液体立即经喷筒喷出，在喷筒中液态 CO_2 迅速汽化，这个过程消耗了大量的热量，由于喷筒隔绝了对外界的热传导，因此这些热量只能来自 CO_2 自身，这就导致液体本身温度急剧下降。当降到 -78.5℃时就有细小的雪花状 CO_2 固体出现，所以灭火器喷射出来的是温度很低的气态和固态的 CO_2。尽管从灭火器喷出的 CO_2 温度很低，对燃烧物有一定的冷却作用，然而这种作用还远不足以扑灭火焰。它的灭火作用主要是增加空气中惰性介质的含量，相对地减少空气中的含氧量。当燃烧区的 CO_2 浓度（质量分数）达到 30%～35%或氧含量（质量分数）低于12%时燃烧就会停止。

2）应用范围。由于 CO_2 是一种惰性气体，对绝大多数物质没有破坏作用，灭火后能很快散佚，不留痕迹，又没有毒害，所以它最适合于扑救各种易燃液体和那些受到水、泡沫、干粉等灭火剂的沾污容易损坏的固体物质的火灾。另外，还可以用来扑救600V以下的各种带电设备的火灾。

5. 施工现场防火要求

1）必须建立健全安全防火责任制度，贯彻执行工地的防火要求。

2）施工现场要有明显的防火宣传标志。

3）施工现场必须配备消防器材，做到布局合理，经常检查、维护和保养，保证消防器材灵敏有效。

4）电焊工、气焊工从事电气设备的安装和电、气焊、切割作业时，必须要有操作证和用火证。用火前，要对作业现场的易燃、可燃物进行清除，采取隔离等措施，配备看火人员和灭火器具；作业完成后，必须对现场的火源隐患进行清理检查，确保安全后方可离去。用火证当日有效，用火地点改变，要重新办理用火手续。

5）氧气瓶、乙炔瓶之间的工作间距不小于5m，两瓶与明火之间的距离不小于10m。

6）施工现场使用的电气设备、施工材料必须符合防火要求，不得使用易燃、可燃材料；临时用电必须安装过载保护装置，严禁超负荷使用电气设备。

7）施工现场严禁吸烟。

8）严禁使用明火进行保温施工及在宿舍内使用明火取暖。

6. 施工现场动火

（1）动火区域划分

1）一级动火区域也称为禁火区域，有如下情况：

① 在生产或者储存易燃易爆物品的场所，进行新建、扩建、改造工程的施工现场。

② 建筑工程周围生产或储存易燃易爆物品的场所，在防火安全隔离范围内的施工部位。

③ 施工现场内储存易燃易爆危险物品的仓库。

④ 施工现场的木工作业处和半成品加工区。

⑤ 在比较密封的室内、容器内、地下室等场所，配制或者调和易燃易爆液体和进行洗刷油漆作业的区域。

2）二级动火区域：

① 禁火区域周围的动火作业区。

② 登高焊接或者气割作业区。

③ 砖木结构临时食堂炉灶处。

3）三级动火区域：

① 无易燃易爆危险物品处的动火作业。

② 施工现场燃煤茶炉处。

③ 冬季燃煤取暖的办公室、宿舍等。

（2）施工现场动火安全要求

1）在施工现场禁火区域内动火，应当严格遵守安全管理规定，动火作业前必须办理动火证（见表2－11），动火证必须注明动火地点、动火时间、动火人、现场监护人、批准人和防火措施。没经过审批的动火作业，一律不得实施。

2）动火前，要对动用明火区域内的易燃易爆物进行清除，不能清除的要采取隔离措施。

3）根据施工条件和环境，配备好灭火剂、黄沙等灭火器材。

4）动火作业人员必须持证上岗，要穿戴好工作服等防护用品。

5）实施电焊时，还应做好飞溅物的遮挡防护，防止飞溅火星引燃或损坏设备。

6）动火过程中，如发现有烟味、烟雾等异常情况，应立即停止动火作业，寻找来源，确认不是由施工引燃其他物件所致，方能继续施工。

7）动火结束后，在撤离前应对施工区域周围进行检查，确认无火苗、火种等30min后，方能离开施工现场。

8）当发生火灾时，应立即拨打 119 电话报警，并采取措施扑救，防止火灾蔓延。

火警电话 119 打通后，应讲清楚着火的详细信息：包括什么东西着火，火势情况；最好能讲清起火部位，燃烧物质和燃烧情况；报警人要讲清自己的姓名、所在单位和电话号码。报警后要派人在路口等候消防车的到来，为消防车指引去火场的道路，以便迅速、准确地到达起火地点。

表 2-11　动火证

动火地点：	
动火方式：	
动火执行人：	动火负责人：
动火时间： 年　月　日　时　分始 至　年　月　日　时　分止	
安全措施：	
动火安全措施编制人：	组织实施人：
监火人：	
动火审批人：	
特殊动火会签：	
动火前，岗位当班班长验票签字：	

7. 防爆

（1）爆炸及类型　物质自一种状态迅速变成另一种状态，并在瞬间释放出很大的能量，同时产生的气体以很大的压力向四周扩散，伴随着巨大的声响，这种现象叫做爆炸。爆炸可分为物理性爆炸和化学性爆炸。

1）物理性爆炸是由物理变化引起的。如液体变成蒸气或气体膨胀，压力急剧增加，容器承受不了，因而发生爆炸。蒸汽锅炉、压缩液化气钢瓶的爆炸就属于此类。这种爆炸前后物质的性质及化学成分不改变。

2）化学性爆炸是物质本身发生了化学反应，产生大量的气体和很高的温度而发生爆炸。如爆炸物品的爆炸，可燃气体、蒸气和粉尘与空气混合的爆炸等。这种爆炸能直接造成火灾，具有很大的危险性。

（2）爆炸性物质　爆炸性物质是指在受到高热、冲击等外力作用时，瞬间发生剧烈化学反应，放出大量能量和气体而发生爆炸的某些化合物或混合物。这种物质有：

1）起爆药，如雷汞、叠氮铅、黑索金（环三次甲基三硝胺）等。

2）猛性炸药，如TNT（三硝基甲苯）、硝酸甘油、硝铵炸药、黑色炸药、氯酸盐类和过氯酸盐类等。

3）烟火药，这种药剂的成分不固定，主要是氧化剂、可燃物质和显色添加剂。

（3）企业防火防爆的基本措施　企业内采取的防火防爆基本措施，分技术措施和组织管理措施两个方面。

1）防火防爆的技术措施主要有：

① 防止形成燃爆的介质。既可以用通风的办法来降低燃爆物浓度，使它达不到爆炸极限，也可以用不燃或难燃物质来代替易燃物质。例如用水质清洗剂来代替汽油清洗零件，这样既可以防止火灾、爆炸的发生，还可以防止汽油中毒。另外，还可采取限制燃爆物的使用量和存放量的措施，使其达不到燃烧、爆炸的危险限度。

② 防止产生着火源，使火灾、爆炸不具备发生的条件。这方面应严格控制以下7种火源，即冲击摩擦、明火、高温表面、自燃发热、绝热压缩、电火花、光热射线等。

③ 安装防火防爆安全装置，例如阻火器、防爆片、防爆窗、阻火闸门以及安全阀等，以防止发生火灾和爆炸。

2）防火防爆的组织管理措施主要有：

① 加强对防火防爆工作的领导，各级管理者都要重视这项工作。

② 开展经常性的防火防爆安全教育和安全大检查，提高人们的警惕性，及时发现和整改安全隐患。

③ 建立健全防火防爆制度，例如防火制度、防爆制度、防火防爆责任制度等。

④ 厂区内、厂房内的一切出口、通往消防设施的通道，不得占用和堵塞。

⑤ 各单位应建立义务消防组织，并配备针对性强和足够数量的消防器材。

⑥ 加强值班（宿），严格进行巡回检查。

3）企业内的生产工人应遵守以下防火防爆守则：

① 应具有一定的防火防爆知识，并严格贯彻执行防火防爆规章制度，禁止违章作业。

② 应在指定的安全地点吸烟，严禁在工作现场和厂区内吸烟和乱扔烟头。

③ 使用、运输、储存易燃易爆气体、液体和粉尘时，一定要严格遵守安全操作规程。

④ 在工作现场禁止随便动用明火，确需使用时，必须报请主管部门批准，并做好安全防范工作。

⑤ 对于使用的电气设施，如发现绝缘破损、老化不堪、大量超负荷以及不符合防火防爆要求的情况时，应停止作业，并报告领导予以解决，不得带故障运行，防止发生火灾、爆炸事故。

⑥ 应学会使用一般灭火工具和器材，对于车间内配备的防火防爆工具、器材等，应爱护，不得随便挪用。

8. 消防电梯在消防状态下的使用

消防电梯是高层民用建筑特有的消防设施，是建筑物发生火灾时供消防人员进行灭火与求援使用且具有一定功能的电梯。

对于设有消防程序和消防开关的电梯，一旦发生火灾，应敲开基站的消防开关盒上的玻璃，接通消防开关。这时，无论电梯处于何种运行状态，都会立即返回基站开门待命，对于其他并联或群控的电梯也应立即返回基站，开门放客，停止不动。

当消防人员进入电梯后，用专用钥匙将置于底层召唤盒上或电梯操纵盘上标有“消防紧急运行”字样的钥匙开关接通，此时，电梯即可由消防人员操作使用。消防人员按欲到达楼层的按钮（只能按一个，连按几个也不起作用），待该指令按钮内指示灯闪亮后，说明指令已被登记。然后再按关门按钮（注意，手不能放开），直到门全部关闭，电梯方可起动。当电梯运行到欲达层站时，电梯即自动减速平层、消号。消防人员持续按开门按钮，电梯才能开门，以防非消防人员闯入电梯轿厢，影响消防工作。

消防操作过程中的安全注意事项：

1）消防紧急运行过程中以灭火工作为主，在保证灭火工作的前提下，应尽量让楼内人员通过电梯迅速疏散。

2）在电梯到站停车，手动开门过程中，如发现火势严重或楼内人员集中，消防人员中的一部分人投入灭火，此外应指派 1 ~ 2 名消防员将楼内人员引入电梯迅速下行至底层疏散。注意疏散被困楼内人员时，门只能开 1/3 宽，让人们鱼贯而入，避免拥挤，耽误疏散时间。

3）在操作消防运行状态的电梯时精力应高度集中，密切关注火灾情况和楼内人员的疏散情况，尤其在停站手动操作开关门按钮使电梯开门时，更要精力集中地维持秩序和把好梯门，让消防人员出入，并劝阻楼内人员以免其抢着拥入轿厢而损坏电梯，影响消防灭火工作的进行。

4）灭火结束后，由电梯管理人员和消防负责人共同检查电梯，检查是否有大量的水流入井道底坑，电气线路、开关是否湿水受潮，检查各层门是否有损坏或严重变形。待一切恢复正常后，方可撤销消防运行状态而投入正常运行。

十二、电梯安全技术条件

在国家电梯标准中，对电梯安全技术条件都有明文规定，一部电梯必须满足这些要求，否则就是处于不安全状态。

1. 安全电路

在 GB 7588—2003《电梯制造与安装安全规范》中，专门列出条目对安全电路的设计原则作出了规定，并分析提出了安全电路常出现的 10 种故障现象：a. 无电压；b. 电压降低；c. 导线（体）中断；d. 对地或对金属构件的绝缘损坏；e. 电气元件的短路或断路以及参数或功能的改变，如电阻器、电容器、晶体管、灯等；f. 接触器或继电器的可动衔铁不吸合或吸合不完全；g. 接触器或继电器的可动衔铁不释放；h. 触点不断开；i. 触点不闭合；j. 错相。当电梯电气装置中出现上述某种故障现象时，安全电路应起安全保护作用，使正在运行的曳引机停止运转，防止未运行的曳引机起动。

安全电路应选用基本器件如安全触点、安全继电器等。具体的电路中应有隔离变压器防干扰，变压器二次侧应接地，电路控制器件（线圈）一端应接地，开关功能件（触点）接到电源不接地一端，电源端设熔断器及短路、过载等保护器件。含有电子元件的安全电路被认定为安全部件，应按照标准进行检验。

安全电路中采用的中间继电器应是长臂触点，每个触点都是独立的。如果常开触点中有一个闭合，则全部常闭触点必须断开；如果有一个常闭触点闭合，则全部常开触点必须断开。触点除设有分隔室防止触点臂短路，还应满足标准对爬电距离与空气气隙的要求。

2. 安全触点

安全触点是安全电路的基本元件之一。安全触点的静触点始终保持静止状态，动触点由驱动元件推动，当动、静触点处于接触的初始状态时，两触点间产生一个初始压力，随着驱动元件的推进，动、静触点间产生一个最终压力，使触点在变压状态下有良好的接触，直至推动到位终止，触点在变压状态下工作。安全触点动作时，两点断开的桥式触点，有一定的行程余量，触点应能可靠地断开，即当所有触点的断开元件处于断开位置，且在有效行程内时，动触点和施加驱动力的驱动机构之间无弹性元件（例如弹簧）施加的作用力。驱动机构动作时，必须通过刚性元件迫使触点断开，断开后触点间距不小于 4mm，对于多分断点安全触点其间距不得小于 2mm。除上述外，安全触点还应具备合乎要求的绝缘性能、电气间隙和爬电距离等。

在电梯中，所使用的安全开关均应是由安全触点传送电气信号的，如层门联锁触点、安全钳保护开关、限速器超速保护开关、张紧绳保护开关、轿厢顶和底坑停止开关等。

3. 安全电压

安全电压是指人体与电接触时，对人体皮肤、呼吸器官、神经系统、心脏等各部位组织不会造成任何损害的电压。国家标准 GB/T 3085—2008《特低电压（ELV）限值》中规定了安全电压额定值。

4. 安全距离

安全距离，国家标准 GB 23821—2009《机械安全 防止上下肢触及危险区的安全距离》中，定义了防护结构距危险区的最小距离。电梯设施中的安全距离指电梯各部件之间或部件与建筑之间应该保持的可以防止出现不安全状态的具体尺寸。国家标准 GB 7588—2003《电梯制造与安装安全规范》中对以下方面的安全距离有一定的具体要求。

（1）轿厢与井道、对重的安全距离

1）井道内表面与轿厢地坎、轿厢门框架或轿厢门之间的水平距离不大于 0.15m。如果轿厢门是滑动门，则指门的最外边沿与井道内表面之间的距离。如图 2－27 中 H_1、H_2、H_3 所示。

2）对于轿厢装有机械锁闭且只能在层门的开锁区内打开的门，则上述间距不受限制。

3）对于在井道内表面局部一段垂直距离不大于 0.5m 范围内或带有垂直滑动门的载货电梯和非商业用汽车电梯，该水平距离允许增加到 0.2m。如图 2－27 中 H_4 所示。

上述规定的目的是：① 防止人跌入井道。② 防止电梯正常运行期间，将人夹进轿厢门和井道内表面中间的空隙。

4）轿厢及其连接部件与对重及其连接部件的距离至少为 0.05m。

（2）轿厢门与层门的安全距离

1）供使用者正常出入轿厢入口的净高度，应不小于2m，轿厢内净高度也不应小于 2m。

2）轿厢门关闭后，门扇之间及门扇与门柱、门楣和地坎之间的间隙，乘客电梯不得大于 6mm，载货电梯不得大于 8mm。

3）层门的净高度不得小于 2m。

4）层门关闭后，门扇之间及门扇与门柱、门楣和地坎之间的间隙，乘客电梯不得大于 6mm，载货电梯不得大于 8mm。

5）轿厢门与闭合后的层门之间的水平距离，或各门之间在其整个正常操作期间的通行距离，不得大于 0.12m，如图 2－27 中 H_5 所示。

6）轿厢地坎与层门地坎之间的水平距离不得大于 35mm，如图 2－27 中 H_6 所示。

(3) 曳引驱动电梯的顶部间距　当轿厢处在井道最上端，即对重全部压在缓冲器上时，应同时满足下列条件：

1) 轿厢导轨长度（单位为 m）应能提供 $0.1+0.035v^2$ 的进一步制导行程（≤0.15m）（v 为额定速度，单位为 m/s），如图 2-28a 中 H_1 所示。

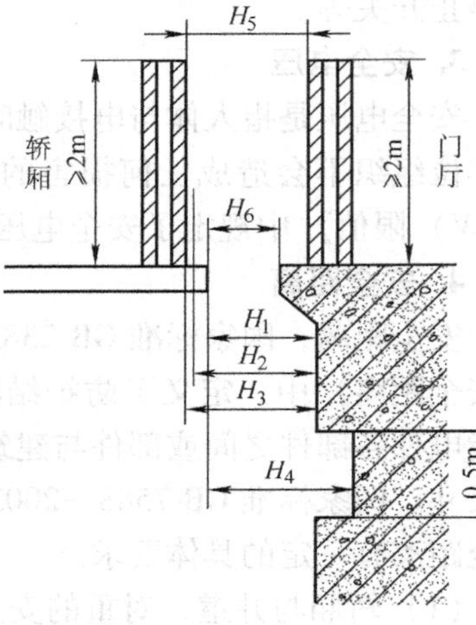

图 2-27　井道、轿厢、层门安全距离示意图

2) 井道顶的最低部件与固定在轿厢顶上的导靴、滚轮、曳引绳附件、垂直滑动门横梁或部件的最高部分之间的垂直距离（单位为 m），应不大于 $0.1+0.035v^2$（≤0.15m）（v 为额定速度，单位为 m/s），如图 2-28a 中 H_2 所示。

3) 井道顶的最低部件与固定在轿厢顶上的设备的最高部件（不包括导靴、滚轮、曳引绳附件、垂直滑动门的横梁或部件的最高部分）之间的自由距离（单位为 m），应不小于 $0.3+0.035v^2$（≤0.15m）（v 为额定速度，单位为 m/s），如图 2-28a 中 H_3 所示。

4) 轿厢顶板外水平面与位于轿厢顶投影的井道最低部件，如承重梁、导向轮等的水平面之间的垂直距离至少应为 $1.0+0.035v^2$（≤0.20m）（单位为 m；v 为额定速度，单位为 m/s），如图 2-28a 中 H_4 所示。

5) 轿厢顶上方应有足够的空间，该空间的大小以能容纳一个不小于 0.5m×0.6m×0.8m 的长方体为准（可以任意面朝下放置），钢丝绳中心线距长方体的一个垂直面距离不超过 0.15m 的钢丝绳连接装置可包括在内。

当采用减行程缓冲器并对电梯驱动主机正常减速进行有效监控时，$0.035v^2$ 可以用下值代替：电梯额定速度不大于 4m/s 时可以减少到 1/2，但是不小于 0.25m；电梯额定速度大于 4m/s 时，可以减少到 1/3，但是不小于 0.28m。

(4) 曳引驱动电梯的底部间距　当对重处在井道最上端，轿厢全部压在它的缓冲器上时，对重制导行程和底坑与轿厢底的安全距离应满足：

1) 对重导轨长度应能提供不小于 $0.1+0.035v^2$ 的进一步制导行程（单位为 m；v 为额定速度，单位为 m/s），且不得小于 0.25m。

2) 底坑内应有足够的空间，以可放入一个不小于 0.5m×0.6m×1.0m 的长方体为准，长方体的任何平面可以朝下放置。

3) 底坑底面与轿厢最低部件的自由垂直距离不小于 0.5m。当垂直滑动门的部件、护脚板和相邻井道壁之间，轿厢最低部件和导轨之间的水平距离在 0.15m 之内时，此垂直距离允许减少到 0.10m；当轿厢最低部件和导轨之间的水平距离

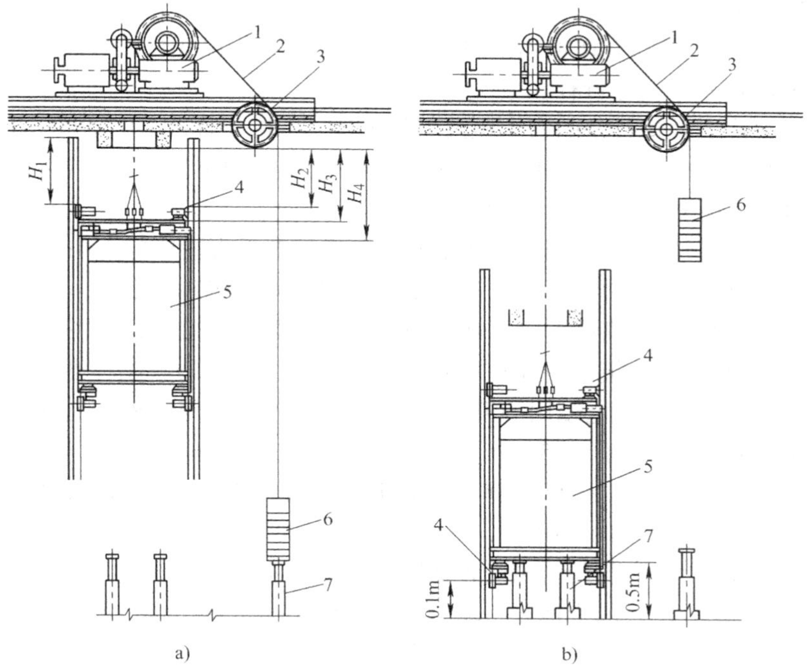

图 2-28　曳引驱动电梯顶部、底部间距示意图

a）顶部间距　b）底部间距

1—曳引机　2—曳引绳　3—导向轮　4—导靴　5—轿厢　6—对重　7—缓冲器

大于 0.15m 但小于 0.5m 时，此垂直距离可按等比例增加至 0.5m，如图 2-28b 所示。

4）底坑中固定的最高部件和轿厢最低部件之间的距离不小于 0.30m。

这里的“全部压在缓冲器上”即“完全压缩”。按 GB 7588—2003 中 10.4.1.2.2 的规定：“完全压缩”是指缓冲器被压缩掉 90% 的高度。

（5）强制驱动电梯顶部间距

1）轿厢从顶层向上直到撞击到缓冲器时的行程不小于 0.50m，轿厢上行至缓冲器行程的极限位置时一直处于有导向状态。

2）当轿厢完全压在上缓冲器上时，应当同时满足以下条件：

① 轿厢顶可以站人的最高水平面与位于轿厢投影部分井道顶最低部件的水平面之间的自由垂直距离不小于 1.0m。

② 井道顶部最低部件与轿厢顶设备的最高部件之间的自由垂直距离不小于 0.30m，与导靴或滚轮、钢丝绳附件、垂直滑动门横梁等的自由垂直距离不小于 0.10m。

③ 轿厢顶部上方应有一个可容纳不小于 0.50m×0.60m×0.80m 的长方体的

空间（任意平面向下均可）。

3）当轿厢完全压在缓冲器上时，平衡重（如果有）导轨的长度能提供不小于0.30m的进一步制导行程。

（6）机房、井道设备的安全距离与相关尺寸 国家标准GB 7588—2003《电梯制造与安装安全规范》、GB 10060—1993《电梯安装验收规范》中对机房、井道设备的安全距离都有规定，归纳如下：

1）机房屋顶横梁下端至工作场地和通道地面的垂直高度应不小于1.8m。

2）曳引机旋转部件的上方应有大于0.3m的垂直净空距离。

3）机房地面不同高度差大于0.5m时，应设楼梯或台阶并设置护栏。

4）楼板和机房地板上的开孔尺寸必须减到最小。为防止物体通过位于井道上方的开孔（包括通过电缆用的开孔）而坠落，必须采用圈框，此圈框应凸出于楼板或完工地面且不低于50mm。

5）机房内钢丝绳与楼板孔洞每边间隙均为20～40mm，通向井道的孔洞四周应筑一高50mm以上的台阶。

6）控制屏（柜）与门、窗的正面距离应不小于600mm。

7）控制屏（柜）的维修侧与墙壁的距离应不小于600mm，其封闭侧应不小于50mm。

8）控制屏（柜）与机械设备的距离应不小于500mm。

9）成排安装、双面维修的控制屏（柜）且宽度超过5m时，两端均应留有出入通道，通道宽度应不小于600mm。

10）电线管、电线槽、电缆架等与可移动的轿厢、钢丝绳等的距离，机房内应不小于50mm，井道内应不小于20mm。

11）圆形随行电缆在架上的绑扎处应离开电缆架钢管100～150mm。

12）扁平形随行电缆重叠安装时，每两根间应保持30～50mm的活动间距。

（7）轿厢顶间距与缓冲行程 在安装电梯或更换、截短曳引钢丝绳时，应注意保证轿厢顶间距与缓冲行程（缓冲距离与缓冲器压缩行程之和）的比例关系。当轿厢停在最高平层位置时，轿厢顶间距应大于对重侧缓冲距离与缓冲器行程之和再加上轿厢顶安全距离（如图2－29所示，图中H为轿顶间距，S_1为缓冲距离，S_2为缓冲器压缩行程）。如果曳引绳太短会造成轿厢顶上方安全距离不够，轿厢冲顶时会发生危险，缓冲器也将失去作用。在计算缓冲器压缩行程时，也应依据GB 7588—2003中10.4.1.2.2“完全压缩”规定的。同理，对重侧顶端间距应大于轿厢侧缓冲行程与轿厢底部安全距离之和。

5. 安全间隙（开口）

安全间隙，又称安全开口，是指人体任何部分（手指、手掌、上肢、足尖等）不能通过的最大间隙尺寸。国家标准GB 7588—2003《电梯制造与安装安全规范》对以下方面的安全间隙作出了具体要求。

（1）门间隙

1）门关闭后，门扇之间及门扇与立柱、门楣和地坎之间的间隙，对于乘客电梯不大于6mm，对于载货电梯不大于8mm，使用过程中由于磨损，允许达到10mm。

2）在水平移动门和折叠门主动门扇的开启方向，以150N的人力施加在一个最不利的点，前条所述的间隙允许增大，但对于旁开门不大于30mm，对于中分门其总和不大于45mm。

（2）层门地坎间隙

1）轿厢地坎与层门地坎的水平间隙不得大于35mm。

2）轿门与闭合后层门的水平间隙，或各门之间在整个正常操作期间的通行距离，不得大于0.12m。

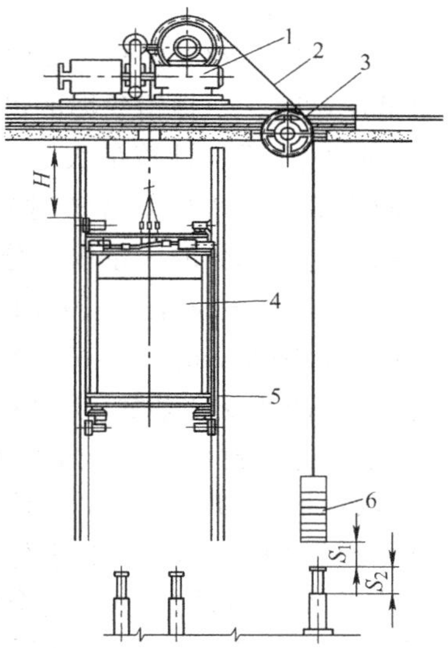

图2－29 曳引驱动电梯、轿顶与缓冲行程间距示意图

1—曳引机 2—曳引绳 3—导向轮 4—轿厢 5—顶层平层位置 6—对重 H—轿顶间距 S_1—缓冲距离 S_2—缓冲器压缩行程

（3）铰链层门和折叠轿门的间隙 如果电梯同时使用铰链式层门和折叠式轿门，则在关闭后的门之间的任何间隙内都应不能放下一个直径为0.15m球，如图2－30所示。

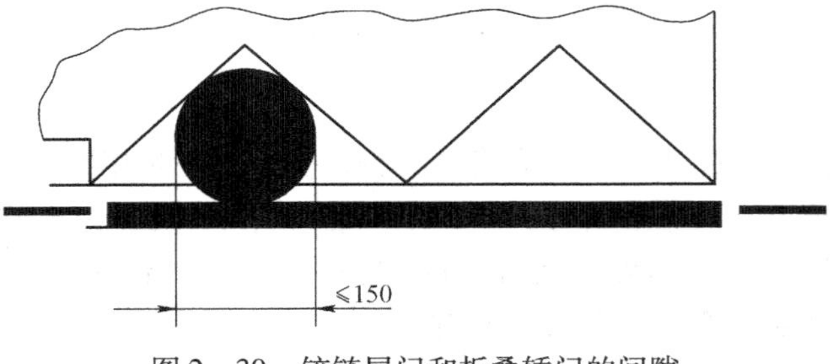

图2－30 铰链层门和折叠轿门的间隙

（4）轿门与层门的间隙 轿门门刀与层门地坎、层门锁滚轮与轿厢地坎的间隙应不小于5mm，电梯运行时不得相互碰擦。

（5）轿厢和对重（平衡重）的间隙 轿厢及关联部件与对重（平衡重）之间的间隙应不小于50mm。

6. 安全系数

在GB 7588—2003的9.2.2中，指出“安全系数是指装有额定载荷的轿厢停靠在最低层站时，一根钢丝绳的最小破断负荷（N）与这根钢丝绳所受的最大力（N）之间的比值”。计算最大受力时，应考虑下列因素：钢丝绳（或链条）的根数、回绕倍率（采用复绕法时）、额定载重量、轿厢质量、钢丝绳（或链条）质量、随行电缆部分的质量以及悬挂于轿厢的任何补偿装置的质量。

1）曳引绳的安全系数：采用三根或三根以上钢丝绳，其安全系数应不小于12；采用两根钢丝绳时，其安全系数应不小于16。

2）悬挂链的安全系数应不小于10。

3）层门悬挂部件的安全系数不得小于8。

4）限速器绳的安全系数应不小于8。

电梯设备中除悬挂部件对安全系数有要求外，在GB 7588—2003《电梯制造与安装安全规范》中，安全钳型式试验总允许质量的计算中对安全系数也有要求。如果安全钳的允许质量未超过弹性极限，其安全系数可取2；如果安全钳的允许质量超过弹性极限，其安全系数可取3.5（详见GB 7588—2003的附录F3.2.4.2）。另外，GB 7588—2003中10.1.2.1还对导轨的安全系数作了规定，在计算导轨许用应力时，安全系数必须按表2－12所示进行确定。

表2－12 导轨安全系数

载荷情况	伸长率（A_5）	安全系数	载荷情况	伸长率（A_5）	安全系数
正常使用	$A_5 \geqslant 12\%$	2.25	安全钳动作	$A_5 \geqslant 12\%$	1.8
	$8\% \leqslant A_5 \leqslant 12\%$	3.75		$8\% \leqslant A_5 \leqslant 12\%$	3.0

7. 安全力

安全系数是用比值来表示受力安全与否，安全力则是用物理量来表示电梯设备对力的安全要求，其单位符号为N，单位名称为牛（顿）。电梯设备中对安全力的要求有的地方为“不大于”，而有的地方则要求“不小于”，这有别于安全系数。电梯设备对安全力的要求主要有：

1）对于动力操纵的自动门，其阻止关门的力应不大于150N（这个力的测量不得在关门行程开始的1/3之内进行）。

2）在对处于关闭位置的轿门试验其机械强度时，应使用60MPa的力。

3）对门锁装置进行静态试验时，所施加的力，对于滑动门为1000N，对于铰链门为3000N。

4）对于停在靠近层站处的轿厢门的开启，在断开开门机电源的情况下，开门所需的力不得大于300N。

5）额定速度大于1m/s的电梯在运行时，在开锁区以外的地方，开启轿门的力应大于50N。

6）轿厢顶的任何位置，应能支撑两个人的重量，按照每个人在0.20m×0.20m的面积上，作用1000N的力计算，作用后应无永久变形。

7）当需要向上移动具有额定载重量的轿厢时，如果所需的力不大于400N，驱动主机应装设手动盘车，以便移动轿厢；当所需的力大于400N时，应设置紧急电动运行操作装置。

8）限速器动作时，限速器绳的张紧力不得小于安全钳动作时所需拉力的2倍或300N。

9）轿厢自动门安全触板动作的碰撞力不应大于5N。

十三、电梯安全保护装置

1. 电梯运行前起作用的安全保护装置

（1）接地　电梯上所有的电气设备的金属外壳均有良好的接地，其接地电阻值都大于4Ω。电梯的保护接地（接零）系统都是良好的，电气设备的绝缘强度在安装时都进行了测试。其绝缘电阻都大于1MΩ，并且动力电路和电气安全装置电路其阻值不小于0.5MΩ；其他电路（控制、照明、信号）其阻值不小于0.25MΩ。所以电梯设备用电是安全的，不易发生触电、漏电现象。

（2）曳引绳　曳引绳承受着电梯的全部悬挂重量，它的质量直接关系到运行中的安全。电梯上使用的钢丝绳比普通钢丝绳要求高，国家规定曳引绳必须符合GB 8903—2005《电梯用钢丝绳》标准。曳引绳的特点是强度高、柔韧性好，而且像客梯、医用电梯的钢丝绳根数都不少于四根，静载安全系数不小于12，绳头组合的抗拉强度都不低于钢丝绳的抗拉强度。因此高质量的曳引绳保证了电梯运行的安全。

（3）制动器　电梯的曳引绳搭在曳引轮上，绳的一端悬挂着轿厢，另一端悬挂着对重，当曳引轮转动时利用摩擦力来传动曳引绳，使轿厢上下运行，实现电梯的传动。只要曳引轮不转动，轿厢就不会移动，而曳引轮经制动轮控制，不运行时制动器上的制动压簧产生制动力矩迫使闸瓦紧紧地抱住制动轮，制动轮又通过轴等机械零件使曳引轮不能转动。

为了确保制动器工作的可靠性，电梯在交付使用前还应做静载试验和运行试验，即要求在轿厢内加入达到额定载重量150%的重物，经过10min，此时各承载部件都应没有损坏，曳引绳应没有打滑现象，制动必须可靠。

此外在交付使用前电梯应做另一个试验，即电梯以额定载重量的110%运行时制动器也能可靠地使电梯制动。制动器既保证了电梯在运行前的安全，也在运行中和发生事故时发挥着重要的作用。

（4）超载保护装置　为了使电梯能在设计载重量范围内正常运行，在轿厢上设置了超载保护装置。一般在载重量达到额定载重量的110%时电梯超载保护装置起作用，超载蜂鸣器鸣响，轿厢不能关门，电梯将自动切断控制电路，电梯无法起动，这时只有减少轿厢内重量至规定范围电梯才能关门、起动。因此，电梯在没有运行前就由该装置把关，避免了起动后的不安全运行。

超载保护装置的结构很多，但工作原理都一样。此装置一般设在轿厢底，轿厢底与轿厢是分离的，活动轿厢底安装在超载保护装置的杠杆上，随着轿厢内重量的增加，杠杆系统在外力作用下产生移动。当杠杆移动到一定位置时，轿厢底开关动作切断电源，电梯无法起动。有的电梯超载保护装置装在轿厢顶或机房内。

（5）直驶功能及满载保护　当轿厢内的载荷达到额定载荷的80%～90%时，满载开关应动作，这时电梯起动后途中不停车，直驶到所指令的顺向最近的一站停车，减载后才能应答其他层站的呼梯，也就是说当满载时顺向载车功能取消。

2. 电梯运行中起作用的安全保护装置

（1）厅门和轿门　要使电梯起动，其中一个重要的条件是所有的厅门及轿门必须关闭好，只要有一扇门没关上，电梯就不能起动。这是由于在各门上都装有机械电气联锁装置，门没关好，电路就不通，电梯就不能起动。

一般的电梯上都装有自动门锁，关门时锁臂插入开关盒，而锁臂头向上运动推动行程开关触头接通电梯控制电路，只有在所有门上的电气触头都接通的前提下才能走车。

电梯轿门上还装有安全触板。在关门过程中，当触板碰到任何人或物时，厅门、轿门立即自动退回，然后重新关门，触板动作的碰撞力不大于0.5kgf（5N），这样就避免了门扇夹伤人或夹着物件关不上门的情况。目前有的电梯上还装有光电触板，采用不可见光来控制开、关门。这些装置均可避免事故的发生。

关门时对门速也有所控制。首先，厅、轿门全速运行，然后分两次减速运行，最后靠惯性使门扇关好。这样，一方面使门在关闭时运行平稳，避免关门速度太快使门扇撞击门框；另一方面也可以避免夹人。

除了轿门、厅门关好外，还必须在轿厢顶安全窗开关、安全钳开关、底坑开关、上下极限开关等都处在正常状态时才能起动。

（2）超载试验　电梯竣工前，应做超载试验，即在轿厢内加入达到额定载荷110%的重物，断开超载保护电路，在通电持续率40%的情况下，全行程范围往复运行30次，在电梯都能可靠地起动、运行、停止而且各部分都正常的情况下才能交付使用。这一试验保证了电梯在使用过程中的正常运行。

3. 电梯在运行中出现事故时起作用的安全保护装置

（1）照明线路和动力线路分开　当电梯发生故障时为了使电梯停止运行，必须切断电源，这时只是切断了动力电源使电梯无法运行，但同时必须保证轿厢内的照明、通风、报警装置有电，避免电梯失电后轿厢内一片黑暗及无法与外界联系，造成乘客的恐惧和慌乱。另外，此时还必须保证轿厢顶插座、机房内照明插座、井道内照明均有电，保证设在井道壁上的照明灯正常照明，避免人们通过安全窗撤出轿厢时再出事故。

（2）限速器与安全钳　当电梯失控、轿厢超速下降或上行时，这时就由限速器和安全钳装置来使电梯停止运行，从而使电梯安全地停在井道某个位置。限速器和安全钳一起组成轿厢的快速制停装置。限速器安装在机房内，安全钳安装在轿厢的两侧，它们之间由钢丝绳和拉杆连接。限速器和安全钳种类很多，常见的限速器有抛块式限速器、抛球式限速器；安全钳有瞬时式安全钳（用于低速梯）和渐进式安全钳。它们共同的功能就是制止轿厢的失控运行。

（3）轿厢顶安全窗及安全窗开关　在轿厢顶部设有向外开启的安全窗，作用是当电梯发生事故时供急救和检修使用，人们可从此窗撤出轿厢。此外，当安全窗开启时，设在窗边的安全窗开关动作，切断控制电路，使电梯无法起动，另外此开关也能使检修或快车运行的电梯立即停止运行。

在轿厢顶部还设有排气扇，留有空气进出的通道，使轿厢内的人员不会有气闷的感觉。

（4）上下终端越层保护装置　当电梯运行到最高层或最低层时，为防止电梯失灵继续运行，造成轿厢冲顶或撞击缓冲器的事故，在井道的最高层及最低层外安装了几个保护开关来保证电梯的安全。

1）强迫缓速开关。当电梯运行到最高层或最低层应减速时，装在轿厢边的上下开关打板使上缓速开关或下缓速开关动作，强迫轿厢减速运行到平层位置。

2）限位开关。当轿厢超越应平层的位置 50mm 时，轿厢打板使上限位开关或下限位开关动作，切断电源，使电梯停止运行。

3）极限开关。当以上两个开关均不起作用时，轿厢上的打板触动极限开关上碰轮或下碰轮，通过钢丝绳使装在机房的终端极限开关动作，切断电源使电梯停止运行。

有的电梯在安装极限开关上下碰轮处直接安装上极限和下极限开关，以代替机房内的终端开关，其作用是一样的。极限和缓速限位开关在轿厢超越平层位置 50～200mm 时就迅速断开，这样就避免了事故的发生。

（5）缓冲器　在以上所有安全装置都失灵的情况下（这种可能极少），电梯轿厢或对重直冲井道底坑时，就由最后一道安全装置——缓冲器来保证电梯的安全。

缓冲器安装在井道底坑内，一般为3个，在对应轿厢底处安装2个，对应对重下面安装1个。缓冲器分为弹簧缓冲器及油压缓冲器。轿厢或对重压在缓冲器上后，缓冲器受压变形，使轿厢或对重回弹，回弹数次后使轿厢或对重得到缓冲，最后静止下来。

对重缓冲器还起到一个避免轿厢冲顶的作用。在轿厢冲顶前，对重架子撞上了对重缓冲器，避免了轿厢冲顶撞击机房地面的危险。

（6）通信设备　轿厢内装有警铃、电话，它们直通机房或值班室。当发生故障时人们在轿厢内可通过它们和外界取得联系，以便尽快解除故障，使电梯尽快投入正常使用。

（7）顶层高度与底坑深度　设计人员在设计井道高度时，为了安全，对顶层高度和底坑深度这两个尺寸有所要求。

1）顶层高度为电梯最顶层平层位置至井道顶面的距离，该距离保证了轿厢冲顶时，对重被缓冲器缓冲后轿厢不会撞到井道顶面。

2）底坑深度为建筑物最底层平层位置至井道底坑的距离，该距离一方面使轿厢撞击缓冲器时有一个缓冲的距离；另一方面，当轿厢压缩缓冲器到达最低位置时，保证轿厢底部的任何零部件都不会碰到地面，避免损坏电梯。

第三章　原则：安全责任重于泰山

一、安全管理的主要任务

安全管理的主要任务从广义上讲，一是预测人们活动的各个领域里存在的危险，从而采取措施，使人们在生产、生活活动中不至于受到伤害和职业病的危害；二是制定各种规程、规定和为消除危险因素所采取的各种办法、措施；三是告诉人们去认识危险和防止灾害。具体地讲，有以下几个方面：

1）贯彻落实国家安全生产法律、法规，落实“安全第一、预防为主、综合治理”的安全生产方针。

2）制定安全生产的各种规程、规定和制度，并认真贯彻实施。

3）积极采取各项安全生产技术措施进行综合治理，使单位的生产设备、设施在本质上达到安全要求，保证员工有一个安全可靠的工作环境，减少和杜绝各类事故的发生。

4）采取各种劳动卫生措施，不断改善劳动条件和环境，定期检测，防止和消除职业病及职业危害，做好女工和未成年工的特殊保护，保障劳动者的身心健康。

5）定期对各个部门、各个工种、各类人员，特别是特种作业人员进行安全教育，强化安全意识，提高安全责任。

6）及时完成安全生产中各类事故的调查、处理和上报工作。

7）推动安全生产目标管理，推广和应用现代化管理技术与方法。

8）构建安全生产管理保障体系，并持续改进，深化安全管理。

二、安全管理的原则

1. 法制原则

所有安全管理的规章、制度、措施必须符合国家有关法律、法规。在实施这一原则时，常常采用一票否决制，即对重大的违章事故，严格执法，违规必纠，不得妥协和让步，只有这样，才能实现对安全的严格管理与控制。

2. 预防原则

预防原则是安全管理的重要原则。事故发生的主要原因是人的不安全行为和物的不安全状态，而这些原因又由小变大，由影响事故的间接原因变成导致事故发生的直接原因，这一演变的过程，为安全预防管理提供了可能。通过管理，消除引发事故的因素，杜绝隐患，将事故消除在萌芽状态。

3. 监督原则

安全管理的重要手段是监督、检查日常的安全工作事故。实践证明，生产过程中大量发生的是轻微伤害或者无伤害事故，而导致这些事故的原因往往不被重视或习以为常。事实上，轻微伤害和无伤害事故的背后，隐藏着与造成严重事故相同的原因。因此，日常检查显得非常重要，不能流于形式，要细致、警觉，甚至对一些不起眼、尤其是容易忽视的事故隐患“吹毛求疵”。只有这样，才能及时发现和消除小隐患，避免大事故的发生。

4. 教育原则

安全管理不仅仅是安全管理部门的责任，而是一种群策群力的工作，要求每位员工都应具有良好的安全意识、预防意识和危机意识，这样才有利于从根本上消除和减少人的不安全行为和物的不安全状态。因此，必须通过安全知识的教育、安全技能的培训、安全政策的宣传、安全信息的传播等各种手段充分引起人们对安全问题的重视，明确安全生产操作规程，掌握安全生产方法。

5. 全面原则

安全管理涉及生产活动的方方面面，涉及生产工艺过程的各个环节，涉及全部的生产时间，涉及一切变化着的生产因素。安全生产无小事、无盲区、无死角，因此必须坚持全员、全过程、全方位、全天候的动态安全管理。

三、安全生产的原则

1）坚持生产与安全统一的原则，即在安全生产管理中必须坚持落实管生产必须管安全的要求。

2）坚持“四不放过”原则，即对发生事故的原因分析不清不放过，事故责任者和群众没受到教育不放过，事故隐患不整改不放过，事故责任者没有受到处理不放过。

3）坚持“五同时”原则，即在计划、布置、检查、总结、评比生产工作时，同时计划、布置、检查、总结、评比安全工作。

4）坚持“三同步”原则，即生产经营单位在考虑自身的经济发展、机构改革和技术改造时，安全生产方面要相应地与之同步规划、同步发展、同步实施。

5）坚持安全否决权原则，即在对生产经营单位进行各项指标考核、评选先进时，必须首先考虑安全指标的完成情况。安全生产指标具有一票否决的作用。

6）坚持“五定”原则，对查出的安全隐患做到“五定”，即定整改责任人、定整改措施、定整改完成时间、定整改完成人、定整改验收人。

四、安全管理的工作方法和步骤

1. 安全管理的工作方法

安全管理就是研究解决生产中与安全有关的问题，其方法有以下两种：

（1）事后法　这种方法是对过去已发生的事件进行分析，总结经验教训，采取措施，防止重复事件的发生，因而是对现行安全管理工作的指导。例如对某一事故分析原因，查找引起事故的不安全因素，根据分析结果，制定和实施防止此类事故再度发生的措施。有人称此种方法为“问题出发型”方法，即我们通常所说的传统的管理方法。

（2）事先法　这种方法是从现实情况出发，研究系统内各要素之间的联系，预测可能会引起危险、导致事故发生的某些原因。通过这些原因的控制来消除危险、避免事故，从而使系统达到最佳的安全状态。这就是所谓的现代安全管理方法，也有人称此种方法为“问题发现型”方法。

2. 安全管理的工作步骤

无论是“事后法”还是“事先法”，其工作步骤都是“从问题开始，研究解决问题的对策，对实施的对策效果予以评价，并反馈评价，重新研究对策”，步骤为：

（1）发现问题　即找出所研究的问题，“事后法”是指分析已存在的问题或事故，“事先法”则是指预测可能要出现的问题或事故。

（2）确认　即对所研究的问题进行进一步核查与认定，要查清何时、何人、何条件、何事（或可能出现什么事）等。

（3）原因分析　解决问题的第一步。原因分析即寻求问题或事故的影响因素，对所有影响因素进行归类，并分析这些因素之间的相互关系。

（4）原因评价　将问题的原因按其影响程度的大小排序分级，以便视轻重缓急解决问题。

（5）研究对策　根据原因分析与评价，针对性地提出解决问题、防止或预防事故发生的措施。

（6）实施对策　将所制定的措施付诸实践，并从人力、物力、组织等方面予以保证。

（7）评价　即对实施对策后的效果、措施的完善程度及合理性进行检查与评定，并将评价结果反馈，以寻求最佳的实施对策。

五、安全生产责任制度

安全生产责任制度是指安全生产工作中的各类责任主体应履行的安全生产责任体系。安全生产责任制度是生产经营单位各项安全生产规章制度的核心，是生产经营单位行政岗位责任制度和经济责任制度的重要组成部分，是安全生产管理工作最基本的制度，也是确保安全生产最重要的措施。

建立健全安全生产责任制度，要根据“安全生产、人人有责”的原则，将各级负责人、各职能部门及其工作人员和各岗位生产工人在安全生产中应做的事情和应负的责任加以明确，并从制度上固定下来，从而增强各级管理人员、各个生产人员的责任心，使安全管理纵向到底，横向到边，责任明确，协调配合，共同努力把安全生产工作真正落到实处。下面介绍电梯企业应制订的各类安全生产责任制度的内容，以供参考。

1. 公司法人代表（董事长或总裁）安全生产职责

公司法人代表是安全生产第一责任人，对公司的安全生产全面负责，其安全生产职责为：

1）贯彻执行安全生产方针以及国家和地方政府颁布的政策、法规和标准，结合单位实际，建立健全并落实“四全”（即全员、全面、全过程、全天候）安全生产责任制度，做到人人、事事、处处、时时都把安全放在首位。

2）组织制订公司安全生产规划和计划，确定安全生产目标，批准重大安全技术措施的制订，切实保证安全生产投入资金的有效性。

3）把安全生产工作纳入到公司的各项计划、布置、检查、总结、评比之中，及时清除生产经营中的安全事故隐患，对已发生的安全事故组织调查分析，按“四不放过”的原则严肃处理，并对已发生的安全事故调查、登记、统计和报告的正确性、及时性负责。

4）组织制订并实施公司生产安全事故应急救援预案。对重大危险源采取相应的防范监控措施，对重大事故隐患采取切实的整改措施。

5）有权拒绝和停止执行上级违反安全生产法规、政策的指令，并及时提出不予执行的理由和意见。

2. 总经理、副总经理安全生产职责

公司总经理是公司安全生产的直接责任人，必须协助公司法人代表对全公司的安全生产工作起直接的领导、组织和实施的作用，具体职责如下：

1）认真贯彻执行党和国家以及有关部门颁布的安全生产劳动保护法规、政策和安全工作部署，把安全生产工作列入当年的奋斗目标。

2）牢固树立安全第一的思想，在布置、考核、总结生产工作时，同时布置、考核、总结安全生产工作，对重要的经济技术决策，负责确定保证职工安全、健康的措施。

3）组织并督促有关部门建立健全各项劳动保护规章制度和安全操作规程；组织员工学习劳保法规和业务知识，定期对员工尤其是特种作业人员进行安全技术教育。

4）合理安排部分安全技术措施专项经费，支持安全技术人员开展各项安全生产工作。当公司发生重大事故时，要亲临现场并指挥抢救工作，并组织开展事故的调查工作，认真分析、研究事故发生的原因，拟定改进措施。

5）定期组织安全大检查，对检查出的重大安全问题，要及时研究解决，制定措施，确保按期实施。

6）负责明确公司范围内每一个员工在安全生产中所负的职责，建立全公司的安全保障体系。

7）组织有关部门对职工进行安全技术培训和考核，坚持新员工入职后的单位、部门、班组三级安全教育制度和特种作业人员培训考核合格后持证上岗作业制度。

8）主持召开安全生产例会，研究解决安全管理中的重大问题，定期向职工代表和法人代表报告安全生产的工作情况，认真听取意见和建议，接受群众监督。

9）发现重大隐患，应及时向企业法人代表报告，并及时采取能避免事故发生的措施。

3. 公司安全生产委员会或安全生产办公室安全生产职责

公司安全生产委员会的任务是研究、统筹、协调、指导公司的重大安全生产问题，组织重要的安全生产活动，其主要职责是：

1）负责公司有关安全生产规章制度、管理标准及安全生产政策的拟订工作。

2）综合管理公司的安全生产工作，分析和预测公司安全生产形势，拟定公司安全生产规则，指导、协调和监督公司所属的各单位做好安全生产管理工作。

3）负责公司安全生产信息的发布，对公司管理范围内的安全生产管理工作进行监督，组织、协调公司管理范围内安全事故的调查与处理。

4）组织公司安全生产方面的宣传教育和公司安全生产管理人员的培训、考核工作。

5）监督检查各单位对安全生产法律、法规及规章制度的贯彻、落实情况及有关设备、材料和劳动防护用品的管理情况。

6）监督检查各部门职业健康安全管理和环境管理体系的运行情况，监督检查各部门对重大危险源、重要环境因素的监控和对重大事故隐患的整改工作。

7）拟定公司安全生产科研规划，组织、指导公司及所属各部门安全生产重大科学问题的研究和技术规范工作。

4. 公司工会安全生产职责

1）贯彻国家及全国总工会有关劳动保护工作的方针、政策，并监督其执行情况，对忽视安全生产规定和违反劳动保护规定的现象及时提出批评和建议，督促并配合有关部门及时改进。

2）监督劳动保护费用的使用情况，对有碍安全生产，危害职工健康、安全和违反安全操作规程的行为有权抵制、纠正和控告。

3）做好安全生产的宣传教育工作，教育职工自觉遵纪守法，执行安全生产的各项规程、规定，支持公司对安全生产中表现突出的部门和个人给予表彰和奖励，对违反安全生产规定的单位和个人给予批评和处罚，并提出建议。

4）参加公司有关安全生产规章制度的制定工作，会同有关部门开展安全生产合理化建议活动。

5）关心职工劳动条件的改善情况，保护职工在劳动中的安全与健康。

6）参加安全生产检查和对新装置、新工程“三同步”的监督，参加事故的调查处理工作。

7）认真贯彻落实工会劳动保护监督检查的有关条例、规定，充分发挥工会组织的监督检查作用，促进公司安全生产管理水平的不断提高。

5. 注册安全主任安全生产职责

注册安全主任作为公司安全生产第一责任人的助手，在公司安全生产直接责任人的领导下，对公司安全生产的规章制度的执行情况实行经常性的监督检查，对公司各岗位设备的安全操作和安全运行进行督导。其具体职责如下：

1）结合本公司的实际，编制安全生产工作计划。

2）根据国家现行的安全生产法规、标准，建立、完善公司的安全管理制度。

3）了解掌握本公司的安全生产状况，特别是薄弱环节、重大危害点、危险源，制定防止伤亡、火灾事故和职业危害的措施，以及公司危险岗位、危险设备的安全操作规程。

4）经常进行作业场所安全检查，及时发现隐患，并提出整改意见。对一般事故隐患，要督促有关部门定人、定时、定措施，加以整改；对于重大事故隐患，要及时报告公司领导，落实整改。

5）一旦发生事故，应按国家有关规定，积极组织现场抢险，参与伤亡事故的调查处理、统计和报告工作。

6）组织开展新员工入职、工种变换、工作场所变换、危险岗位的安全技术培训，确保特种作业人员经培训后持证上岗，并做到规范管理。

7）利用板报、简报、小册子等传阅资料及安全活动等形式，宣传国家安全生产的方针、政策、法规和标准。

8）定期向公司安全第一责任人和直接责任人报告工作情况并按行政隶属关系，适时向当地劳动监察部门和行业主管部门作出报告。

6. 职业健康安全管理者代表安全生产职责

1）公司职业健康安全管理者代表对公司的职业健康安全工作负责。

2）组织审定公司安全生产规章制度、安全操作规程和安全技术措施计划，并组织实施。

3）组织编制和实施公司年度安全工作规划、目标及实施计划，监督、检查各部门安全职责履行和各项安全生产规章制度的执行情况，及时纠正安全生产工作中的失职和违章行为。

4）组织、领导公司级安全生产检查，落实对重大事故隐患的整改工作。

5）定期组织召开安全生产工作会议，分析安全生产动态，及时解决安全生产中存在的问题。

6）组织开展安全生产竞赛活动，总结推广安全生产工作的先进经验。

7）领导、组织公司安全生产宣传、教育工作，审定各部门安全生产考核指标。

8）负责组织开展因工伤亡事故的调查、分析、处理及报告工作。

9）负责与职业健康安全管理体系有关事宜的外部联系。

7. 技术负责人（总工程师）安全生产职责

技术负责人或总工程师负责具体领导公司的安全技术工作，对公司的安全生产负技术领导责任。

1）认真学习、贯彻执行国家和上级有关安全生产的方针、政策、法令和规章制度。

2）负责组织制定公司安全技术方面的规章制度和安全技术操作规程，并认真贯彻执行。

3）督促技术部门对新产品、新材料、新工艺的使用等环节提出安全技术要求，组织有关部门研究解决生产（服务）过程中出现的安全技术问题。

4）主持制定、审核、批准公司安全技术措施计划、施工组织方案，并监督其执行情况，及时解决执行中的问题。

5）参加事故调查，组织力量对事故进行技术原因分析、鉴定，提出技术上的改进措施。

6）指导并参与对管理人员及特殊工种作业人员进行的经常性的安全技术教育、培训和考核。

8. 项目经理安全生产职责

1）对项目工程实施过程的安全生产负全面领导责任。

2）贯彻落实安全生产方针和各项规章制度，结合项目工程特点及施工全过程的情况，制定本项目各项安全生产管理办法或提出要求，并监督其实施。

3）在组织实施项目工程时，必须本着安全工作只能加强的原则，根据项目工程的特点，确定安全工作的管理人员，支持、指导其开展工作。

4）严格用工制度与管理，适时组织上岗安全教育，加强劳动保护工作。

5）组织落实施工组织设计中的安全技术措施，组织并监督项目工程施工中的安全技术交底制度和设备、设施验收制度的实施。

6）领导、组织施工现场定期的安全生产检查，发现施工生产中的不安全问题，组织制定措施，及时解决。对上级提出的安全生产与管理方面的问题，要定时、定人、定措施予以解决。

7）发生事故时，要做好现场保护与抢救工人的工作，及时上报，组织、配合事故的调查工作，认真落实制定的防范措施，吸取事故教训。

9. 各职能部门负责人安全生产职责

公司各职能部门部长，负责领导和组织本部门的安全生产工作，并对其负总的责任。

1）在组织管理本部门生产（服务）的过程中，具体贯彻执行安全生产方针、政策、法令和公司的规章制度。

2）在进行生产（服务）、施工作业前，制定和贯彻各种安全作业规程和操作规程，并经常检查执行情况。

3）把事故预防工作贯穿到生产（服务）的每个具体环节中，经常检查安全设施，组织整理作业场所，及时排除隐患，保证员工在安全的条件下进行生产和工作。

4）组织本部门员工学习安全知识、操作技术，进行劳动纪律、规章制度的教育。对特种作业人员，要经过考试，合格并领取操作证后，方准上岗操作；对新从业人员、调换工种人员，在上岗之前要对其进行安全教育培训。

5）发生安全事故立即上报，并组织抢救，保护现场，参与事故调查，提出防范措施。

6）监督检查作业人员正确使用个人劳动防护用品、用具。

10. 安全员安全生产职责

安全员在公司生产负责人和注册安全主任的领导下，对各自管辖的范围起安全指引和督导作用。其具体职责如下：

1）认真贯彻执行安全生产方针、政策、法律、法规。

2）协助本单位负责人因地制宜地制定安全规章制度。

3）在作业现场进行安全监督检查，并督促安全技术措施和制度的执行，制止违章指挥、违章作业及违反劳动纪律的行为。

4）经常检查员工是否正确使用劳动防护用品。

5）发现事故隐患要及时采取措施，不得姑息迁就，发现危及职工生命的情况时，有权要求停止工作，指挥员工脱离危险区域，并向上级领导汇报。

6）发生事故时，应采取应急措施，保护现场，并立即向上级汇报，参加事故的分析和处理工作，按“四不放过”的原则检查督促预防措施的落实。

11. 车间主任安全生产职责

1）认真贯彻执行国家安全生产的方针、政策、法规和公司制定的安全生产规章制度，将安全生产工作列入车间重要日程。

2）组织制定并落实车间安全生产管理规定、安全技术操作规程和安全技术措施计划。

3）对新员工（包括实习生）进行车间安全教育和班组安全教育；对员工进行经常性的安全意识、安全知识和安全技术的教育；开展技术练兵，并定期组织安全技术考核；组织并参加每周一次的班组安全活动日。

4）组织全车间安全检查，落实隐患整改，保证生产设备、安全装备、消防设施、消防器材和急救器材处于完好状态，并教育员工加强维护，正确使用。

5）及时上报本车间发生的事故，注意保护现场。

12. 工段长安全生产职责

1）认真执行国家有关安全生产的方针、政策、法规和公司制定的安全生产规章制度，以及工业卫生工作的各项规定，对本工段从业人员的安全、健康负责。

2）把事故预防工作贯穿到生产的具体环节中，保证在安全的条件下进行生产。

3）组织从业人员学习安全操作规程、要求，检查执行情况。对严格遵守安全规章制度、避免事故者，提出奖励意见；对违章蛮干造成事故的，提出惩罚意见。

4）领导本工段班组开展安全活动，经常对从业人员进行安全生产教育，推广安全生产经验。

5）发生安全事故后，保护现场，立即上报，积极组织抢救，参加事故调查，提出防范措施。

6）监督检查从业人员正确使用个人防护用品。

13. 安全生产管理部门安全生产职责

1）贯彻执行安全生产方针、政策、法律、法规和国家标准、行业标准；在公司法人（总裁）和安全管理委员会或办公室的领导下负责公司的安全生产监督管理工作。

2）协助制定公司安全生产规章制度和安全技术操作规程。

3）开展安全生产宣传、教育、培训工作，总结、推广安全生产经验。

4）参与新建、改建、扩建等建设项目的安全设施的审查，管理和发放劳动防护用品。

5）协助调查和处理安全生产事故，进行伤亡事故的统计和分析，提出报告；建立健全事故档案。

6）定期向公司法人（总裁）报告安全生产情况。

7）负责公司有关生产规章制度、管理标准及安全生产政策的拟定工作。

8）组织并参与安全生产检查，协助和督促有关部门对查出的事故隐患制定防范措施，并监督其整改情况；深入现场检查，解决有关的安全问题，纠正违章行为，遇有危及安全生产的紧急情况，有权令其停止作业，并立即报告有关领导处理。

9）负责做好公司管理范围内重大危险源和重要环境因素的登记建档工作，定期对公司级重大危险源和重要环境因素进行检测、评估、监控，参与制定公司事故应急救援预案。

10）检查督促有关部门搞好安全装备的维护保养和管理工作，监督劳动防护用品的采购、供应和产品质量、防护性能检查，保证有毒有害场所作业人员及时获得劳动防护。

11）监督检查各部门职业健康安全管理体系的运行情况，检查各单位对重大危险源、重要环境因素的监控和对重大事故隐患的整改、落实情况。

12）掌握主要生产过程的火灾特点，深入现场监督检查火源、火险及灭火设施的管理，督促落实对火险隐患的整改、确保消防设施完备和消防道路畅通，做好对各部门易燃、易爆及剧毒物品采购、管理工作的监督。

13）做好有关安全生产举报的受理工作，并做好对举报事项的调查核实工作，督促整改措施的落实。

14）公司赋予的其他安全生产职责。

14. 人力资源部门安全生产职责

1）负责及时组织新进员工上岗前的三级安全教育，对其考核合格后方可分配到各部门。

2）把安全工作业绩纳入到干部晋升、职工晋级和奖励的考核中。

3）按照国家规定，从质量和数量上保证安全生产人员的配备。

4）严格执行国家、地方政府有关特种作业人员上岗作业的有关规定，适时组织特种作业人员的安全技术培训。

5）认真落实国家、地方政府有关劳动保护工作的法律、法规及规定，严格执行有关人员的劳动保护待遇，并对其实施情况进行监督、检查。

6）组织和安排员工的年度体检，为特殊工种的作业人员安排补充专项体检。

7）会同有关部门做好对安全生产管理制度落实情况的监督、检查工作，参与安全事故的调查、处理工作，依照有关制度落实对责任人员的追究处理。

15. 制造中心（生产车间）**安全生产职责**

1）树立“安全第一”的思想，组织均衡生产，保证安全工作与生产任务协调一致。对改善劳动条件、预防伤亡事故的项目必须视同生产计划并优先安排。将生产中的重要安全防护设施、设备的实施工作纳入计划，列为正式工序，给予时间保证。

2）当生产任务与安全保障发生矛盾时，必须优先安排解决安全工作的实施，对违反安全生产制度和安全操作规程的生产活动，应及时予以制止。

3）参与编制安全操作规程，制定安全技术措施，督促其落实并检查其执行情况。

4）组织并督促各部门做好对操作人员的安全操作技术培训。

5）参与制造中心各部门对新技术、新材料、新设备、新工艺使用过程中相应安全技术措施和安全操作规程的制定与编制工作，并监督其执行情况。

6）负责组织对改善劳动条件、减轻笨重体力劳动、消除噪声等方面的综合治理工作。

7）负责并参与重大安全设备、设施的技术鉴定，组织开展安全技术研究，积极采用先进技术和安全装备。

8）组织本部门的安全检查，对检查出的有关问题要有计划地及时解决。

9）按规定参加安全事故的调查、处理，提出防范措施，并监督其落实情况。

16. 研发中心（技术开发部）**安全生产职责**

1）认真贯彻执行国家及上级有关安全技术的规定，针对项目的特点，及时组织制定安全技术措施，并组织实施。

2）在组织编制开发和设计方案的过程中，要在每个环节贯穿安全技术措施，对确定后的方案若有变更，应及时组织修订。

3）检查开发和设计方案中安全措施的实施情况，对方案中涉及安全方面的技术性问题制定解决方案。

4）制定并组织实施工艺管理规定，及时纠正存在的问题。

5）组织新技术、新材料、新设备、新工艺使用过程中相应安全技术措施和安全操作规程的制定工作，并组织实施。

6）参与因工伤亡事故和重大未遂事故中技术性问题的调查，分析事故原因，从技术上提出防范措施。

17. 生产计划部门安全生产职责

1）在生产调度会以及组织经济活动分析等工作中，应同时研究安全生产问题。

2）编制生产计划的同时，应编制安全技术措施计划，在实施、检查生产计划时，应同时实施、检查安全技术措施计划的完成情况。

3）安排生产任务时，要考虑生产设备的承受能力，有节奏地均衡生产，控制加班加点。

4）做好生产经营单位领导交办的有关安全生产工作。

18. 装备（设备）动力部门安全生产职责

1）贯彻国家、上级部门关于设备制造、检修、维护保养方面的安全规定，负责制定和修改各类设备、设施的操作规程和管理制度。

2）负责对本部门的员工进行经常性的安全思想、安全知识和安全技术教育。

3）负责设备、设施、管网及工业建筑物的管理，使其符合安全技术要求。

4）负责组织对特种设备、职业危害防护设施、安全装置进行定期检查、检验和送检的工作，协助办理特种设备的注册登记。

5）在制订和审定有关设备制造、更新改造方案和编制设备检修计划时，应有相关的安全卫生措施内容，并确保实施。

6）组织公司设备、设施方面的安全检查，对检查出的有关问题要有计划地及时解决，按期完成安全技术措施计划和事故隐患整改项目。

7）参加建设项目的设计审核，保证落实“三同步”。

8）负责组织对外包工及外来施工队伍的安全教育，发生事故后按规定进行处理。

9）保证施工项目的施工质量，使新建项目不留隐患。

19. 质量检验部门安全生产职责

1）贯彻执行国家和上级有关安全生产的方针、政策、法律和法规。

2）制订公司质量检验方面的安全生产目标管理计划和确定安全生产目标值。

3）督促有关部门及时解决在质量检验方面存在的安全问题。

4）检查工程技术人员和作业人员对安全检验技术的执行情况。

5）配合有关部门对员工进行三级安全教育考核。

6）在业务上接受地方质量、安全检测监督管理部门的指导。

20. 工程技术部门安全生产职责

1）贯彻执行国家和上级有关电梯工程的安全技术规范、标准和规定。

2）负责作业现场的安全技术交底工作。

3）参与施工组织方案的编制、会审，制定施工中的安全技术措施，并监督其实施。

4）对施工中涉及安全方面的技术性问题，提出解决办法。

5）制订施工项目安全承诺书，检查督促作业人员严格执行。

6）参与重大伤亡事故的调查，提出并落实各项防范措施。

21. 财务部门安全生产职责

1）根据公司实际情况按计划及时提取安全技术措施经费、劳动保护经费、员工安全教育培训经费及其他安全生产所需经费，保证专款专用。

2）按照国家对劳动保护用品的有关标准和规定，负责审查购置劳动保护用品的合法性，保证其符合标准。

3）协助安全管理部门做好安全生产奖、罚办法的实施。

4）按有关规定为员工交纳工伤保险等费用。

22. 经营业务部门安全生产职责

1）严格执行国家有关安全生产的方针、政策、法律、法规和标准。

2）在组织经营合同评审时，重点评审职业健康安全方面的要求。

3）采购电梯设备时，必须严格执行国家的有关规定，对产品的安全性负责。

4）参与电梯安装项目施工前的现场安全检查，消除隐患。

5）做好设备、物品、材料的储存工作，加强管理，保证安全。

23. 消防保卫部安全生产职责

1）贯彻执行国家有关消防保卫的法规、规定，协助领导做好消防保卫工作。

2）制定消防保卫工作计划和消防安全管理制度，并对执行情况进行监督检查。

3）经常对职工进行消防安全教育，会同有关部门对特种作业人员进行消防安全考核。

4）组织消防安全检查，督促有关部门消除火灾隐患。

5）负责调查火灾事故的原因，提出处理意见。

24. 宣传教育部门安全生产职责

1）大力宣传国家有关安全生产的方针、政策、法律、法规以及公司制定的安全生产规章制度，教育职员树立安全第一的思想。

2）配合安全生产竞赛等活动，做好宣传工作。

3）及时报道安全生产中的先进事迹和好人好事。

4）将安全教育纳入职工培训教育计划，负责组织职工的安全技术培训和教育。

25. 物流仓储管理部门安全生产职责

1）认真贯彻执行国家有关安全生产的方针、政策、法律、法规以及公司制定的安全生产规章制度。

2）采购的物资必须符合国家的相关规定、要求，及时供应，保证安全。

3）建立健全仓库管理制度，管好易燃易爆化学物品。

4）对员工进行劳动纪律、安全意识教育。

5）按要求装载物资、电梯设备，保证捆绑牢固，确保没有安全隐患后才能放行。

26. 机动车辆部门安全生产职责

1）认真执行国家有关交通安全的规定，谨慎驾驶，安全行车。

2）做好机动车辆的年检和驾驶人员的年审工作。

3）负责对驾驶人员进行经常性的安全教育和考核。

4）认真做好车辆的维护保养工作，包括车辆的定期保养工作。

27. 市场销售部门安全生产职责

1）认真执行安全生产的方针、政策、法律、法规、标准和公司制定的安全生产规章制度。

2）建立健全市场销售部门的各项管理制度，并将安全要求列入其中。

3）组织员工学习电梯安全性等方面的知识，进行安全意识和劳动纪律教育。

4）搞好售后服务，及时处理用户投诉，确保电梯设备投入使用后的安全有效运行。

28. 班组安全生产职责

1）坚持“安全第一、预防为主、综合治理”的方针，当生产与安全发生矛盾时，首先服从安全。

2）贯彻执行安全规章制度、安全操作规程。

3）坚持班前讲安全，班中查安全，班后评安全。

4）加强安全教育，遵章守纪，不违章指挥，不违章作业。

5）坚持班组安全“八必查”，及时消除隐患。

“八必查”为：

① 必查岗位。班组中特殊工作人员是否都持证上岗，每个岗位是否都有安全生产责任制度和安全技术操作规程。

② 必查记录。要求班组必须做好各项安全记录，确保准确、齐全、清晰和整洁。

③ 必查现象。有无违反安全纪律和违章作业的现象。

④ 必查设备。使用的设备器具是否有专人保管、是否完好，安全设施是否配备可靠。

⑤ 必查防护。所有上岗人员是否正确使用劳动保护用品、用具。

⑥ 必查整改。发现问题通知整改，其执行情况如何。

⑦ 必查环境。作业环境是否整洁，符合文明施工要求。

⑧ 必查会议。是否召开班前安全生产会和发生事故后的分析会。

6）积极做好安全防护措施，开展“三不伤害”活动（三不伤害即为不伤害自己、不伤害他人、不被他人伤害）。

7）发生事故及时上报，认真做好“四不放过”。

8）关心员工身体健康，注意劳逸结合。

29. 班组长安全生产职责

班组长是公司搞好安全生产工作的关键，是安全管理第一线的直接执行者，其职责尤为重要。

1）必须坚持“安全第一、预防为主、综合治理”的安全生产方针，把安全作为班组工作的价值取向，并全面负责本班组的安全生产。

2）教育班组成员严格贯彻执行公司制定的各项安全生产规章制度和安全操作规程，制止违章、违纪行动。

3）组织班组成员刻苦学习、训练掌握与本职工作有关的安全技术知识、安全操作技能，不断提高综合安全素质。

4）积极开展班组安全活动，坚持班前开会作危险预警讲话，班中生产进行巡回安全检查，班后交班有安全注意事项。

5）搞好班组生产设备、设施、防护器材的检查、维护工作，使其保持完好状态和正常运行。

6）在遇到异常情况时，必须能够机敏果断地采取补救措施，把事故消灭在萌芽状态或尽力减少事故损失。

7）发生事故时应立即报告，并且组织抢救，保护好现场，做好详细记录。

30. 生产（施工）人员安全生产职责

1）认真学习、严格执行公司制定的各项安全生产规章制度和安全操作规程。

2）遵守劳动纪律，听从指挥，同一切违章作业的现象作斗争。

3）保证本岗位工作地点和设备、工具的安全、整洁，正确穿戴和使用防护用品。

4）学习安全知识，提高操作技术水平，积极开展技术革新，提出合理化建议，改善作业环境和劳动条件。

5）精心操作，严格遵守工艺规程，认真做好生产过程的各种记录。

6）及时反映、处理不安全问题，积极参加事故抢救工作。

31. 公司员工在安全管理中的权利和义务

1）安全生产的知情权，包括获得安全生产教育和技能培训的权利，被如实告知作业场所和工作岗位存在的危险因素、防范措施及事故应急措施的权利。

2）获得符合国家标准的劳动防护用品的权利。

3）对安全生产问题提出批评、建议的权利。公司员工有权对本公司安全生产管理工作中存在的问题提出建议、批评、检举和控告，生产单位不得因此作出对从业人员不利的处分。

4）对违章指挥的拒绝权。公司员工对管理者作出的可能危及安全的违章指挥，有权拒绝执行，并不得因此受到对自己不利的处分。

5）采取紧急避险措施的权利。公司员工发现直接危及人身安全的紧急情况时，有权停止作业或者在采取紧急措施后撤离作业场所，并不得因此受到对自己不利的处分。

6）在发生生产安全事故后，有获得及时抢救和医疗救治，以及获得工伤保险赔付等权利。

7）在作业过程中必须遵守本公司的安全生产规章制度的操作规程，服从管理，不得违章作业。

8）接受安全生产教育和培训，掌握本职工作所需要的安全生产知识。

9）发现事故隐患应当及时向本单位安全生产管理人员或主要负责人报告。

10）正确使用和佩戴劳动防护用品。

32. 电梯安装、调试、维护人员安全生产职责

1）严格遵守公司制定的安全生产规章制度和安全技术操作规程，服从管理，不违反劳动纪律，不违章作业。

2）精心操作，严格执行工艺规程，做好各项记录。

3）正确分析、判断和处理各种事故隐患，把事故消灭在萌芽状态，如发生事故，要正确处理，及时、如实地向上级报告，并保护现场，做好详细记录。

4）正确操作，精心维护设备，保持作业环境整洁，搞好文明生产。

5）上岗必须按规定着装，正确佩戴和使用劳动防护用品，妥善保管各种防护器具。

6）积极参加各种安全活动。

7）有权拒绝违章作业的指令，对他人的违章作业行为加以劝阻和制止。

8）应持证上岗，严禁无证上岗，并定期接受特种作业的培训。

33. 非生产人员安全生产职责

1）认真学习并严格遵守公司制定的各项安全规章制度。

2）在本职工作或涉及生产的有关工作中要不断加强安全意识。

3）遵守劳动纪律，服从管理，正确使用有关安全生产的工位器具。

4）积极做好本职工作，按时完成领导交给的为安全生产服务的工作任务，并做到保质保量。

34. 经济发包人安全生产职责

1）负责审查经济承包人的安全素质、安全技术水平和设备的安全可靠程度，对不符合安全要求的不能发包。

2）签订经济承包合同时，要有明确的安全考核指标、安全技术措施及事故责任的规定。

35. 经济承包人安全生产职责

1）执行经济承包合同时，必须保证安全，要确保安全指标和劳动安全卫生措施的落实。

2）组织编制生产、施工计划时，要制定可靠的安全技术措施。

3）保证作业现场符合安全要求，提供职业安全卫生设施和个人防护用品。

4）对参加承包项目的操作人员，进行安全意识和安全技术知识教育，保证特种作业人员持证上岗。

5）发生工伤事故时及时报告，并按有关规定认真调查处理。

36. 注册安全工程师安全生产职责

原国家人事部、国家安全生产监督管理局于2002年9月颁布的《注册安全工程师执业资格制度暂行规定》和《注册安全工程师执业资格认定办法》中，都要求生产经营单位中的安全生产管理、安全工程技术工作等岗位及为安全生产提供技术服务的中介机构，必须配备一定数量的注册安全工程师。

（1）注册安全工程师享有的权利

1）对生产经营单位的安全生产管理、安全监督检查、安全技术研究和安全检测检验，建设项目的安全评估、危害辨识或危险评价等工作中存在的问题提出意见和建议。

2）审核所在单位上报的有关安全生产报告。

3）发现有危及人身安全的紧急情况时，应及时向生产经营单位建议停止作业，并组织作业人员撤离危险场所。

4）参加建设项目安全设施的审查和竣工验收工作，并签署意见。

5）参与重大危险源检查、评估、监控，制定事故应急预案和登记建档工作。

6）参与编制安全规则、制定安全生产规章制度和操作规程，提出保证安全生产条件的必要的资金投入建议。

7）法律、法规规定的其他权利。

（2）注册安全工程师应当履行的义务

1）遵守国家有关安全生产的法律、法规和标准。

2）遵守职业道德，客观、公正执业，不弄虚作假，并承担在相应报告上签署意见的法律责任。

3）维护国家、公众的利益和受聘单位的合法权益。

4）严格保守在执业中知悉的单位、个人技术和商业秘密。

5）应当定期接受业务培训，不断更新知识，提高业务技术水平。

第四章　法则：强化安全生产保障体系

一、安全生产保障体系的基本要求

安全生产是电梯企业在生产经营活动中必须放在第一位的大事，必须贯彻“安全第一、预防为主、综合治理”的方针。为使本单位在整个生产经营过程中处于最佳的安全状态，确保全体员工的生命安全和身体健康，确保本单位财产的安全和持续发展，不断促进经济效益的提高，电梯企业应该建立健全安全生产保障体系。

建立安全生产保障体系必须依据质量、环境、职业健康安全管理三个标准的要求，并结合本单位的生产（服务）特点，以实现安全生产为目标，运用系统的原理和方法，把单位内涉及安全生产的各个阶段、各个环节的管理职能有机地组织起来，形成一个既有明确的目标和任务、职责和权限、控制和考核，又能相互协调、相互制约、相互促进的有机整体，并使这一体系有效地运行，对安全事故进行预测、预防和预控，对安全工作起到重要的保证作用。

健全安全生产保障体系，要突出十个方面的内容：一是要有明确的安全生产方针、目标和工作计划；二是要有完整的、强有力的组织机构；三是要建立严格的安全生产责任制度；四是要开展多层次的安全教育培训活动；五是要有严格的检查考核制度；六是要有对安全隐患进行控制的措施；七是要有对安全事故的处理程序；八是要强化班组安全建设基础工作；九是要有安全生产的奖惩制度；十是要有对环境保护、职业卫生、劳保用品、消防、车辆等方面的安全工作管理方法和规定，并使其制度化、规范化、经常化。这样，才能使安全生产保障体系卓有成效地运转，才能把安全生产提高到最佳水平。

电梯企业安全生产保障体系的基本内容及要求见表 4－1。

表 4－1　电梯企业安全生产保障体系的基本内容及要求

内　容	要　求
安全生产目标与内容	1. 伤亡、重伤、火灾事故为“零” 2. 轻伤事故年频率 <1% 3. 全年不发生中毒事故 4. 安全隐患整改率为 100% 5. 特种作业人员持证上岗率 100% 6. 噪声排放达标 7. 固体废弃物分类管理 8. 无其他环境污染现象

（续）

内　　容	要　　求
安全生产组织机构	建立健全各级安全生产组织机构，贯彻执行安全生产方针、政策、法律、法规及标准，加强安全管理，确保组织实施
安全生产责任制度	建立各级领导、各职能部门、各层次员工安全生产责任制度，明确各自在安全生产中的权利和义务
安全生产教育培训	坚持安全生产教育培训，提高员工安全意识，增强安全素质，自觉遵守规章制度
安全生产检查	严格安全生产要求，检查不安全因素，整改消除隐患，防止事故发生
安全隐患控制	对人的不安全行为、设备的不安全状态、异常环境和潜在危险源进行预防控制，防患未然
安全事故管理	所有事故都要严格执行“四不放过”的原则，防止重复性事故的发生
班组基础建设	做到班组安全管理、安全活动制度化，工作环境标准化，岗位操作规范化
安全生产奖惩	对安全生产中的好人好事进行奖励，对违章违纪或造成损害者给予处罚
其他安全管理	对环境保护、职业卫生、劳动用品、消防、车辆等方面的管理有方法、有规定

二、安全生产组织保障

实现任何目标，都必须有相应的组织作为保障。建立合理的安全生产管理组织机构是有效地进行安全生产指挥、检查、监督的组织保证。电梯企业安全生产管理组织机构是否健全、管理组织中各级人员的职责和权限界定是否明确，直接关系到企业安全生产工作的全面开展和安全生产管理保障体系的有效运行。

根据《中华人民共和国安全生产法》对生产经营单位安全组织机构建立和安全生产管理人员配备规定的要求，电梯的制造、检验、安装及维护单位属于特殊的高危险行业，容易发生事故，对安全生产的要求特别严格。因此，不论其生产经营单位的规模如何，都应当设置安全生产管理机构，配备专职的安全生产管理人员，以确保生产经营过程的安全。

在实际的安全管理工作中，电梯企业的实际条件不同，安全管理组织的机构将有不同的形式。图 4－1 所示为某电梯工程公司安全生产组织机构；图 4－2 所示为某大型电梯制造企业安全生产组织机构；图 4－3 所示为某中、小型电梯制造企业安全生产组织机构。

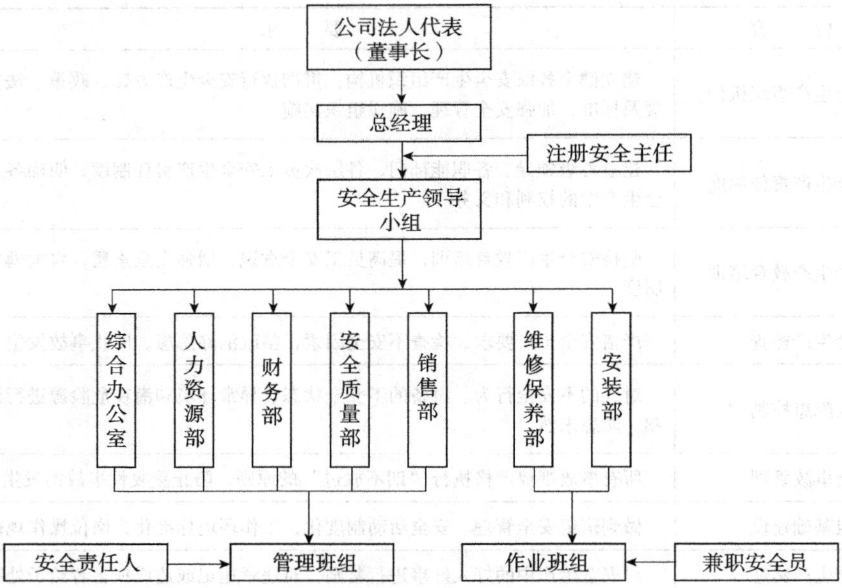

图 4－1　某电梯工程公司安全生产组织机构

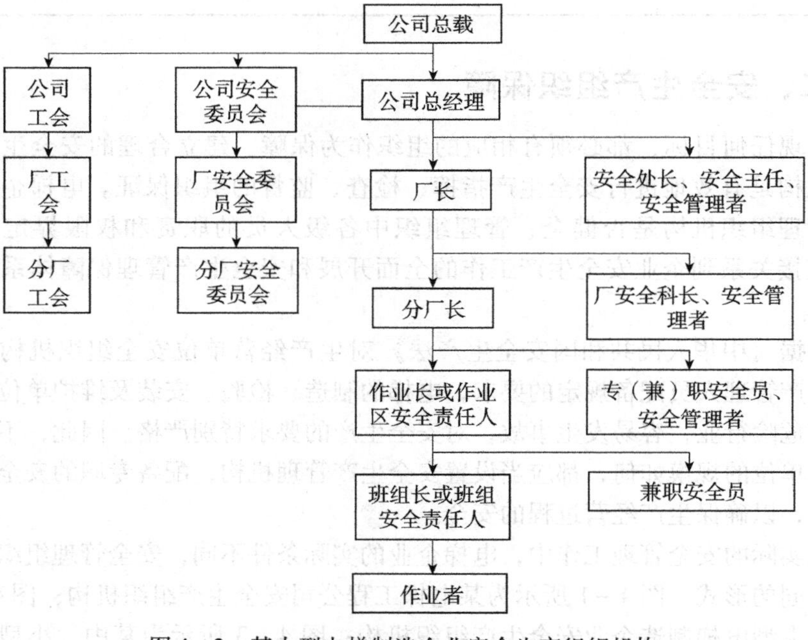

图 4－2　某大型电梯制造企业安全生产组织机构

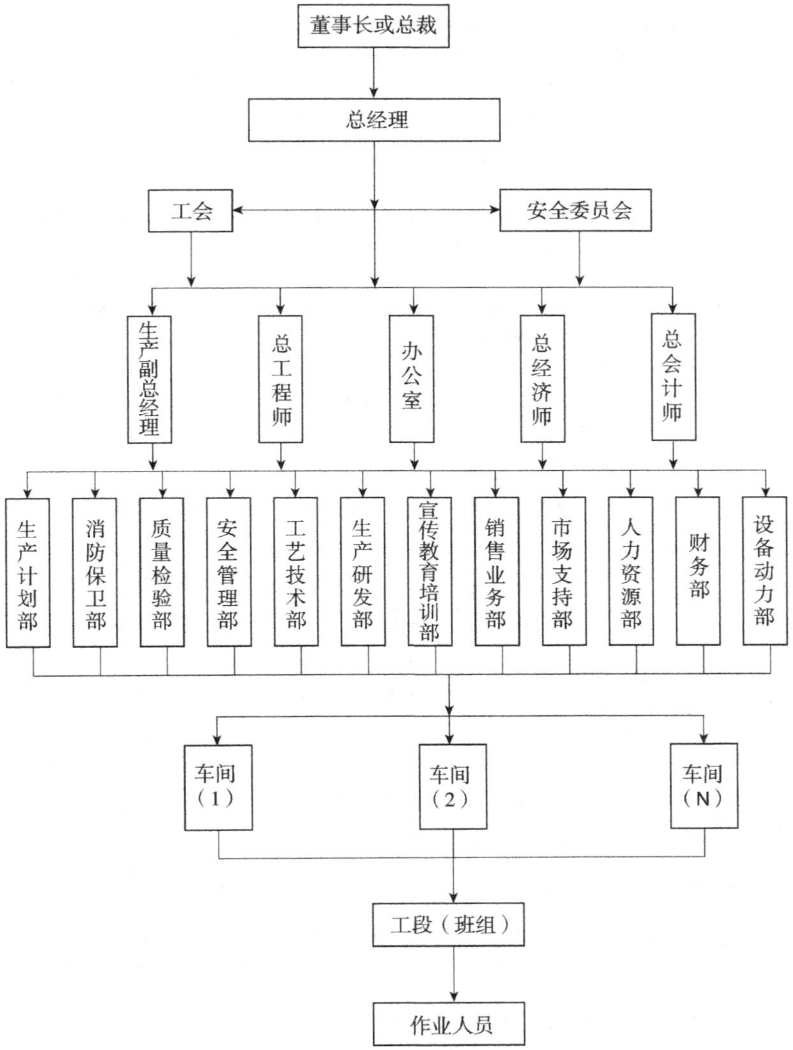

图 4－3 某中、小型电梯制造企业安全生产组织机构

三、安全生产规章制度保障

安全生产规章制度是国家、行政安全生产法律、法规的延伸，也是电梯企业全体员工从事安全生产的统一行为准则，更是保障员工人身安全与健康以及财产安全的最基本的规定。电梯企业应该依据国家法律、法规及标准，并结合本单位的特点和实际，以文件的形式制定安全生产规章制度并在企业内部发布实施。电梯企业安全生产规章制度保障的内容及要求见表 4－2。

表 4－2 电梯企业安全生产规章制度保障的内容及要求

安全生产规章制度保障	任务目的	制定各项安全生产规章制度，使员工有法可依，有规可循，按章办事，使安全管理工作做到规范化、制度化、经常化，达到预防工伤事故和职业病发生的目的
	内容及要求：安全生产责任制度	规定各级领导、各职能部门、各层次及员工，在安全生产中应负的职责、权利和义务
	安全生产教育培训	对安全教育培训的目的、任务、形式、方法和内容做出具体规定，提高素质，增强意识
	安全生产检查	对安全检查的目的、任务、形式、方法和内容做出具体规定，消除隐患，防患未然
	安全作业证制度	对需要持特种作业证从事的各种作业活动提出明确规定
	安全操作规程	对各产品的生产工艺规程、各生产工种、各岗位、各生产设备、各专项工程的安全操作规程作出明确、具体的规定
	异常环境及危险源管理	对异常环境、危险源进行汇总、辨识、评价，并制定控制程序
	安全事故管理	确定伤亡事故调查的方法、程序，伤亡事故的处理、上报和防范措施
	工业（劳动）卫生管理	对特种作业人员定期身体检查，对测定、预防、控制有害作业点，重大危险源等做出具体规定
	安全生产奖惩	规定奖惩条件、范围、方法和内容要求
	劳保用品管理	对劳保用品的计划、供应、保管、审批和发放标准做出具体规定

1. 安全生产规章制度制定的一般程序

（1）深入实际，调查研究　要制定某一对象的安全生产规章制度，就要掌握该对象的各种情况，包括设备、工艺、操作、运行、环境条件等具体情况，还要掌握以往该系统或工作发生事故和职业危害的教训。只有掌握实际情况，才能制定出切实可行的安全生产规章制度。

（2）收集和研究法规标准　根据所要制定的企业安全生产规章制度，尽量全面收集现行的国家有关法规标准，并进行深入研究，吃透精神，进一步考虑如何结合实际落实这些精神。

（3）结合经验，制定条款　制定安全生产规章制度，除应按国家法规制度编制外，还应考虑多年来行之有效的工作经验、工作方法等，在总结提高的基础上，纳入到安全生产规章制度中。

安全生产规章制度制定的一般程序如图4－4所示。

2. 安全生产规章制度制定的要点

制定安全生产规章制度，一要符合国家法规和政府的规定，二要保证能够贯彻执行，三要切合企业实际，四要有利于企业生产的发展。其要点如下：

1）关键条文，要经过技术试验和技术鉴定。每一条款都不能含糊，确定是非界限。

2）坚持先进，摒弃落后。在安全生产规章制度中不能保留和迁就落后的、不符合安全要求的内容。因此，要密切注意国家法规和技术标准的进展情况，以及生产实际的进步情况。

3）不断更新和补充完善。安全生产的管理和技术是不断发展的，因此必须善于学习先进的管理手段和方法，吸取一切有利于安全生产工作的先进经验和教训，同时不断更新、修补和完善规章制度。这就要求不断地收集国际的、国内的、同行业的、地方的、本企业的制度、标准、资料和事故情报，并以此为制定、修改、补充安全生产规章制度和健全安全管理工作服务。

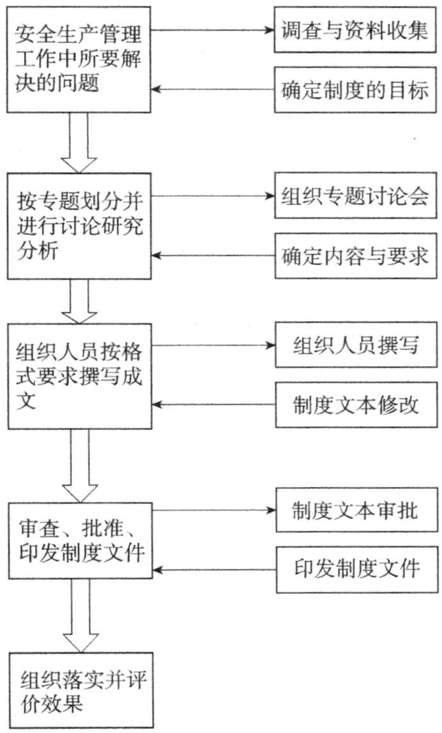

图4－4　安全生产规章制度制定的一般程序

四、安全生产教育培训保障

安全生产教育培训是电梯企业为了提高从业人员的安全技术水平和防范事故的能力而进行的一项经常性的基础工作。通过各种形式，对从业人员施加和强化安全教育和培训，把安全政策、法规、规程等转化为人们的自觉行为规范，从根本上清除人的不安全行为，杜绝不安全心理和意识，增强自防、自控和自我保护的能力，降低事故率，确保安全生产。

电梯企业安全生产教育培训保障的内容和要求见表4－3。

表4－3 电梯企业安全生产教育培训保障的内容和要求

<table>
<tr><td rowspan="9">安全生产教育培训保障</td><td colspan="2">任务目的</td><td>通过各种形式的安全教育和培训，大力建设安全文化，提高从业人员的安全意识、法制观念、技术水平，减少人的失误，增强自我保护和应变能力，预防事故发生，确保生产安全</td></tr>
<tr><td colspan="3">内容及要求</td></tr>
<tr><td colspan="2">全员安全教育培训</td><td>1. 安全生产方针、政策、法律、法规、标准
2. 安全生产知识
3. 安全生产技术
4. 安全生产行为规范、准则
5. 各类人员应知应会
6. 电梯基础知识</td></tr>
<tr><td rowspan="3">三级安全教育培训</td><td>公司级（工厂级）</td><td>1. 安全生产的意义、内容及其重要性
2. 本单位的基本生产概况、生产特点、生产过程、作业方法及工艺流程
3. 企业文化
4. 本单位生产的各项规章制度
5. 事故发生的一般规律和急救措施</td></tr>
<tr><td>部门级（项目级）</td><td>1. 本部门的生产概况，安全生产情况
2. 本部门的工作特点及安全生产操作的一般规定
3. 作业现场安全管理规章制度
4. 安全生产纪律和文明生产要求
5. 安全事故的危险源及其防范措施</td></tr>
<tr><td>班组级（岗位级）</td><td>1. 本岗位的重要职责及工作性质
2. 本岗位的设备及其安全防护措施的性能和作用
3. 本工种的安全操作规程
4. 本岗位安全、文明生产的基本要求
5. 事故案例的剖析
6. 可能发生事故的部位及劳动防护用品的使用要求</td></tr>
<tr><td colspan="2">特种作业人员安全技术培训</td><td>对各个特殊工种的作业人员，除了进行一般的安全教育培训外，还要经过本工种的安全技术培训，经考试合格后，方准持证上岗独立操作</td></tr>
<tr><td colspan="2">调岗、复工安全教育培训</td><td>根据工种调岗、改变情况分别按三级教育培训程序进行</td></tr>
<tr><td colspan="2">日常安全宣传教育培训</td><td>利用标语、座谈会、事故分析会、安全警示牌、安全标志、安全检查等形式，广泛开展安全生产的宣传活动</td></tr>
</table>

1. 安全生产教育培训的特点

电梯企业安全生产教育培训是一项全员性、全面性与持久性的工作。

(1) 全员性　高水平的安全生产是指从设计开始到制作和成品完成的整个过程的安全保证体系下的生产过程。安全教育培训也包括了这个过程，每个主管、管理人员、设计者、工艺技术员、操作者、辅助工人都要接受安全教育培训，这就是全员性。

(2) 全面性　全面性是针对教育培训内容而言的，包括法制方面，安全操作、规则、安全知识、技术、性能、安全管理，厂、车间、班组三级安全教育培训，新入行或改行工人的安全教育培训，特殊工种安全教育培训等。

(3) 持久性　持久性就是指对一个人来说，从入厂到退休的全过程，都必须进行终身的安全教育培训。

2. 安全生产教育培训的要点

为了按计划、有步骤地进行安全生产教育培训，保证教育培训质量，取得好的教育培训效果，真正有助于提高职工安全意识和安全技术素质，在实施安全生产教育培训时，必须做到以下几点：

(1) 建立健全教育培训制度　建立健全职工全员安全生产教育培训制度，严格按制度进行教育培训对象的登记、考核、发证、资料存档等工作，环环相扣，层层把关。坚决做到教育培训考试（核）不合格者、没有安全生产管理部门签发的合格证者，不准上岗工作。

(2) 编制年度教育培训计划　结合企业实际情况，编制企业年度安全生产教育培训计划，计划要有明确的针对性，并随企业安全生产的特点，适时修正计划，变更或补充内容。

(3) 编写教育培训大纲　要有相对固定的教育培训大纲、教材和师资，确保安全教育培训的时间和教学质量，同时也应相应补充新内容、新专业。

(4) 运用多种教学方法　在教学方法上，应力求生动活泼，形式多样，寓教于乐，提高教学效果。

(5) 认真进行监督检查　经常监督检查，认真查处未经教育培训就顶岗操作和特种作业人员无证操作的责任单位和责任人员。

3. 编制教育培训计划

在建立安全生产教育培训保障的过程中，制定安全生产教育培训计划尤为重要。电梯企业必须结合自身的实际情况，编制本单位的安全生产教育培训计划。其主要内容应涉及以下几个方面。

(1) 教育培训内容

1) 通用安全知识：a. 法律法规；b. 安全基础知识；c. 电梯企业主要安全法律、法规、规章和标准；d. 企业安全生产规章制度和操作规程；e. 同行业或本企业历史事故案例分析。

2）专项安全知识：①岗位安全知识。②分阶段的危险源专项知识。

（2）教育培训的对象和时间

1）教育培训对象主要分为管理人员、特殊工种人员和一般性操作工人。

2）教育培训的时间可分为定期培训（如管理人员和特殊工种人员的年度教育培训）和不定期培训（如一般性操作工人的安全基础知识教育培训、企业安全生产规章制度和操作规程教育培训、分阶段的危险源专项教育培训等）。

（3）经费测算　教育培训的内容、对象和时间确定后，安全教育培训计划还应对教育培训的经费做出概算，这也是确保安全教育培训计划得以实施的物质保障。

（4）教育培训师资　根据拟定的教育培训内容，充分利用各种信息手段，了解甄选教学师资。

（5）教育培训形式　根据不同教育的培训对象和教育培训内容选择适当的形式。

（6）教育培训考核方式　考核是评价教育培训效果的重要环节，依据考核结果，可以评定员工接受教育培训后认知的程度和采用的教育培训方式的适宜程度，也是改进安全教育培训效果的重要反馈信息。

考核的形式一般主要有以下几种：

1）书面形式开卷。适宜普及性一般的考核，如针对一般性操作工人的安全教育培训。

2）书面形式闭卷。适宜专业性较强的培训，如管理人员和特殊工种作业人员的年度考核。

3）现场操作。适宜专业性较强的工种的现场技能考核，参照相关标准对操作的结果进行评定。

（7）教育培训效果的评估方式　教育培训效果的评估为改进安全教育培训的诸多环节提供依据，评估主要从间接教育培训效果、直接教育培训效果和现场教育培训效果 3 个方面进行。

直接教育培训效果的评价依据主要是参加教育培训的人员的考核分数。

现场教育培训效果的评价依据主要是在生产过程中出现的违章情况和发生安全事故的频次。

五、安全生产检查保障

安全生产检查是指对生产过程和安全管理中可能存在的隐患、有害与危险的因素、缺陷等进行查证，以确定隐患或有害与危险的因素、缺陷的存在状态，以及它们转化为事故的条件，以便制定整改措施，消除隐患和有害与危险的因素，确保生产的安全。对检查的对象和内容，按一定的方式、方法和技术实施检查，并将它们制度化，这就是安全生产检查的保障。

安全生产检查是电梯企业为了消除隐患、防止事故发生、改善劳动条件的重要手段，通过安全检查可以发现生产经营活动中的不安全因素，以便有计划地制定纠正措施，保证安全生产。

安全生产检查涉及生产经营的各个环节以及与生产有关的各个方面，因此安全生产检查应力求系统化、完整化。电梯企业安全生产检查保障的内容及要求见表4－4。

表4－4　电梯企业安全生产检查保障的内容及要求

<table>
<tr><td rowspan="10">安全生产检查保障</td><td colspan="2">任务目的</td><td>贯彻执行安全生产方针，开展安全检查，查证隐患或有害与危险的因素，制定整改措施，消除事故隐患，防患于未然，改善劳动条件，实现安全生产</td></tr>
<tr><td colspan="3">内容及要求</td></tr>
<tr><td rowspan="8">内容（“八”查）</td><td>查领导</td><td>是否重视安全工作，是否纳入议事日程，是否认真贯彻执行安全生产方针以及各项政策、法律、法规、标准</td></tr>
<tr><td>查思想</td><td>是否牢固树立“以人为本”的观念，关注安全，关爱生命，把安全放在第一位</td></tr>
<tr><td>查制度</td><td>安全生产责任制度及各项规章制度是否健全，安全操作规程是否完善，贯彻执行情况如何</td></tr>
<tr><td>查管理</td><td>安全组织机构是否健全，分级管理、各负其责是否落实，安全管理工作制度化、规范化、经常化情况如何</td></tr>
<tr><td>查隐患</td><td>查管理上的缺陷、物的不安全因素、人的不安全行为、电梯易发生事故部位的状态</td></tr>
<tr><td>查控制</td><td>危险点、危害点、事故多发点是否进行强化控制</td></tr>
<tr><td>查教育培训</td><td>三级教育培训、全员安全教育培训、特种作业人员安全技术教育培训落实情况如何</td></tr>
<tr><td>查纪律</td><td>查“三违”（即违章指挥、违章作业、违反劳动纪律）情况如何</td></tr>
</table>

（续）

	内容及要求		
安全生产检查保障	形式	定期检查	每年元旦、五一、十一、春节前和安全月组织安全检查，有关部门定期组织专项检查
		综合性检查	根据企业有关要求综合检查安全、质量等方面的情况，必要时进行系统的安全质量等方面的评价
		专业重点检查	对于难度较大的检查项目，可以各类专业技术人员为主，根据专业特点组织专业安全检查
		日常检查	由企业各级负责人或安全员根据生产情况和各项安全生产规章制度的执行情况进行班组检查、部门检查
	方法与手段	专检与群检相结合、自检与互检相结合，坚持边检查、边整改的方法，落到实处	
		运用安全检查表，将问题如实登记上报，发出整改通知单，限期整改，并对未按期解决的进行惩罚	

1. 电梯企业车间（部门）安全生产检查内容

1）落实车间主任（或部门负责人）是安全生产直接责任者的制度。

2）按规定配齐专职或兼职安全员。

3）车间（或部门）所有班组及岗位人员都有安全生产责任职责。

4）及时传达、贯彻执行上级的安全生产指示、决定，文件保存齐全，传达贯彻有记录，执行有安排布置。

5）根据车间（部门）的生产特点适时进行安全活动，做到人员、时间、内容三落实，活动有记录。

6）新入厂、新调换工种的从业人员，上岗前全部进行车间（部门）级安全教育培训，教育培训有考核、有记录。

7）有计划地对从业人员进行安全知识教育培训，对特殊工种人员按计划进行培训。

8）按要求进行事故案例分析活动，并有活动记录。

9）本车间（部门）重点要害部位、设备、设施的安全检查都分工落实到责任人，检查有记录。

10）安全生产各项记录资料齐全、数据准确，记录本整洁完好。

2. 电梯企业班组安全生产检查内容

1）有明确的安全员。

2）班组的各项安全记录做到准确、齐全、清晰、工整，记录本保管完好、整洁。

3）班组和每个岗位都有安全生产责任制度和安全技术操作规程。

4）新入厂、新调换工种的从业人员，上岗前全部进行班组安全教育培训及考核，教育培训考核有记录。

5）特殊工种人员持证上岗率达到100%。

6）按规定的内容进行班组安全活动，做到人员、时间、内容三落实，活动有记录。

7）按时进行班前安全讲话及班后安全讲评，并有记录。

8）连续生产的班组认真执行交接班制度，并有记录。

9）所使用的设备、设施、工具、仪表、仪器都有专人保管，按时进行检查，检查有记录。

10）应有装置安全标志的地方，按标准装置且标志完好清晰。

11）生产场地平整、清洁，无危险建筑及设施；生产的成品、半成品，所用的材料、原料，使用的用具、工具堆、摆放应符合安全要求；无生产中不需用的易燃易爆及危险物品，如需要应有使用规定及防护措施；光线、照明要符合国家标准，应装置安全防护的地方都按标准进行了安装。

12）消防设施、器材、工具按要求配备，保管完好，定期进行检验维修，实行挂牌制。

13）动火作业按要求办理动火手续，并制定严格的防护措施。

14）进行有毒、有害的作业，有安全防护措施。

15）所有上岗人员都熟悉本岗位、本班组的安全生产预防措施，可通过现场抽考来认证。

16）所有上岗人员都正确使用劳动保护用品、用具。

17）所有上岗人员都没有违反劳动纪律的行为。

3. 安全生产检查表编制要点

安全生产检查表并无固定的格式，可根据不同的检查目的进行设计，也可以按照基本格式（见表4－5）进行改编。但在编制时，要力求符合以下安全要点。

表4－5　安全生产检查表的基本格式

<table>
<tr><td>检查
时间</td><td>检查
单位</td><td>检查
部位</td><td>检查
结果</td><td>安全
要求</td><td>整改
期限</td><td>整改
负责人</td></tr>
<tr><td></td><td></td><td></td><td></td><td></td><td></td><td></td></tr>
<tr><td>序号</td><td colspan="4">安全检查内容</td><td colspan="2">结论与对策</td></tr>
<tr><td></td><td colspan="4"></td><td colspan="2"></td></tr>
<tr><td></td><td colspan="4"></td><td colspan="2"></td></tr>
<tr><td></td><td colspan="4"></td><td colspan="2"></td></tr>
<tr><td></td><td colspan="4"></td><td colspan="2"></td></tr>
</table>

（1）找准依据　在编制安全检查表时，要以有关的规程、规范、规定、标准和条例为依据，使检查表在内容上和实践运用中达到科学、合理并符合法律的要求。为了找准依据，可以收集有关此项问题的法律、法规、标准及规章制度，在有关条款后面注明有关规定的名称和所在章节。

（2）符合实际　可以根据生产系统、车间、班组的实际情况编写，应采取专业安全管理人员、生产技术人员和有一定实践经验的老员工相结合的方式编写，而且要在实践检验中不断修改、不断完善。经过一段时间之后，这类检查表可以标准化。

（3）协调有序　为了确保使用可靠，必须使各类安全生产检查表之间协调有序，其内容是：在使用上，各单位、各工种及各专业等需用的安全生产检查表，要做到配套、供应、收存等方面的协调发展；在内容上，要做到明确、统一、可行的协调发展；在结构上，必须确保其结构独立、功能突出、区别明显的协调发展。

（4）突出重点　所谓突出重点，实质上就是在内容上突出安全生产检查的重点。就一般情况而言，其重点内容大致是：不符合规定的不安全状态和不安全行为；机械设备及特种设备中的易损坏零件和部件，如易燃易爆岗位、着火源；各类管道、设备连接处的泄漏程度；计量仪表、防护装置是否灵敏、可靠；生产环境条件是否符合安全要求；职业危害程度是否获得控制。

（5）一事一议　一事一议主要是指在各种安全生产检查表中，要确保每个检查项目只含一个检查内容，只能采用一个词句，只能提出一个问题，这样才能简单地回答“是”或“否”。

（6）简练准确　任何一种检查表的编制，都要靠语句来表达其检查项目、检查内容和检查结果等。为了能顺利付诸实践，在使用的语句上应用简短的日常语句和肯定的提问，切忌使用模棱两可的提问，以发挥检查表的真正作用。

（7）便于实施　编制安全检查表时必须考虑其是否便于使用，一是检查中的使用；二是一旦发生事故或问题便于对事故进行诊断和查清事故责任。

4. 电梯企业安全生产检查的一般方法

随着安全管理科学化、标准化、规范化的发展，目前安全生产检查基本上都采用安全生产检查表和一般检查方法，进行定性、定量的安全评价。

1）安全生产检查表是一种初步的定性分析方法，它通过事先拟定的安全检查明细表或清单，对安全生产进行初步的诊断和控制。

2）安全生产检查的一般方法主要是通过看、听、嗅、问、查、测、验、析等手段进行检查，见表4－6。

表 4－6　安全生产检查的一般方法

看	就是看现场环境和作业条件，看实物和实际操作，看记录和资料等，通过看来发现隐患
听	听汇报、听介绍、听反映、听意见或批评、听机械设备的运转响声或承重物发出的微弱声响等，通过听来判断施工操作是否符合安全规范的规定
嗅	通过嗅来发现有无不安全或影响职工健康的因素
问	对影响安全的问题，详细询问、寻根究底
查	查安全隐患问题，对发生的事故查清原因，追究责任
测	对影响安全的有关因素、问题，进行必要的测量、测试及监测等
验	对影响安全的有关因素进行必要的试验和化验
析	分析资料及试验结果等，查清原因，清除安全隐患

5. 安全隐患的整改和处理

对检查出的安全隐患的整改和处理一般要经过下面几步：

1）将检查出来的安全隐患和问题进行仔细的、分门别类的登记。登记的目的是为了积累信息资料，并作为整改的备查依据，以便对安全进行隐患动态管理。

2）查清产生安全隐患的原因。对安全隐患要进行细致的分析，并对存在的各个问题进行横向和纵向的比较，找出“通病”和个例，发现“顽固症”。具体问题具体对待，分析原因，制定对策。

3）发出安全隐患整改通知单（见表 4－7）。对存在的各个安全隐患发出整改通知单，以便引起整改单位的重视。对容易造成事故的重大安全隐患，检查人员应责令停工，被查单位必须立即整改。整改时，要做到“五定”，即定整改责任人、定整改措施、定整改完成时间、定整改完成人、定整改验收人。

表 4－7　安全隐患整改通知单

项目名称				检查时间	年　月　日	
序号	查出的隐患	整改措施	整改人	整改日期	复查人	复查结果及时间
签发部门及签发人： 年　月　日				整改单位及签认人： 年　月　日		

4）进行责任处理。对造成安全隐患的责任人要进行处理，特别是对负有领导责任的负责人等要严肃查处。对于违章操作、违章作业的行为，必须进行批评指正。

5）整改复查。各个安全隐患整改完成后要及时通知有关部门立即派人进行复查，经复查整改合格后，进行销案。

六、安全生产隐患控制

生产系统是一个人—机—技术—环境系统，在此系统中任何一个环节出现故障都可能引发事故，为了确保生产的安全必须对上述系统各个环节可能产生故障的各种隐患进行预防和控制。

电梯企业安全生产隐患控制的内容及要求见表4－8。

表4－8　电梯企业安全生产隐患控制的内容及要求

任务目的			消除或控制作业环境中的安全隐患，改善作业条件，预防事故发生，保障从业人员的身体健康，促进生产发展
			内容及要求
安全隐患控制	人的不安全行为	强化人的安全行为，预防事故发生	开展安全教育培训，提高员工预防、控制事故的能力
			严格执行安全操作规程，不违章指挥、不违章作业、不违反劳动纪律
		转化人的异常行为，控制事故发生	跟踪转化具有异常行为因素的人员，进行行为控制
			对从事危险性较大活动的人员，指定专人对其进行安全提醒和监督
	设备的不安全状态	维修、更新内因损耗	建立设备的检查、维修、保养和更新制度，确保设备运行安全可靠
			建立设备使用操作规程和管理制度及责任制度，保证设备运行安全可靠
		改进、控制外因作用	安装必要防护设施，配备必要测量、监视装置，创造设备安全运行条件
			严格持证上岗制度，禁止违章使用
	异常环境因素	重要异常环境	加强环境管理，对其关键性技术参数进行监控测量
			辨识评估危险源，对重大危险源进行控制
		重大危险源	应用劳动保护用品，预防、控制事故发生
			运用安全检查手段，改变异常环境，控制事故发生
	技术与管理原因	技术方面	建立健全工艺流程和操作程序
			加强对作业现场的检查和指导
		管理方面	及时整改隐患，落实事故防范措施
			建立合理的劳动组织

1. 电梯企业安全隐患构成要素（见表4－9）

表4－9 电梯企业安全隐患构成要素

人的不安全行为和状态	物和环境的不安全状态	管理上的原因
1. 忽视和违反安全规程的行为 2. 误动作 3. 不注意 4. 疲劳 5. 身体有缺陷	1. 设备和装置的结构不良，强度不够，零部件磨损和老化 2. 工作环境面积偏小或工作场所有其他缺陷 3. 外部的、自然的不安全状态，危险物与有害物的存在 4. 安全防护装置失灵 5. 劳动保护用具和服装缺乏或有缺陷 6. 作业方法不安全 7. 物体的堆放和整理不当 8. 工作环境，如照明、温度、噪声、振动、颜色和通风等条件不良	1. 技术缺陷：工业建筑物、构筑物、机械设备、仪器仪表的设计、选材、布置安装、维护检修有缺陷或工艺流程及操作程序有问题 2. 对操作者缺乏必要的教育培训 3. 劳动组织不合理 4. 对现场缺乏检查和指导 5. 没有安全操作规程或规程不健全 6. 安全隐患整改不及时，事故防范措施不落实

2. 电梯企业重大危险源及控制方法（见表4－10）

表4－10 电梯企业重大危险源及控制方法

序号	类别	名称	危险因素	可导致的事故	控制方法
1	临时用电	施工用电	漏电跳闸不灵敏	触电	方案
			电动机缺陷	触电	操作规程
			线路破损	火灾	
			导线连接不好	火灾	
			接线柱接不实	火灾	
			开关触点接触不良	火灾	
		照明	私自接线	触电	
		降水	电缆浸水、有积水	触电	管理规定
		电梯安装	使用高压照明	触电	
2	机械设备	电气设备使用	裸线外露	触电	管理规定
		电焊机用电	双线老化	触电	规定
			双线不到位	触电	操作规程
			二次线超长	触电	
			不使用防触电保护器	触电	

（续）

序号	类别	名称	危险因素	可导致的事故	控制方法
2	机械设备	电锯	未安装分料器、安全挡	机械伤害	操作规程
		切割机	切割片松动		
			切割短料		
		卷扬机	安装不规范		方案
			制动器失灵		操作规程
			钢丝绳排列不整齐		
			作业中停电	其他伤害	
		电动工具	使用花线（非橡胶套绝缘线）	触电	管理规定
			使用一类工具	触电	
		手动电动工具	使用不规范	触电	管理规定
3	个人防护	个人违章	进入现场不戴安全帽	物体打击	管理规定
			高处作业不系安全带	坠落	
			穿拖鞋上岗	其他伤害	
			不持证上岗	其他伤害	
			现场抽烟	火灾	
4	消防保卫	违章	现场抽烟	火灾	规定
		电焊作业	无灭火器材	火灾	管理规定
		气焊作业	乙炔、氧气瓶间距小	火灾	规定
	料具管理	物件码放	超高	坍塌	管理规定
		油漆稀料存放	吸烟、用火	火灾	
			有热源	火灾	
			无防火措施	火灾	
5	交通安全	车辆使用	车辆进出倒车	车辆撞人	管理规定
			司机疲劳驾驶	车辆撞人	

3. 安全隐患的预防技术

（1）根除危险因素　通过选择恰当的设计方案、工艺过程及合适的原材料来彻底消除危险因素，即采用本质安全的技术措施。例如，用液压或气压代替电力系统，可避免电气事故；用液压系统代替气压系统可防止受压容器、管道破裂造成事故；用阻燃性材料代替可燃性材料，可防止火灾；去除零部件的毛刺、尖角或粗糙的表面，可以防止割、擦、刺伤皮肤等。

（2）限制或减少危险因素　一些情况下，危险因素不能被根除，或难以被根除。这时应设法限制它，使其不能造成伤害或损坏。例如，在金属容器内使用电力时，采用低电压以防触电；利用金属喷层或导电涂层限制蓄积的静电，以预防静电引起的爆炸；利用液位控制及报警装置，防止液位过高等。

（3）隔离　隔离是常用的安全技术措施。一般来说，一旦判明有危险因素存在，就应设法把它隔离起来。预防事故的隔离技术包括分离和屏蔽两种。前者指空间上的分离，后者指应用物理屏蔽措施进行的隔离。利用隔离技术，可以把不能共存的物质分开，也可以用来控制能量释放。

对机械的转动部分、热表面、电力设备等安装防护装置，或封闭起来是广泛采用的隔离技术。

（4）故障—安全设计　在系统或设备的某部分发生故障或破坏的情况下，在一定时间内也能保证安全的技术措施称为故障—安全设计。这是一种通过技术设计的手段，使系统或设备在发生故障时处于低能量状态，防止能量意外释放的措施。

（5）减少故障及失误　设备故障在事故致因中占有重要位置。虽然利用故障—安全设计可以使得即使发生了故障也不至于引起事故，但是故障却使设备、系统停顿或降低效率。另外，故障—安全设计本身也可能发生故障而使其失去效用。因此，应努力减少故障。一般而言，减少故障可以通过三条途径实现，即安全监控系统、安全系数或安全阀。

（6）警告　在生产过程中人们需要经常注意到危险因素的存在，以及一些必须注意的问题，警告是提醒人们注意的主要方法。提醒人们注意的各种信息都是通过人的感官传递给大脑的，因此根据所利用的感官不同，警告可分为视觉警告、听觉警告、嗅觉警告、触觉警告和味觉警告等。

七、安全生产事故管理保障

《中华人民共和国安全生产法》和国务院颁布施行的《生产安全事故报告和调查处理条例》（第 493 号令）以及《特种设备安全监察条例》（第 549 号令）中都明确规定，生产经营单位应建立健全本单位的事故管理制度。

作为电梯企业，更应该根据国家已颁布的有关安全事故处理规定，制定本单位安全生产事故处理的工作程序及相关要求。电梯企业安全生产事故管理保障的内容及要求见表 4－11。

表 4－11 电梯企业安全生产事故管理保障的内容及要求

安全生产事故管理保障	任务目标	防止和减少安全生产事故，保障从业人员和其他人员在事故发生时得到及时救援，落实安全生产事故责任追究制度	
		内容及要求	
	事故发生后事故报告	向单位报告	负伤者或最先发现人员直接或逐级向有关部门报告事故情况，包括事故发生的地点、时间、单位及事故的简要经过、伤亡人数等
		向有关部门报告	单位负责人要立即向上级有关部门报告
	事故救援	应根据致害性质采取相应的紧急处理措施，防止事故扩大和人员伤亡的增加	
	现场保护	凡与事故有关的物体、痕迹、状态不得破坏；为抢救受伤者和排险需移动现场某物体时，必须做好现场标记	
	事故调查	组织事故调查组	成员应当具有事故调查所需的知识和专长，并与事故伤亡人员没有利害关系
		现场勘查与材料收集	1. 物证收集：对损坏的物体、残留物、致害物，均应贴上标记，注明时间、地点、管理者；所有物件应保持原样，不准冲洗擦拭，对健康有害的物品，应采取不损坏原始证据的安全防护措施 2. 证人材料收集：对证人材料应认真考虑其真实程度 3. 事故真实材料收集：与事故鉴别、记录有关的材料；事故发生的有关材料
	事故分析	事故成因	1. 直接原因：由机械、物质或环境的不安全状态所引起的 2. 间接原因：由技术、教育培训、管理原因以及人、物、环境的失调导致的
		责任追究	通过调查和分析事故的直接原因和间接原因，确定事故的直接责任者、领导责任者及其安全责任者
		制定预防措施	查清事故原因之后，应制定防止事故重复发生的措施
	事故报告的撰写	1. 事故发生过程调查分析要准确 2. 原因分析要细致 3. 责任分析要明确 4. 对责任者处理要严肃 5. 防范措施要具体 6. 调查组成员要签字	
	事故材料存档	记录事故发生、调查、处理过程的全部文字、图片资料均应归档保存	

1. 企业安全生产事故类别

企业安全生产事故类别，国家共划分为 20 类：

1）物体打击，包括落物、滚石、锤击、碎裂、崩块、砸伤等伤害，还包括因爆炸而引起的物体打击。

2）车辆伤害，包括挤、压、撞、倾覆等。

3）机械伤害，包括机械设备操作过程中所发生的一切绞、辗、碰、割、戳等。

4）起重伤害，指起重设备在操作过程中，或在外力作用下所发生的碰、撞、砸等伤害。

5）触电，包括雷击伤害。

6）淹溺。

7）灼烫，包括开水、油、沥青等烫伤。

8）火灾，包括电、机械等引起的火灾。

9）高处坠落，包括从架子上、屋顶上坠落，以及从平地坠入地坑等。

10）坍塌，包括建筑物、堆置物、机械、土石方等的倒塌。

11）冒顶片帮。

12）透水。

13）放炮。

14）火药爆炸，指生产、运输、储藏过程中发生的爆炸。

15）瓦斯爆炸，包括煤粉爆炸。

16）锅炉等压力容器爆炸。

17）其他爆炸，包括化学爆炸、炉膛、钢液包爆炸等。

18）中毒和窒息，指煤气、油气、沥青、化学品、一氧化碳中毒等。

19）跌伤、扭伤。

20）其他伤害，包括冻伤、野兽咬伤等。

2. 安全生产事故调查程序（见图4－5）

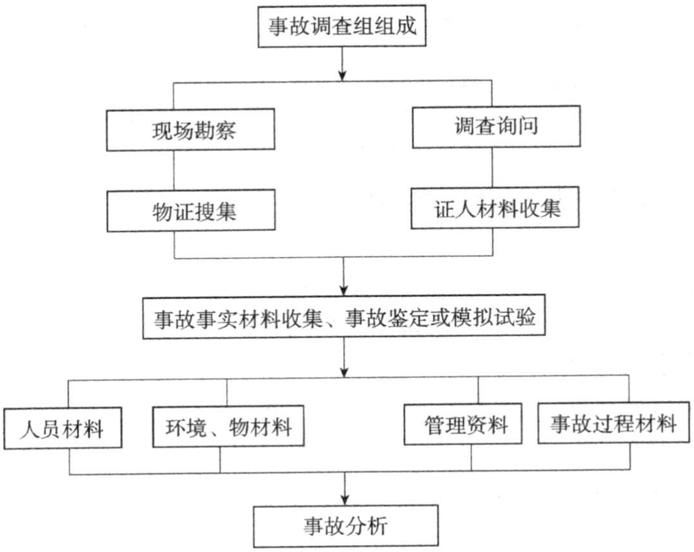

图4－5　安全生产事故调查程序

3. 安全生产事故综合调查报告书

安全生产事故综合调查报告书的内容要求见表4－12。

表4－12 安全生产事故综合调查报告书

内容项目	详细内容要求
生产经营单位概况	主要包括：生产经营单位名称，隶属关系，所属行业，所在地区，省（自治区）、地区（市）、县（区），现有职工人数，占地面积，经济类型，主要生产特点等
事故伤亡及经济损失情况	主要包括：事故发生时间、事故类别及严重程度，死亡人数、重伤人数及轻伤人数，停工或损失工作日，总损失、直接损失及间接损失等
事故发生过程	主要包括：事故发生的具体场所，事故发生时受伤害人、其他人正进行的工作任务或活动，当时的环境条件，什么物体或物质有什么不安全状态，受伤害人或其他人有什么不安全行为，事故发生之前、之时乃至之后的事件序列，人的伤害是怎样造成的，以及其他必要的说明
事故发生原因	可按直接原因和间接原因进行分类论述，也可按物的原因、人的原因和管理的原因进行分类论述事故的主要原因
事故责任及处理意见	按责任人分别叙述：责任人姓名、所从事的工作及任职情况、主要应负的责任及处理建议
事故预防措施	从管理、法规执行、技术、教育培训等方面分析应采取的措施
事故调查组成员	成员姓名、工作单位、职称、职务、在调查组中的职务
附件	主要包括：事故调查组成员名单，事故现场情况，事故伤亡者名单，事故经济损失估算表，事故鉴定或模拟试验报告，事故专项调查分析报告等

4. 企业安全生产事故调查处理报告书

（1）格式1

1）企业详细名称：＿＿＿＿＿＿地址：＿＿＿＿＿＿电话：＿＿＿＿＿＿

2）业别：＿＿＿＿＿＿直接主管部门：＿＿＿＿＿＿

3）发生事故日期：＿＿＿＿年＿＿＿＿月＿＿＿＿日＿＿＿＿时＿＿＿＿分

4）发生事故地点：＿＿＿＿＿＿车间

5）事故类型：＿＿＿＿＿＿主要原因：＿＿＿＿＿＿

6）这次事故伤亡情况：死亡＿＿＿＿＿＿人，重伤＿＿＿＿＿＿人，轻伤＿＿＿＿＿＿人

姓名	伤害程度 （死、重、轻）	工种 及职务	性别	年龄	本工种 工龄	受过何种安 全教育培训	估计财 物损失	附注

7）事故的经过和原因：______________________________

8）预防事故重复发生的措施：__________执行措施的负责人：__________
完成期限：______________措施执行情况的检查人：______________

9）对事故的责任分析和对责任者的处理意见：____________________

10）参加调查的单位和人员（注明职务）：____________________

企业负责人：__________制表人：__________

________年________月________日

（2）格式2

1）企业详细名称：

地址：

电话：

2）经济类型：

国民经济行业：

隶属关系：

直接主管部门：

3）事故发生时间：

事故发生地点：

事故发生单位：

4）事故类别：

5）事故级别：

6）伤亡人员情况：

姓名	性别	年龄	工种	级别	本工种工龄	伤害部位及程度	安全教育培训情况

7）本次事故经济损失（万元）：

8）事故详细经过：

9）事故原因分析：

10）预防事故重复发生的措施：

11）事故责任分析和对责任者的处理意见：

12）参加调查的单位和人员（注明职务或职称）：

企业负责人：＿＿＿＿＿　经办人：＿＿＿＿＿

＿＿＿＿年＿＿＿＿月＿＿＿＿日

说明：以上两种表由企业自选一种填写，每次必须填写清楚。由企业按规定报送有关部门。

5. 安全生产事故档案的主要内容

1）从业人员伤亡事故登记表。

2）从业人员死亡、重伤事故调查报告书及批复。

3）现场调查记录、图样和照片。

4）技术鉴定和试验报告。

5）物证、人证材料。

6）直接经济损失和间接经济损失材料。

7）事故责任者的自述材料。

8）医疗部门对伤亡人员的诊断书。

9）发生事故时的工艺条件、操作情况和设计资料。

10）处理决定和受处理人员的检查材料。

11）有关事故的通报、简报及文件。

12）注明参加调查组的人员姓名、职务和单位。

八、班组安全建设基础保障

班组是电梯企业完成各项任务目标的主要承担者和实现者。一方面，班组能否长期保持安全生产的局面，决定着本单位整体的安全生产形势；另一方面，电梯的作业人员长期跟电梯设备打交道，他们是生产（服务）一线的最直接操作者，也是电梯发生事故的最可能受害者。因此要有效地把安全生产落到实处，就必须加强、搞好班组安全建设，这是本单位安全生产最重要的基础。班组安全建设基础保障的内容及要求见表4－13。

表4－13　电梯企业班组安全建设基础保障的内容及要求

班组安全建设基础保障	任务目的	班组做到安全管理、安全活动制度化，作业环境标准化，岗位操作规范化，预防和减少事故发生
	内容与要求	
	选好班组长	1. 有一定的文化和技术基础，有过硬的实际操作本领 2. 有强烈的安全意识，能正确处理安全与生产的关系 3. 模范遵守各项安全生产规章制度，不违章指挥，不冒险蛮干 4. 有一定的安全管理知识 5. 有一定的组织领导能力和良好的思想工作作风，在班组中有较高的威信

（续）

		内容与要求
班组安全建设基础保障	班组安全组织建设	1. 班组长是班组安全工作的第一责任人，对班组安全工作负全责 2. 必须设1名兼职安全员，主要协助班组长全面开展班组安全管理工作 3. 班组分摊其他工作时要明确1名安全负责人 4. 必须实行安全值日员轮流值班制度
	班组岗位安全教育培训	1. 新从业人员必须进行“三级”安全教育培训 2. 岗位安全操作规程和正确使用劳动防护用品的教育培训 3. 对可能出现不正常情况的判断和处理、发生事故的应急处理方法 4. 本岗位曾发生的事故分析及教训 5. 教育培训要严格考核，记录成绩
	班组安全管理制度	1. 班组安全生产责任制度 2. 班组安全会议制度 3. 班组安全活动日制度 4. 班组安全检查制度 5. 班组危险作业管理制度 6. 伤亡事故报告和处理制度 7. 安全防护维护管理制度
	班组安全生产标准	1. 班组的安全防护装置、设备齐全可靠并符合规定，严禁设备带“病”作业 2. 上岗前必须按规定穿戴好劳动防护用品，杜绝疲劳作业 3. 认真执行安全操作规程和各项规章制度，无冒险蛮干、无违规作业 4. 特种作业人员必须持证上岗 5. 每位人员必须熟知本岗位的“危险源及控制措施和应急预案” 6. 严格执行交接班制度
	班组安全检查	1. 各岗位在作业前要对所处环境、所用设备和防护用品进行检查 2. 值日人员应督促本班组人员严格执行安全操作规程 3. 上道工序完毕，交给下道工序使用或操作前，应组织相关人员进行交接检查 4. 所检查的情况应记入班组安全生产日志
	创建“三化”班组活动	在生产现场的班组中开展建设“三化”安全合格班组活动，使班组做到安全活动制度化、作业环境标准化、岗位操作规范化，以预防和减少安全事故的发生

1. 创建“三化”安全合格班组的条件和标准

通过开展创建“三化”安全合格班组活动，可以提高职工的安全意识和技术水平，逐步把班组变成一个安全、舒适的工作场所。安全合格班组的条件和标准，对于不同的行业、班组因其自身的生产特点，不可能完全统一，但是具有共性的内容和共同条件。

（1）实行目标管理

1）班组的每个成员都要了解本企业、本班组的安全生产目标及实现目标的主要措施。

2）班组能够运用现代安全管理方法，从自身做起，实现安全目标。

（2）安全管理基础工作的规定要求

1）建立健全岗位安全生产责任制度和安全操作规程，并认真执行。

2）班组成员能熟记本岗位安全操作规程，了解班组内危险源及防范措施，不冒险作业。

3）特殊工种作业人员严格执行持证上岗的规定，并建立安全互保制度，如3人外出作业要有1人负责安全，2人外出作业要指定专人监护等。

4）正确穿戴并爱护个人防护用品，正确使用并维护安全防护设施、装置，有专人负责环保和设备的保养。

5）设有违章违纪、事故隐患登记簿，班组安全台账记录齐全，不弄虚作假。

6）按规定要求认真做好班组安全教育培训、安全检查等日常安全工作；班组骨干成员能够较全面地掌握安全知识，操作技能过硬，安全意识较强，在班组内形成浓厚的安全生产氛围。

（3）坚持开展安全活动

1）坚持每天的班前会和班后会，定期开展班组安全日活动，活动参与率高、效果明显、记录详细。

2）坚持每天的班前、班中、班后安全检查活动，定期开展查隐患抓整改活动。

3）广泛发动班组成员，开展为安全提合理化建议活动，通过小改小革逐步改善劳动条件。

（4）积极推行科学管理方法

1）认真正确地运用班组安全检查表进行安全检查。

2）积极采用现代安全管理方法，如事故树、生物节律、信息管理等科学预测分析方法，搞好事故预测工作。

（5）搞好文明生产

1）作业场所清洁，物料堆放整齐，安全通道符合要求。

2）班组范围内，各类设备、工具、工作场所必须做到安全、无隐患。

3）人人遵守劳动纪律，不脱岗、不串岗、不酒后操作。

4）班组污染源管理效果好，无随意倾倒污染物的现象，并养成定点存放、节约使用物料的良好习惯。

2. 创建“三化”安全合格班组的方法

安全工作是一项群众性工作，必须发动群众、相信群众、依靠群众来做，而创建“三化”安全合格班组活动就是充分发挥班组成员积极性的一项群众性活动。为促使班组安全管理工作具有较强的生命力，搞好创建“三化”安全合格班组活动，应抓好以下几个方面的工作。

（1）统一思想，提高认识　为了保证创建“三化”安全合格班组活动的顺利开展，企业上下必须统一认识，特别是班组长的认识必须到位，这是创建“三化”安全合格班组活动能否成功的关键。班组长要认真分析本班组安全管理的现状，找出差距，从基础管理上找原因，研究抓好班组安全管理的措施，要认识到开展创建“三化”安全合格班组活动是实现企业安全生产的有力措施。

调动广大员工积极参与是开展创建“三化”安全合格班组活动的基础，因此应利用一切可以利用的场合和各种宣传工具，广泛宣传创建“三化”安全合格班组的重要性和迫切性。当然，这样的宣传切忌空洞说教，要从员工的切身利益出发，并对班组中出现的一些具体问题进行教育培训，使他们对“三化”安全合格班组的基本内容、标准和要求有清楚的认识，使他们切实感到，创建“三化”安全合格班组对员工、对班组、对企业有百利而无一害，从而使职工从被动的“要我安全”转变为自觉的“我要安全”。

（2）健全组织，确立规则　要开展好创建“三化”安全合格班组的活动，必须有一个具体的组织（或机构）来负责实施。对于大部分企业，并不新设组织机构，而是在厂部（或企业安全生产领导小组）的统一领导下，由企业工会或企业安全生产管理部门具体负责组织实施。各有关部门必须通力合作，把这项工作列入日常管理的重要议事日程，保证活动的正常开展。工会负责组织宣传工作，具体组织创建“三化”安全合格班组的竞赛活动；安全管理部门负责制定“三化”安全合格班组的标准（条件、要求），逐项落实“三化”安全合格班组创建工作的有关问题，对创建工作进行具体业务指导；相关部门共同组织，对创建“三化”活动进行检查、验收和判定。

创建“三化”安全合格班组活动实质上是管理方法的一个转变，要做大量深入细致的工作，要有一个切实可行的规划。在推行这项工作时，必须从班组的安全管理实际出发，分阶段地确定工作目标，确立工作规划，使活动能够有计划、有步骤的进行。

首先，要对班组现状以及生产设备、工艺、人员和管理工作等情况进行全面分析，对照“三化”安全合格班组的标准和具体要求，确定应达到的目标。目标的确定要广泛吸收员工的意见，可召开安全技术人员、班组长、安全员和职工的座谈会，把实现目标的具体步骤和要求交给大家讨论，包括各个阶段应达到的要求、各个环节应采取的重点措施，让大家心中有数。在此基础上，明确创建目标，制定出为达到目标而采取的计划措施，要清醒地认识到，创建“三化”安全合格班组是一个循序渐进的过程，既要按照目标要求去努力，又要坚持实事求是的原则，根据实际情况，有什么问题就解决什么问题。基础条件不同，达标的要求应有所区别，切忌“一刀切”的做法。目标值可根据达标工作的进展情况及时调整，关键是要能够根据标准要求确保达标合格班组的质量，这是搞好创建工作应掌握的基本原则。

（3）制定标准，对照评价 开展创建“三化”安全合格班组活动，达到什么样的程度才算符合要求呢？企业可根据安全合格班组标准条件和基本内容，从实际出发，制定出一个适合本企业特点的切实可行的标准。在制定标准时切忌生搬硬套，应注意以下几点。

1）要有针对性。不同的工种、不同的班组，既要有相同的必须达到的要求，又要根据班组的不同生产特点有所侧重。

2）要从实际出发，充分考虑标准的可行性。标准要求既不能高不可攀，使班组失去达标的信心；又不能降低要求，迁就落后，缺乏激励作用，使创建活动流于形式。

3）要分档次。合格达标活动是一个渐进的过程，是在原有的工作水平上，升上一个台阶，而不可能一步到位，必须要经过一定的时间和不断的努力。因此要分出达标的等级，鼓励班组不断向着更高的标准努力。

4）要具有可操作性。每项条款不能太原则、太笼统。要具体、明确，使班组成员易于掌握，便于执行，也便于检查、考核、验收和评分。合格分数线的确定要适当，扣分要掌握好分寸。

在班组合格达标活动中，要坚持对照标准开展安全评价和安全自我评价。班组每个成员对班组的安全管理、安全制度、生产设备、作业环境和安全效果等进行全面的系统的安全评价，了解存在的问题，同时对自己在生产过程中的工具使用、操作技能、技术水平、遵章守纪情况等进行自我评价，识别和找出存在的危险源、事故隐患。班组长在集中整理班组成员评价结果的基础上，制定出治理、控制事故隐患、危险源的相应措施，以加快达标的进度。

（4）搞好试点，推进工作 推行创建“三化”安全合格班组活动，各个班组难以同时起步。企业可以采取先试点，以典型引路、再全面推广的方法。要搞好试点，首先就要选择好的试点单位。试点单位不仅要具有典型意义，而且工作开展起来成功的把握性要大。一般情况下，选择那些日常安全管理工作基础较扎实、班组成员团结协作精神强、班组长和安全员工作积极性高的班组作为试点单位。

创建“三化”安全合格班组的主体是全体班组成员，安全合格班组的标准和要求要依靠全体人员长期坚持不懈的努力才能实现。因此，在试点单位的工作中，要注意从思想教育培训入手，使班组成员的思想统一到“要搞好班组安全工作，就必须创建达标合格班组”这一认识上来，使员工都能自觉参与这项活动。同时，班组要紧紧抓住创建“三化”安全合格班组活动这个契机，将班组安全建设提高到一个新的水平。

经过试点单位的实践检验和经验总结后，对“三化”安全合格班组的标准和要求进一步修订，使其更为合理、完善。在此基础上，通过召开现场经验交流会、组织参观学习等形式，在企业内推广典型达标合格班组的经验，全面开展创建“三化”安全合格班组活动。

（5）严格考核和验收　创建“三化”安全合格班组活动开展起来后，其效果如何，可按标准条件进行严格考核验收。规范考核验收的程序和内容，确保创建活动向广度和深度发展。考核验收的程序如下。

1）班组自查。各班组对照合格班组标准，逐项逐条进行自评。根据自评情况进行整改，认为达到标准要求后，提出验收申请。申报验收需准备的材料有：班组自评结果和得分，各种台账、规章制度文本、记录、检查表、检测数据，合格班组创建工作小结。申报材料要实事求是，不得随意编造。

2）班组互评。在班组申报的基础上，车间（工段）应组织各班组进行互查互评，班组之间彼此了解情况，通过互查互评，可以防止弄虚作假、浮夸不实，还可起到相互促进的作用。工段根据互评结果组织复评，然后申报车间或分厂验收。

3）车间（分厂）验收。车间（分厂）考核验收时，一般应成立一个由班组、工段、车间（分厂）领导和有关人员组成的考评小组。考评小组根据申报材料、班组基础资料、安全效果、现场检查记录等，对照验收标准逐项打分。评分达到标准要求的，可上报申请厂级验收。为保证验收质量，车间验收考察的时间一般应持续2~3个月。

4）总体验收。企业领导要指定有关部门负责验收工作，组成专门验收小组，对照标准条件，严格把关，逐个验收。具体程序：一是听，即听取申报单位关于开展创建“三化”安全合格班组和达标班组情况的介绍，听取其他班组或人员对申报班组的意见，从中核查有无不实之处；二是看，即审阅申报材料，查阅各种台账、记录、规章制度、合同等文字资料，并到生产施工现场等处实地查看，查看机器设备、防护装置、信号系统和设备的维护保养情况，查看作业现场文明卫生情况；三是查，即在听、看的基础上，用向班组成员提问或抽考的方法，进一步了解班组成员对安全生产规程和安全生产操作知识的掌握情况以及操作的熟练程度，以了解班组成员的安全素质；四是评，即在充分掌握申报班组各方面情况后，综合分析，根据标准条件逐项评定打分，以总分达到标准要求以上为合格，同时将申报材料和验收评价意见附后，报企业统一审核批准，发给合格证。

合格班组的验收，企业应根据本单位具体情况而定，不必拘泥于一种模式，但必须坚持从实际出发、宁缺毋滥、严格把关的原则。

为了巩固达标班组的创建成果，可将创建活动与经济责任制度及奖惩制度挂钩，在给予荣誉的同时，相应地给予物质奖励，激励班组成员不断努力，在保持合格班组称号的基础上争取达到更高的要求。对存在问题而不进行整改、复查达不到标准要求的班组，应取消合格班组的称号，并给予经济惩罚。

九、安全生产奖惩保障

根据《中华人民共和国安全生产法》、《企业职工奖惩条例》以及当地政府有关安全生产的规定，电梯企业应结合本单位生产经营的特点和安全生产的实际情况，制定本单位安全生产奖惩制度，奖励安全生产中的好人好事，处罚违章违纪或造成损害者，以确保安全生产顺利进行。电梯企业安全生产奖惩保障的内容及要求见表4-14。

表4-14　电梯企业安全生产奖惩保障的内容及要求

奖或惩	类别	种类	内容及要求
奖励	物质奖励	奖品	如给安全竞赛获胜者发奖品
		资金	给安全生产工作搞得好、有较大贡献的集体或个人发放资金或提高工资待遇。应制定相应的考核标准，并进行严格考核
		工资	
	精神奖励	表扬	对安全生产方面的好人好事进行口头或书面通报表扬
		评先进	如先进安全生产者、先进安全生产班组等，通常采用年度评比的方法确认
		树立榜样	如安全生产红旗单位、安全生产青年突击队、安全生产岗位标兵等，可采用定期评比的方法确认
		晋级提升	对于有突出贡献且能力较强的个人可采用晋级提升的办法
惩罚	物质处分	罚款	对于违章、违纪者给予一定数额的罚款处罚
		降级工资	对于违章、违纪且产生一定损害或损失者可给予降级工资的处罚
	纪律处分	通报批评	对于违章、违纪且产生一定危害者可进行书面通报批评
		警告	按国家《企业职工奖惩条例》的规定执行。处分要注意时限性问题，根据《企业职工奖惩条例》第二十条规定，审批从业人员处分的时间，从证实从业人员犯错误之日起，开除处分不得超过五个月，其他处分不得超过三个月
		记过	
		记大过	
		降级	
		降职	
		留用察看	
		开除	
	追究刑事责任		依照刑法有关规定执行

1.《中华人民共和国安全生产法》中有关安全生产的奖惩要点

（1）奖励　《中华人民共和国安全生产法》第十五条规定："国家对在改善安全生产条件、防止生产安全事故、参加抢险救护等方面取得显著成绩的单位和个人给予奖励。"

（2）惩罚　《中华人民共和国安全生产法》在相关条款中明确了政府、生产经营单位、从业人员和中介机构可能的38种违法行为：其中生产经营单位及负责人30种，政府监督部门及人员5种，中介机构1种，从业人员可能的违法行为2种。同时，针对上述违法行为提出了相应的13种处罚方式，归纳为如下6个方面：

1）对政府监督管理人员有降级、撤职的行政处分。

2）对政府监督管理部门有责令改正、责令退还违法收取的费用的处罚。

3）对中介机构有罚款、第三方损失连带赔偿、连带机构资格的处罚。

4）对生产经营单位有责令限期改正、停产停业整顿、经济罚款、责令停止建设、关闭企业、吊销其有关证照、连带赔偿等处罚。

5）对生产经营单位负责人有行政处分、个人经济罚款、限期不得担任生产经营单位的主要负责人、降职、撤职、处15日以下拘留的处罚。

6）对从业人员有批评、教育、培训及依照有关规章制度给予处分的处罚。

无论任何人，造成严重后果、构成犯罪的，依照刑法有关规定追究刑事责任。

2. 奖惩的实施

根据电梯企业安全生产状况，奖惩的实施办法应根据奖惩的时间性进行划分，通常分为定期法和动态法。对于规范的奖励，如评先进、奖金、树立榜样等，通常采用定期法，每隔一定的时间间隔进行一次评比，根据评比结果进行奖励。

动态法就是根据临时出现的好人好事进行表扬，或对违章、违纪者及时进行惩罚处理，如罚款、通报批评、警告等。动态法要求安全生产管理者加强对作业人员的管理，及时发现不安全行为，以便在规定的处理时限内处理，体现惩罚作用的时效性。处理结果应以一定的方式对从业人员公布，说明处理的原由及处理的具体决定，以起到警戒作用。奖惩应按公平、公正、公开、从严的原则进行，尤其对违章违纪行为的处分，决不能姑息，要严格按规定处理。这样才能发挥奖惩的控制作用。奖惩处理的有关材料应完整归档备案。

十、其他安全管理保障

电梯企业的安全管理工作除了安全生产管理、综合安全管理、安全技术管理外，还有职业卫生管理、劳动保护管理、个人防护用品管理、消防安全管理和厂区车辆管理等方面，其各方面的内容及要求见表4－15。

表4－15 电梯企业其他安全管理保障的内容及要求

<table>
<tr><td rowspan="8">其他安全管理保障</td><td>任务、目标</td><td>针对劳动条件中各种有害因素进行防治，保证员工身心健康，实施对女员工和未成年工的特殊保护，做好个人防护用品、消防安全及厂内车辆管理，改善生产环境，全方位确保安全生产</td></tr>
<tr><td colspan="2">内容及要求</td></tr>
<tr><td>职业卫生管理</td><td>坚持预防为主、综合防治的方针，实行分类管理、综合治理的原则，对不良劳动条件进行识别、评价和控制，重点着手对粉尘、毒物和物理因素进行控制和防治，创造符合要求的生产环境，预防职业病和确保员工身心健康</td></tr>
<tr><td>劳动保护管理</td><td>根据国家相关法律、法规，从制度与管理方面入手，合理组织人和物的资源，有计划地指导、调节和监督各种劳动活动的行为，加强劳动保护，其保护重点应是女职工与未成年工</td></tr>
<tr><td>个人防护用品管理</td><td>个人防护用品属于预防职业性危害和确保安全生产的第一级预防措施，要确定个人防护用品的发放原则、范围与标准，并正确使用和维护</td></tr>
<tr><td>消防安全管理</td><td>根据国家相关消防法规的要求，结合本单位实际情况，提出完善的消防安全管理制度，约束和规范消防管理人员和员工的日常行为，避免火灾等事故的发生</td></tr>
<tr><td>厂内机动车辆管理</td><td>提出厂内机动车辆管理的基本安全要求，以及在运输过程中应遵守的规定，确保车流、人流、物流的合理性和安全性</td></tr>
</table>

1. 职业卫生管理要点

（1）建立预防机制 职业卫生管理应建立相应的预防机制。

1）一级预防。从根本上使劳动者不接触职业危害因素，如改变工艺、改进生产过程、确定容许接触量或接触水平，使生产过程达到安全标准，对人群中的易感染者定出职业禁忌。依据《中华人民共和国职业病防治法》的规定，职业禁忌是指劳动者从事特定职业或者接触特定职业危害因素时，比一般职业人群更易于遭受职业病危害和罹患职业病，可能导致原有自身疾病病情加重，或者在从事作业过程中诱发可能对他人生命健康构成危险的疾病的个人特殊生理或病理状态。

2）二级预防。在一级预防达不到要求，职业危害因素已开始损伤劳动者的健康时，应及早发现，采取补救措施，主要工作为早期检测损害与及时处理，防止其进一步发展。

3）三级预防。对已得病者作出正确诊断并及时处理，包括及时脱离接触进行治疗、防止恶化和并发症，促进职工健康。

（2）完善管理机构 建立和完善企业的安全卫生管理机构是企业职业卫生管理的基础。包括确立主要负责人在职业卫生管理方面的职责及机构的设置和人员配备，完善相关规章制度。具体包括：

1）设置或者指定职业卫生管理机构或者组织，配备专职或者兼职的职业卫生专业人员，负责本单位的职业病防治工作。

2）制定职业病防治计划和实施方案。

3）建立健全职业卫生管理制度和操作规程。

4）建立健全职业卫生档案和劳动者健康监护档案。

5）建立健全工作场所职业病危险因素监测及评价制度。

6）建立健全职业危险事故应急救援预案。

（3）评价职业卫生状况 企业通过职业卫生调查，掌握职业性危害因素产生的原因、条件和影响的程度，分析对生产环境的污染和对健康危害的程度，建立记录档案，为全面进行调查和经常性的卫生监督提供资料，提出改善职业卫生条件的措施和卫生要求。如企业生产过程的主要有毒有害作业的特点，企业职业健康状况及各种疾病的特点，一般卫生及职业卫生管理计划、总结及发展动态等。

识别和评价职业危害因素主要是通过生产环境监测、职业健康监护、实验室研究等方式，分析职业危害因素对健康的影响，并对其危险程度进行评估。

1）生产环境监测。这种监测可以掌握生产环境中危害因素的性质、强度及其在时间、空间的分布情况，估计人体的接触水平，为研究接触水平与健康状况的关系提供基础数据。检查生产环境的卫生质量，评价劳动条件是否符合卫生标准的要求；监督有关职业卫生和劳动保护法规的贯彻执行情况；鉴定预防措施效果；为控制危害因素及制定、修订职业卫生标准和工作计划提供依据。

2）职业健康监护。通过各种检查和分析，掌握职工健康状况，是早期发现健康损害征兆的一种手段。健康监护还可以为评价劳动条件及职业危害因素对健康的影响提供资料。

3）实验室研究。包括动物实验和各种体外测试，是评价职业危害因素潜在作用的手段之一，常用于测试化学物的毒性。

（4）管理作业环境 强化作业环境管理是预防职业危害因素对员工伤害的重要措施之一。作业环境管理一般包括以下内容：

1）有毒有害因素的登记管理。调查其种类、存在形式、状态等，并确定不同时期的主要预防对象。

2）作业环境的测定。根据有关规定确定监测时间、方法及监测重点，并把测定结果与国际标准进行比较，对其进行评价等。

3）对工人实际暴露情况的调查。对某些有毒作业的实际暴露情况进行调查时，最好采用个体采样器，以精确计算加权浓度。

4）督促改善作业环境。如改进落后的生产工艺、设备等是防止职业危害、预防职业病的根本途径。

5）对防护设施的检查。检查各种防护设施是否具备应有的防护效果，防护设施是否定期检修、保养等。

（5）管理劳动作业　加强劳动作业管理是预防职业危害的重要措施之一。劳动作业管理包括：

1）作业特点分析。如工时（倒班方式）、作业姿势、动作、体力劳动强度等。

2）疲劳性质和程度的调查。如疲劳自觉症状，疲劳的生理学、生化学调查。

3）作业方式的改善。对会引起健康损害的作业方式、姿势进行指导。

4）检查防护措施。检查有毒有害作业员工是否佩戴防护用品以及佩戴方法是否正确、防护效果是否可靠等。

（6）管理员工健康　企业应该按照法律的规定，对员工进行上岗前、在岗期间和离岗时的职业健康检查，并将检查结果如实告诉劳动者。员工健康管理包括：

1）急救对策和措施。如日常的准备情况及事故发生时应急措施的效果等。

2）职业病管理。包括职业病的范围、诊断和处理原则，职业病的预防和治疗等。

3）健康监护。包括三项主要措施，即作业区域定点监测、个体监测与接触、医学检查等。

（7）职业卫生培训　企业对员工进行上岗前的职业卫生培训和在岗期间的定期职业卫生培训，普及职业卫生知识，督促员工遵守职业病防治法律法规、规章和操作规程，指导员工正确使用职业病防护设备和个人使用的职业病防护用品是企业的重要职责。培训包括：

1）对员工的教育培训。包括对全体员工进行一般卫生知识教育培训、对变换工种的员工进行职业卫生教育培训和知识教育培训、对从事有特别职业危害工作的员工进行有针对的教育培训等。

2）对企业职业卫生管理者的教育培训。包括国家有关法规、政策和要求，劳动卫生知识和防护知识的教育培训。

3）对企业主要负责人的教育培训。对企业主要负责人进行职业病防治法律法规和标准的教育培训。

2. 女员工及未成年工劳动保护要点

（1）对女员工的劳动保护

1）严格贯彻执行国家的有关对女员工劳动保护的规定。

2）改善劳动条件，进行技术革新和工艺改造。如以机械化、自动化代替重体力劳动，完善防毒防尘措施，改善劳动条件，使女工也可操作，从而扩大女工的就业范围。

3）加强女工保健和“四期”保护。女工的“四期”保护和保健工作是不可忽视的，只有把女工的劳动保护的要求贯彻到保健工作中去，才能使女工的保健工作得到落实。

4）宣传普及妇女劳动卫生知识。妇女是生产建设的重要人力资源，充分认识妇女劳动保护的重要性，普及劳动卫生的基础知识，这不仅关系到妇女的健康，而且关系到下一代的健康，因此非常重要。

（2）对未成年工的劳动保护　我国《劳动法》第五十八条规定：未成年工是指年满16周岁未满18周岁的劳动者。

未成年工的特殊保护是针对未成年工处于生长发育期的特点，以及接受义务教育培训的需要，采取的特殊劳动保护措施。

1）《劳动法》第六十四条规定：不得安排未成年工从事矿山井下、有毒有害、国家规定的第四级体力劳动强度的劳动和其他禁忌从事的劳动。

2）《中华人民共和国未成年人保护法》第二十八条规定：任何组织和个人依照国家有关规定招收已满16周岁未满18周岁的未成年人时，应当在工种、劳动时间、劳动强度和保护措施等方面执行国家有关规定，不得安排其从事过重、有毒、有害的劳动或者危险作业。

《未成年工特殊保护规定》第三条还对用人单位不得安排未成年工从事的劳动范围做了具体规定。

3. 个人防护用品的管理要点

加强个人防护用品的管理，主要是确定发放的原则、范围与标准。

（1）个人防护用品的发放原则　个人防护用品应当按照劳动条件及以下原则发给员工个人使用：

1）凡属在施工生产过程中起保护员工生命安全和身体健康者则应配发，否则不发。

2）根据劳动条件，本着满足最低需要和节约使用的精神，对不同的工种、不同的条件，发放不同的劳动用品。

3）凡从事多工种生产作业的员工，按其担负的主要工种的标准发放。

4）虽然标准规定可发个人防护用品，但不需要者不发。

5）对于在不同企业中劳动条件相同的同类工种，应当发给相同的防护用品。

（2）个人防护用品的发放范围　以下为一些主要的个人防护用品的发放范围：

1）防护服的发放范围。防护服应当发给从事井下作业，有强烈辐射热或有烧灼危险的作业，有刺割、绞碾危险或因钩挂磨损衣服而可能引起外伤的作业，接触有毒、放射性物质或对皮肤有感染的作业，经常接触腐蚀性物质或特别脏的作业等工种的员工使用。

2）防寒服的发放范围。防寒服应该发给在严寒地区经常从事野外、露天作业，而通常自备的棉衣又不足以御寒的工种，以及经常从事低温作业的工种的员工使用。

3）防护手套的发放范围。防护手套应当发给在操作中易于烧手、烫手、刺手和严重磨手的工种的员工使用。胶手套应当供给用手直接接触腐蚀性液体和剧毒物质的工种的员工备用。绝缘手套应当供给从事带电作业的工种的员工使用。

4）防护用鞋的发放范围。防护用鞋应当发给在操作中足部需要防烫、防刺割、防触电、防水或防腐蚀的工种的员工使用，并按照需要分别发给高温鞋、登山鞋、绝缘鞋和防水、防腐蚀的胶鞋。

5）防护帽的发放范围。防护帽应当发给在操作中头部需要防物体打击、防发辫绞碾、防烫、防尘、防晒的工种的员工使用，按照需要可分别发给安全帽、女工帽和草帽。

6）防护用毛巾的发放范围。防护用毛巾应当发给在操作中颈部需要防烧灼和从事井下作业以及炭黑生产的工种的员工使用。

7）防护面具的发放范围。防护面具应当发给面部有烧灼危险和喷砂伤害的工种的员工使用。防毒面具，应当供给有吸入毒气危险的工种的员工使用。防尘口罩，应当发给从事粉尘作业的工种的员工使用。

8）防护眼镜的发放范围。防护眼镜应当发给对眼部有伤害危险的工种的员工使用。

9）安全带、护腿、裹脚的发放范围。安全带应当发给高空作业工种的员工使用。护腿应当发给对腿部有击伤、烧伤危险的工种的员工使用。裹腿应当发给在高空、井下、野外作业而又有刺割、钩挂危险的工种的员工使用。

10）胶制工作服和雨衣的发放范围。胶制工作服和雨衣应当发给从事湿式凿岩，水力采煤作业或经常在井下、隧道有淋水的场所作业的工种的员工使用，以及发给需要在露天、野外冒雨作业的工种的员工使用或备用。

（3）个人防护用品的发放标准　根据国家有关规定，个人防护用品的发放应遵循如下标准：

1）一个工人如果从事多样工种作业，应当按照其基本工种发给防护用品。如果发给的防护用品在从事某些工作时确实不能适用，还可以另外供给其需要的防护用品，作为备用。

2）企业中跟班生产的技术人员，应按其需要发给与工人相同的防护用品。

3）企业中的生产管理人员和安全检查人员，也应根据需要发给备用的防护用品。

4）在企业中实习的本科、大专、技校学生，所需要的防护用品应由企业供给其使用，实习期满后归还企业。

5）企业应该根据发放标准免费发给职工防护用品，并且建立健全必要的发放、保管、使用与回收等制度，同时还应教育培训员工节约使用防护用品。

（4）个人防护用品的发放管理

1）个人防护用品可由企业负责统一采购供应。

2）单位要建立健全个人防护用品的计划、保管、发放、奖惩等制度，各级领导要认真贯彻国家劳保政策、法律、规定、标准，并定期检查执行情况。

3）安全生产部门负责做好个人防护用品计划，制定、修改本单位个人防护用品发放实施细则，并会同行政、工会、财务等部门检查劳动保护政策、法律、规定与标准的执行情况，及时研究，采用能增强防护能力、物美价廉、新颖耐用的新产品。

4）个人防护用品使用期满，经所在班、组和主管领导（部门）鉴定核实后可换发。个人保管使用的物品，保管者个人负责拆洗修补。

5）支援外地的施工人员，所需要的防护用品可按当地规定标准供给或借给，用后收回。

6）员工因各种原因脱离生产岗位半年以上者，个人用品应根据实际停发或相应延长使用期；调做管理工作半年以上者应按管理人员标准发放。

7）参加各类政治、业务、技术、文化学习的职工，可按其时间长短，分别实行停发、减发和延长使用期的办法。

8）参加生产劳动或短期下班组劳动的管理人员，可发给必需的个人防护用品；长期参加班组劳动的人员，应按其所在班组工种的标准发放。

9）代培、代训、送外或实习人员的个人防护用品，由原单位负责发放或供给，用后收回。

10）员工在单位范围内调动，个人使用的物品可带至新岗位继续使用；调出单位员工的个人防护用品一律收回；员工变更工种时，应按新工种标准发放。

11）个人防护用品属施工生产所需，非生产需要不得擅自挪用。必须严格执行相关标准，任何单位和个人都不准擅自扩大发放范围，提高发放标准，违者追究责任。同时教育培训员工自觉爱护、妥善保管、正确使用个人防护用品，不得任意丢失、损坏或挪作他用。

12）对防护物品，如安全帽、安全网（带）、防毒口罩、漏电保安器、绝缘用品等，须建立健全检验制度，使用前要严格检查，发现破损、失效影响安全时，应及时修理或停止使用。

4. 消防安全管理要点

电梯企业消防安全管理是指从预防的角度出发，对易引起火灾的各种行为作出规定，以杜绝火灾隐患。主要有消防设施、设备的使用、维护、管理的规定；公共通道、楼梯、出口等部位的管理规定；房屋修缮和装修中明火的使用规定；电气设备的安全使用规定；易燃易爆物品的安全存放、储运规定等。其具体规定如下：

1）企业内所有消防设施，包括消火栓、水龙头、喷淋头、烟感器、温感器、警铃、消防电话插孔及各种消防线路等，均不准擅自移动、拆除。如有损坏及时报告管理部门。若装修时需要挪动，一定要经管理部门同意后，由管理部门指定专业工程队施工，业主及使用人均不得擅自施工。凡未经管理部门批准而擅自更换和变动消防设施者，对由此造成的事故和经济损失要负全部经济责任，甚至负相应刑事责任。

2）企业区内所有竖向井道（如管道井、电缆井、输送气热井等）和设备间的门窗，均不得随意乱开，如有需要，必须报请消防管理部门批准。

3）对于办公自动化设备要求在安全用电的原则下使用，严禁超负荷使用。

4）一旦发生火灾，立即采取有效措施（如切断事故电源、启用消火栓水龙头、关闭着火房间通向走道的门等），在及时进行扑救的同时，迅速向“119”如实报告火情及火场情况。

5）酿成火灾后，除灭火人员外，其他人员应迅速有序地转移到安全地带。

6）企业消防管理部门要定期安排火警演习，以便使所有员工能熟悉紧急状态下的逃生方法和路线。

5. 厂内机动车辆的管理要点

《工业企业厂内运输安全规程》对厂内机动车辆管理提出如下基本要点：

1）应根据工艺流程、货运量和货物性质，选用适当的运输方式，合理组织车流、人流，从设计上保证运输、装卸作业的安全。

2）厂内建筑物、设备和绿化物等不得妨碍视线，并严禁侵入铁路线和道路的安全界限。

3）制造、改造和改装的运输、装卸设备应有完整的技术文件和使用说明书。

4）应建立运输、装卸设备的技术档案，有计划地对运输、装卸设备进行维修和保养。对于新购、改造、改装和修复后的设备在投入使用前，必须经过试运，符合安全技术要求并制定出安全操作规程后，方准使用。

5）对从事运输工作的新工人和代培、实习人员，入厂时应进行安全教育培训，在指定的老工人的带领下工作3～6个月，经考试合格后，方准单独操作。

6）机车、机动车和装卸机械的驾驶人员，必须经过有关部门组织的专业技术、安全操作规程的考试，合格的发给驾驶证，方准上岗操作。

7）对从事危险品运输、装卸的工人，应每季进行一次安全教育培训，每两年进行一次训练和考试，考试合格后方准继续工作。

8）对从事运输作业的人员，应定期进行体格检查，凡患有色盲、严重近视、耳聋、精神病、高血压、心脏病等禁忌症者，不得继续担任原职工作。

9）工厂对运输、装卸作业人员应发放防护用品。作业人员在作业时应穿戴好防护用品，做好防暑、防寒工作。

10）经常运输有害货物和超限货物时，应使用专用车辆。

11）跨越铁路、道路、管道等设施时，必须事先经运输部门同意。

第五章　准则：操作人员安全作业要求

一、一般安全作业要求

因机电设备操作人员操作设备的种类不同，对其所提出的安全要求也不尽相同，但基本安全要求大致为“一必须”、“二严禁”、“三好”、“四会”、“五项纪律”，具体要求如下。

（1）一必须

必须正确穿戴好个人防护用品。该穿戴的必须穿戴，不该穿戴的就一定不要穿戴。例如机械加工时，要束紧袖口，女工发辫要挽入帽内，在机械旋转部件处工作时不能戴手套。

（2）二严禁

1）严禁运行带故障的机电设备，千万不能凑合使用。

2）严禁在机电设备运转时，用手调整、测量零件，润滑，清扫杂物等。

（3）三好

1）管理好。操作者对设备负有保管责任，未经领导同意，不许他人动用。设备的附件、仪器、仪表、工具、安全防护装置必须保持完整无损；设备运转时不得离开岗位，离开时必须停车断电；设备发生事故，立即停车断电，保护现场，及时、真实地上报事故情况。

2）用好。严格执行操作规程，精心爱护设备，不准设备带“病”运转，禁止超负荷使用设备。

3）养好。操作者必须按照保养规定，进行清洁、润滑、调整、紧固，保持设备性能良好。

（4）四会

1）会使用。操作者要熟悉设备结构、性能、传动原理、功能范围；会正确选用速度，控制电压、电流、温度、流量、流速、压力、振幅和效率，严格执行安全操作规程，操作熟练，操作动作正确、规范。

2）会维护。操作者要掌握设备的维护方法、维护要点，能准确、及时、正确地做好维修保养工作，会保持润滑油清洁，做到定时、定点、定质、定量润滑，保证油路畅通。

3）会检查。操作者必须熟知设备开动前和使用后的检查项目内容，正确进行检查操作。设备运行时，应随时观察设备各部位运转情况，通过看、听、摸、嗅的感觉和机装仪表判断设备运转状态，分析并查明产生异常的原因；会使用检查工具和检测仪器、设备；能进行规程规定的部分解体检修工作。

4）会排除故障。操作者能正确分析判断一般常见故障，并可承担排除故障工作。能按设备技术性能，掌握设备磨损情况，鉴定零部件损坏情况，按技术质量要求，进行一般零件的更换工作；排除不了的疑难故障，应该及时报检、报修。

（5）五项纪律

1）凭操作证使用设备，遵守安全操作规程。

2）保持设备整洁、润滑良好。

3）严格执行交接班制度。

4）随机附件、工具和文件齐全。

5）发生故障，立即排除或报告。

二、金属切削机床操作人员安全作业要求

金属切削机床是用切削方式将金属毛坯加工成零件的一种机器设备，称为“工作母机”，人们习惯上称为机床。根据加工方式和使用刀具的不同，金属切削机床可分为 12 大类。在电梯制造企业中常用的金属切削机床有车床、冲床、钻床、折弯机、剪板机、刨床、磨床、镗床、铣床等。现分别介绍这些机床操作人员的安全作业要求如下。

1. 车床操作人员安全作业要求

1）开机前，首先检查油路是否正常、转动部件是否灵活，夹持工件的卡盘、拨盘、鸡心夹的凸出部分最好使用防护罩，如无防护罩，操作时应注意距离，不要靠近，开机时要观察设备是否正常。

2）禁止把工具、量具、工件、材料等物件放在床身上或主轴变速箱、床面导轨上。

3）装卸卡盘及大的夹具，或上落大工件时，床面要垫木板。用吊车配合装卸工件时，夹盘未夹紧工件前不允许卸下吊具，并且首先要把吊车的全部控制电源断开，工件夹紧后车床转动前，须将吊具卸下。

4）加工偏心工件时，平衡要准确，并要紧固牢靠，刹车不要过猛；车削铸铁时，床面不要加油；加工细长工件要用顶针和刀架，用顶针顶紧工件时，尾架套筒伸出量不准大于套筒直径的 2 倍，车头前面伸出部分不准超过工件直径的 20 ~ 25 倍，车头后面伸出超过 300mm 时，必须加托架。

5）车刀要夹牢固，吃刀量不能超过设备本身的负荷，刀头伸出部分不要超过刀体高度的 1.5 倍，车刀下面垫片的形状尺寸应与刀体形状尺寸相一致，垫片应尽可能少而平。转动刀架时要把车刀退回到安全位置，防止车刀碰撞卡盘。

在机床主轴上装卸卡盘应在停机后进行，不可借用电动机的力量取下卡盘。

6）用锉刀光工件时，应右手在前，左手在后，身体离开卡盘；使用砂布磨工件时，砂布要用硬木垫着，车刀要移到安全位置，刀架面上不准放置工具和零件，划针盘要放牢。

7）加工内孔时，不准用锉刀倒角，不可用手指支持砂布打磨内刀孔，应用木棍代替，同时速度不宜太快。

8）攻螺纹或套螺纹时必须用专用工具，不准一手扶攻螺纹架（或扳手架），一手操作车床。

9）变换转速应在车床停止转动后进行，以免碰伤齿轮。开车床时，车刀要慢慢地接近工件，以免屑末飞出伤人或损坏工件。

10）除车床上装有运转中自动测量装置外，均应停车测量工件，并将刀架移到安全位置。

11）工作场地的工件存放要稳妥，不能堆放过高。铁屑应用钩子及时清除，严禁用手拉。电气部件发生故障应马上断开总电源，及时叫电工检修，不能擅自乱动。

2. 冲床操作人员安全作业要求

1）开始操作前，必须认真检查防护装置是否完好，离合器制动装置是否灵活和安全可靠。应把工作台上的一切不必要的物件清理干净，以防工件振落到脚踏开关上，造成冲床突然起动而发生事故。

2）安装模具时，应先安装上模，准确且牢固后，再装下模，并以上模校正下模，然后将滑块放到下死点，以调整连杆长度，定好上下模的工作距离。

3）冲压时，要十分注意安全，严禁在滑块运行中或者在脚、手未离开操纵开关时，进行装料或校正模具。

4）不准将坯料重叠起来冲压。

5）冲压小工件时，不得用手，应该用专用工具，最好安装自动送料装置。

6）操作者对脚踏开关的控制必须小心谨慎，装卸工件时，脚应离开脚踏开关。

7）如果工件卡在模子里，应用专用工具取出，不准用手拿，并应将脚从脚踏板上移开。

8）两人以上操作时，应定人开车，统一指挥，注意协调配合。

9）发现冲床运转异常时，应停机检查原因，如发生转动部件或紧固件松动，操纵装置失灵发生连冲，模具裂损等现象，应立即停车修理。

10）在排除故障或修理时，必须切断电源、气源，待机床完全停止运动后方可进行。

11）每冲压完一个工件，手或脚必须离开按钮或脚踏板，以防止误操作，严禁用压住按钮或脚踏板的办法，使电路常开，进行连车操作。

12）生产中坯料及工件堆放要稳妥、整齐、不超高，冲出的废料要及时处理。

13）工作结束，应将滑块停止于上死点，切断电源、气源，并认真收拾所用工具，清理现场。

3. 钻床操作人员的安全作业要求

1）开机前检查电气部件、传动机构及钻杆起落是否灵活好用，防护装置是否齐全，润滑油是否充足，钻头夹具是否灵活可靠。

2）钻孔时钻头要慢慢接近工件，用力均匀适当，钻孔快穿时，不要用力太大，以免工件转动或钻头折断伤人。精铰深孔、拔锥棒时，不可用力过猛，以免手撞在刀具上。

3）钻孔时必须根据工件的大小将工件夹紧，尤其是轻体零件必须牢固夹紧在工作台上，严禁用手握住工件。钻薄板孔时要用木板垫底，钻厚工件时钻够一定深度后应清出铁屑，并加乳化液冷却，以免折断钻头，停钻前应从工件中退出钻头。

4）使用自动走刀时，要选好进给速度，调整好行程限位块。手动进刀时，逐渐增加压力或逐渐减小压力，以免用力过猛造成事故。

5）使用摇臂钻时，横臂回转范围内不准站人，不准有障碍物，工作时横臂必须夹紧。

6）严禁戴手套操作，钻出的铁屑不能用手拿、用口吹，须用刷子及其他工具清扫。横臂及工作台上不准堆放物件。

7）磨钻头时一定要戴眼镜，钻头、钻夹脱落时，必须停机后才能重新安装，开机后不准用手摸钻头、对样板、量尺寸等。

8）工作结束时，要将横臂降到最低位置，主轴箱靠近主轴，并且要夹紧。

9）工作场地要清洁整齐，工件不能堆放在工作台上，以防掉落伤人。

4. 剪板机操作人员安全作业要求

1）工作前要认真检查剪板机各部位是否正常，电气部件是否完好，润滑系统是否畅通。

2）要根据剪板厚度，初步调整剪板机剪刀的间隙，用同种废料试剪，检查切边质量，如毛刺太大，则再精调间隙，接着检查板条宽度，准确调整好锁紧定尺，方可开机正式进行剪切生产。

3）不要独自一人操作剪板机，应由 2 ~ 3 人协调进行送料、控制尺寸精度及取料等，并确定由一人统一指挥。

4）应保持刀片刃口的锋利，如发现刃口变钝和有缺口时，要及时磨刃或换刀。

5）刀片不使用时应涂上油，以免锈蚀影响刀口的锋利。

6）不准同时剪切不同规格、不同材质的板料，不得叠料剪切，剪切的板料要求表面平整，不准剪切无法压紧的窄板料。

7）剪板机的皮带飞轮、齿轮以及传动轴等运动部位必须安装防护罩。

8）送料操作人员的手指与剪刀口应保持最少200mm的距离，并且离开压紧装置。

9）运转时如发现不正常情况，应立即停车检查，排除故障。

10）作业后产生的废料有棱有角，操作者应将其及时清除，防止被刺伤、割伤。

5. 折弯机操作人员安全作业要求

1）操作人员必须熟悉和掌握设备的结构、性能和调整方法。

2）在多人操作时，必须在确认没有任何不安全因素后，方可踏下脚踏开关（或手动开关）。

3）折厚板时，最好在折弯机的中间进行，即尽量不要偏载。

4）上下模间的间隙必须调整均匀。

5）工作时，下模和工作台上不准放置任何工具，工件表面不得有焊疤或不平整的缺陷。

6）电气绝缘和接地必须安全可靠。

7）要保持折弯机的清洁。

8）使用中应随时注意折弯机各部分的情况，如已发生不正常情况应立即停机检查。

6. 刨床操作人员安全作业要求

1）开机前必须认真检查机床电气部件与转动机构是否良好、可靠，油路是否畅通，润滑油是否加足。

2）工作时的操作位置要正确，不得站在工作台前面，防止切屑及工件落下伤人。

3）工件、刀具及夹具必须装夹牢固，刀杆及刀头尽量缩短使用。以防工件“走动”、滑出，损坏或折断刀具，甚至造成设备和人身伤害事故。

4）刨床安全保护装置均应保持完好无缺、灵敏可靠，不得随意拆下，并要随时检查，按规定时间保养，保持机床运转良好。

5）机床运行前，应检查和清理遗留在机床工件台面上的物品，机床上不得随意放置工具或其他物品，以免机床开动后意外伤人。检查所有手柄和开关及控制旋钮是否处于正确位置。暂时不使用的其他部分，应停留在适当位置，并使其操纵或控制系统处于空挡位置。

6）机床运转时，禁止装卸工件、调整刀具、测量检查工件和清除切屑。机床运行时，操作者不得离开工作岗位。观测切削情况时，头部和手在任何情况下不能靠近刀的行程，以免碰伤。

7）不准用手去摸工件表面，不得用手清除切屑，以免伤人及切屑飞入眼内，切屑要用专用工具清扫，并应在停车后进行。

8）牛头刨床工作台或龙门刨床刀架做快速移动时，应将手柄取下或脱开离合器，以免手柄快速转动造成损坏或飞出伤人。

9）装卸大型工件时，应尽量用起重设备，工件起吊后，不得站在工件的下面，以免发生意外事故。工件卸下后，要将工件放在合适位置，且要放置平稳。

10）工作结束后，应关闭机床电气系统和切断电源。所有操作手柄和控制旋钮都扳到空挡位置，然后再做清理工作，并润滑机床。

7. 磨床操作人员安全作业要求

1）操作内圆磨、外圆磨、平面磨、工具磨、曲轴磨等都必须遵守金属切削机床的安全操作规程。工作时要穿工作服，戴工作帽。

2）加工前，应根据工件的材料、硬度、精磨、粗磨等情况，合理选择适用的砂轮。

3）更换砂轮时，要用声响检查法检查砂轮是否有裂纹，并校核砂轮的圆周速度是否合适，切不可超过砂轮的允许速度运转。必须正确安装和紧固砂轮，砂轮装完后，要按规定尺寸安装防护罩。安装砂轮时，须经平衡试验，开空车试运行5～10min，确认无误后方可使用。

4）磨削时，先将纵向挡铁调整紧固好，使其往复灵活。人不准站在正面，应站在砂轮的侧面。

5）进给时，不准将砂轮一下就接触工件，要留有空隙，缓慢地进给，以防砂轮突然受力后爆裂而发生事故。

6）砂轮未退离工件时，不得中途停止运转。装卸工件、测量精度时均应停车，将砂轮退到安全位置以防磨伤手。

7）用金刚钻修整砂轮时，要用固定的托架，湿磨的机床要用冷却液冲，干磨的机床要开启吸尘器。

8）干磨的工件，不准突然转为湿磨，防止砂轮碎裂。湿磨工作冷却液中断时，要立即停磨，工作完毕应将砂轮空转5min，将砂轮上的切削液甩掉。

9）平面磨床一次磨多件时，加工件要靠紧垫妥，防止工件飞出或砂轮爆裂伤人。

10）外圆磨用两顶针加工的工件，应注意顶针是否良好；用卡盘加工的工件要夹紧。

11）内圆磨床磨削内孔时，用塞规或仪表测量，将砂轮退到安全位置上，待砂轮停转后方能进行。

12）工具磨床在磨削各种刀具、花键、键槽等有断续表面的工件时，不能使用自动进给，进刀量不宜过大。

13）万能磨床应注意油压系统的压力，不得低于规定值。液压缸内有空气时，可移动工作台至两端，排除空气，以防液压系统失灵造成事故。

14）不是专门用的端面砂轮，不准磨削较宽的平面，防止其碎裂伤人。

15）经常调换冷却液，防止污染环境。

8. 镗床操作人员安全作业要求

1）工作前应认真检查夹具及锁紧装置是否完好正常。

2）调整镗床时应注意：升降镗床主轴箱之前，要先松开立柱上的夹紧装置，否则会使镗杆弯曲及夹紧装置损坏而造成伤害事故，装镗杆前应仔细检查主轴孔和镗杆是否有损伤，是否清洁，安装时不要用锤子和其他工具敲击镗杆，迫使镗杆穿过尾座支架。

3）工件夹紧要牢固，工作中不应松动。

4）工作开始时，应用手动给进，当刀具接近加工部位时，再机动进给。

5）工具在工作位置时不要停车或开车，待其离开工作位置后，再开车或停车。

6）机床运转时，切勿将手伸过工作台；在检验工件时，如手有碰刀具的危险，应在检查之前将刀具退到安全位置。

7）大型镗床应设有梯子或台阶，以便于操作和观察。梯子坡度不应大于50°，并设有防滑脚踏板。

9. 铣床操作人员安全作业要求

1）操作前应检查铣床各部件、电气部分及安全装置是否安全可靠，检查各个手柄是否处于正常位置。并按规定对各部位加注润滑油，然后开动机床，观察机床各部位有无异常现象。

2）工作时，先开动主轴，然后做进给运动，在铣刀还没有完全离开工件时不应先停止主轴旋转。机床运转时，不得调整、测量工件和改变润滑方式，以防手触及刀具碰伤手指。

3）在作一个方向进给时，最好把另两个移动方位的紧固手柄销固定以减少工作时的振动，有利于提高加工精度。

4）在机床快速进给时，要把手轮离合器打开，以防手轮快速旋转伤人。在铣刀旋转未完全停止前，不能用手去制动。

5）装卸工件时，应将工作台退到安全位置；使用扳手紧固工件时，用力方向应避开铣刀，以防扳手打滑时撞到刀具或夹具；将沉重的夹具搬上工作台时一定要轻放，不许撞击，并且不要在台面上作任何敲击动作。

6）把工件、夹具和附件安装在工作台上时，必须清除和擦净台面以及夹具附件安装面上的铁屑和污物，以免影响加工精度，同时应经常换位置，以使丝杠和导轨磨损均匀。

7）铣削不规整的工件时，工件重点加工部位应放在工作台中间位置；加工较重的工件时，要装上支承架。

8）主轴工作台和升降台在移动以前，应先松开有关的紧固螺钉，清除周围杂物，擦净导轨并涂上润滑油。

9）加工钢件后再加工铸件时，必须将冷却液擦净；加工铸件后，改为加工钢件时，必须将铁屑和粉末擦净，并涂上润滑油。

10）铣削中不要用手清除切屑，也不要用嘴吹，以防切屑损伤皮肤和眼睛。

11）装拆铣刀时要用专用衬垫垫好，不要用手直接握住铣刀。在卧式铣床上安装铣刀时，应尽量使它靠近主轴，以减少心轴和横梁变形。

12）应注意选择合适的铣削用量。当铣削中的刀具进给运动未脱开时，不准停车。当保险机构脱开时，则说明机床已过载，应立即减少切削用量或更换锋利的刀具。

13）工作完毕后，应清洗机床、加油、检查手柄位置，以及对机床夹具、刀具等作一般性检查，发现问题要及时调整或修理，不能自行解决时应向上级反映情况。

三、特种设备操作人员安全作业要求

1. 一般安全作业要求

1）特种设备只能由经过专业培训、考核合格并取得特种作业操作证的专业人员使用。

2）操作人员上岗作业时必须正确穿戴其工种所要求的防护用品。

3）作业前，应认真检查机械、仪表、工具等，特别要对有关的安全装置进行重点检查，确认完好后方可使用，上岗操作。

4）严格执行安全操作规程，杜绝违章操作行为。

5）电气设备和线路必须绝缘良好，电线不得与金属物绑在一起，各种电动机具应按规定接地接零，并设置单一开关，临时停电或停工休息时，必须拉闸上锁。

6）机械和电气设备不得带“病”和超负荷作业，发现不正常情况应停机检查，不得在运行中修理。

7）电气、仪表和设备试运转，应严格按照单项安全技术措施进行，运转时不准清洗和修理，严禁将头、手伸入机械行程范围内。

8）起重机不得在架空输电线下面作业，通过架空输电线路时应将起重臂落下。在架空输电线路一侧作业时，不论在何种情况下，起重臂、钢丝绳或重物等与架空输电线路的最近距离不应小于有关规定（具体规定见“起重机械操作人员安全作业要求”）。

9）行灯电压不得超过36V，在潮湿场所或金属容器内工作时，行灯电压不得超过12V。

10）受压容器应有安全阀、压力表，并避免曝晒、碰撞；氧气瓶严防沾染油脂；乙炔发生气、液化石油气，应有防止回火的安全装置。

11）X射线或其他射线检测作业区，非操作人员，不准进入。

12）从事腐蚀、粉尘、放射性和有毒作业，要有防护措施，并定期为操作人员进行体检。

13）设备发生故障，必须由专人进行维修，其他人不得擅自修理。

14）要定期对设备进行三级保养维护，使设备始终处于良好的状态。

15）作业完毕，应切断电源、清理现场。

16）认真执行设备交接班制度，做好交班记录。

2. 起重机械操作人员安全作业要求

（1）起重司机安全作业要求

1）在接班和开始作业前，起重司机应对制动器、吊钩、钢丝绳和安全装置进行检查，发现性能不正常时，应在操作前排除。

2）开车前，必须鸣铃或报警，向在地面上工作的、可能被起重机及其载荷撞击的人员发出警告。

3）操作应按指挥信号进行。对紧急停车信号，不论由何人发出，都应立即执行。

4）工作中突然断电时，应将所有的控制器手柄扳回零位。在重新工作前，应检查起重机的工作是否正常。

5）当起重机上或周围确认无人时，才可以闭合主电源。当电源电路装置上加锁或有标牌时，应由有关人员除掉后才可闭合主电源。

6）闭合主电源前，应使所有的控制器手柄处于零位。

7）桥式起重机与在轨道上工作的任何人的距离不得小于7m。

8）流动式起重机，工作前应按说明书的要求平整停机场地，牢固可靠地打好支腿。

9）对无反接制动性能的起重机，除特殊紧急情况外，不得利用打反车的方法制动。

10）吊运时载荷不得在人员上空通过。吊臂下不得有人站立、走动。当接近人时，亦应给予断续铃声或报警。

11）载荷必须垂直起吊，不得使用起重机拖拉载荷。

12）起重机工作时，臂架、吊具、辅具、钢丝绳、缆风绳及重物等，与输电线的最小距离不应小于表 5－1 所示的规定。

表 5－1 与输电线的最小距离

输电线路电压 U/kV	<1	1～35	≥60
最小距离/m	1.5	3	0.01（U－50）+3

13）无下降极限位置限制器的起重机，吊钩在最低工作位置时，卷筒上的钢丝绳必须保持设计规定的安全圈数。

14）无人照看起重机时，必须切断其电源。

15）起吊结束后，不应将载荷悬挂在吊钩上，应将载荷放在地面上。

（2）起吊司索工安全作业要求

1）准备吊具。司索工对吊物的重量和重心要估计准确。如是目测估计，应增大 20% 的超负荷来选择吊具。每次吊装前都要对吊具进行认真检查，决不能使用有缺陷或报废的吊具。

2）捆绑吊物。吊物要与周围的管线等物体断开，表面和内腔不能有杂物，吊物中可移动的零件要锁紧或捆牢；捆绑部位的毛刺要打磨平滑，尖棱利角应加垫物；表面光滑的吊物应采取措施防止起吊后吊索滑动或吊物滑脱；吊大而重的物体应加诱导绳，绳的长度应使吊索工既能控制吊物，又可避开吊物碰撞。

3）挂钩起钩。吊钩要位于被吊物重心的正上方，不准斜拉吊钩硬挂；挂钩要坚持“五不准”，即起重或吊物重量不明不挂，重心位置不清楚不挂，尖棱利角和易滑工件无衬垫物不挂，吊具及配套工具不合理或报废不挂，包装松散捆绑不良不挂；当多人吊挂同一吊物时，应由一人负责指挥，确保起吊人员和吊物的安全；起钩时，确保所有人员都站在安全位置后方可起钩。

4）摘钩卸载。吊物运输到位前，应选择好安放位置，卸载时不要挤压电气线路和其他管线，不要阻塞通道；针对不同吊物种类，应采取不同措施加以支承、垫稳、归类摆放，不得混码、互相挤压、悬空摆放；摘钩时应等所有吊索完全松弛，确认所有绳索从钩上卸下后，再摘钩、卸载。

（3）起重吊装“十不吊”安全作业规定

1）超载或被吊物重量不清不准吊。

2）指挥信号不明确不准吊。

3）捆绑、吊挂不牢或不平衡可能引起吊物滑动不准吊。

4）被吊物上有人或浮置物不准吊。

5）结构或零部件有影响安全工作的缺陷或损伤不准吊。

6）遇有拉力不清的埋置物件不准吊。

7）工作场地光线暗淡，无法看清场地、被吊物情况和指挥信号时不准吊。

8）重物棱角处与捆绑钢丝绳之间未加垫不准吊。

9）歪拉斜吊重物不准吊。

10）易燃易爆物品不准吊。

3. 电工安全作业要求

（1）一般安全作业要求

1）电工属特殊工种，必须经专门培训考核合格，取得特种作业人员操作证后，方可持证上岗。

2）应严格按规定穿戴好劳动防护用品，正确使用符合安全要求的电气工具。

3）工作前，检查工具、仪器是否合格可靠，电气工具、电气设备外壳必须可靠接地。

4）任何电气设备未经验电，一律视为有电，必须使用绝缘良好、灵敏可靠的工具和测量仪表，禁止使用失灵或未经检验的测量用具。

5）避免带电作业，确实需要带电检修时，应注意防护，并有专人监管。

6）熔断器的熔体更换时，严禁用不符合原规格的熔体或铁丝、铜丝、铁钉等金属体代用。

7）各种高温设备不应靠近电源线。

8）使用移动电气工具时，必须配备漏电保护器。

9）检修前，应首先切断电源，挂上警示牌，验明无电后再工作。

10）各种电气设备必须按设备要求配置接地，杜绝疏漏，接地处必须保证可靠的电气连接。

11）电气设备、配电箱、开关柜、变压器附近，不准堆放易燃易爆物品和其他杂物。

12）检修动力干线和变配电设备，必须严格按照有关规程执行。

13）检修用移动照明灯，其电压一律不得超过36V，潮湿场所应使用12V安全灯。

14）不得将导线直接插入插座内取电，拔出插头时不得采用直接拉扯电源线的方法。

15）遇到电气设备火灾时，要立即切断电源，再用1211灭火器、二氧化碳灭火器灭火，严禁用水和泡沫灭火器灭火。

16）电气设备或线路拆除后，对可能带电的线头必须及时用绝缘胶布包好。

17）检修结束时，及时清理工具和仪器，检验无误后方可移交使用。

18）有人触电时，应立即切断电源，进行急救。

19）非电工不准拆装、修理电气设备和工具。

（2）工地电工安全作业要求

1）工地电工必须严格遵守电工一般安全要求。

2）动力配电柜、配电箱等及各种电气设备附近不准放易燃物。

3）在进入机房检修时必须先切断电源，并悬挂“有人工作，切勿合闸”的警告牌。

4）施工中使用的临时照明、灯具应有用绝缘材料制成的灯罩，避免灯泡接触物体。

5）施工中如需使用临时线操纵电梯时必须做到：a. 所使用的按钮装置应有急停开关和电源开关；b. 所设置的临时控制线应保持完好，不允许有接头，不能承受拉力且具有足够的长度；c. 在使用临时线的过程中，应注意盘放整齐，不得用铁钉或铁丝扎紧固定，并避免触及锐利物体的边缘，以防损伤临时线；d. 使用临时线操纵轿厢上、下运行时，必须谨慎、注意安全。

4. 焊工安全作业要求

（1）电焊工安全作业要求

1）金属焊接作业人员，必须经专业技术培训，考试合格，持《特种作业人员操作证》方准上岗独立操作。非电焊工严禁进行电焊作业。

2）操作时应穿电焊工作服、绝缘鞋和戴电焊手套、防护面罩等安全防护用品，高处作业时系安全带。

3）电焊作业现场周围10m范围内不得堆放易燃易爆物品。

4）雨、雪、风力六级以上（含六级）天气不得露天作业。雨、雪后在清除积水、积雪后方可作业。

5）操作前应首先检查焊机和工具，如焊钳和焊接电缆的绝缘、焊机外壳保护接地和焊机的各接线点等，确认安全合格后方可作业。

6）严禁在易燃易爆气体或液体扩散区域内、运行中的压力管道和装有易燃易爆物品的容器以及受力构件上焊接和切割。

7）焊接曾储存易燃、易爆物品的容器时，应根据物质种类进行多次置换清洗，并打开所有孔口，经检测确认安全后方可施焊。

8）在密封容器内施焊时，应采取通风措施。间歇作业时焊工到外面休息，容器内的照明电压不得超过12V。焊工身体应用绝缘材料与焊件隔离。焊接时必须设专人监护，监护人应熟知焊接操作规程和抢救方法。

9）焊接铜、铝、铅、锌合金时，必须穿戴防护用品，在通风良好的地方作业。在存在有害物质的场所进行焊接时，应采取防毒措施，必要时进行强制通风。

10）施焊地点潮湿或焊工身体出汗后致使衣服潮湿时，严禁靠在带电钢板或工件上，焊工应在干燥的绝缘板或胶垫上作业，配合人员应穿绝缘鞋或站在绝缘板上。

11）焊接过程中临时接地线头严禁浮搭，必须固定、压紧，并用胶布包严。

12）操作时遇下列情况必须切断电源：a. 改变电焊机接头时；b. 更换焊件需要改接二次回路时；c. 转移工作地点搬动焊机时；d. 焊机发生故障需进行检修时；e. 更换保险装置时；f. 工作完毕或临时离开操作现场时。

（2）气焊工安全作业要求

1）点燃焊（割）炬时，应先开乙炔阀点火，然后开氧气阀调整火焰；关闭时应先关闭乙炔阀，再关氧气阀。

2）点火时，焊炬口不得对着人；不得将正在燃烧的焊炬放在工件或地面上；焊炬带有乙炔气和氧气时，不得放在金属容器内。

3）作业中发现气路或气阀漏气时，必须立即停止作业。

4）作业中若氧气管着火应立即关闭氧气阀门，不得折弯胶管断气；若乙炔管着火，应先关熄炬火，可用弯折前面一段软管的办法止火。

5）高处作业时，氧气瓶、乙炔瓶、液化气瓶不得放在作业区域正下方，应与作业点正下方保持10m以上的距离，且必须清除作业区域下方的易燃物。

6）不得将橡胶软管背在背上操作。

7）作业后应卸下减压器，拧上气瓶安全帽，将软管盘起捆好，挂在室内干燥处。检查操作场地，确认无着火危险后方可离开。

8）冬天露天作业时，如减压阀软管和流量计冻结，应使用热水（热水袋）、蒸汽或暖气设备化冻，严禁用火烘烤。

（3）气电焊“十不烧”安全作业规定

1）焊工必须持证上岗，无特种作业安全操作证的人员，不准进行焊、割作业。

2）凡在重点部门和重要场所进行焊、割作业时，未经办理动火审批手续，不准进行焊、割作业。

3）焊工不了解焊、割现场周围情况，不得进行焊、割作业。

4）焊工不了解焊件内部是否安全时，不得进行焊、割作业。

5）各种装过可燃性气体、易燃液体和有毒物质的容器，未经彻底清洗、排除危险性之前，不准进行焊、割作业。

6）用可燃材料作保湿层、冷却层、隔热设备的部位，或火星能飞溅到的地方，在未采取切实可靠的安全措施之前，不准实施焊、割作业。

7）有压力或密闭的管道、容器，不准实施焊、割作业。

8）焊、割部位附近有易燃易爆物品，在未做清理或未采取有效的安全措施之前，不准进行焊、割作业。

9）附近有与明火作业相抵触的工种在作业时，不准进行焊、割作业。

10）与外单位相连的部位，在没有弄清有无险情，或明知存在危险而未采取有效的措施之前，不准进行焊、割作业。

5. 厂内机动车操作人员安全作业要求

1）厂内机动车和装卸机械的操作人员，必须经过有关部门组织的专业技术、安全操作规程的考核，合格的发给特种作业人员上岗证，方可从事相关工作。

2）从事危险的运输、装卸的人员，应每季进行一次安全教育，每两年进行一次训练和考核，合格后，方可继续工作。

3）从事运输的作业人员，应定期进行体格检查，凡患有色盲、高血压、心脏病、严重近视、耳聋、精神病等疾病者，不得继续担任原职工作。

4）厂区内行车速度不得超过15km/h，天气恶劣时不得超过10km/h，倒车及出入厂内、厂房时不得超过5km/h，不得在平行铁路装卸线钢轨外侧2m以内行驶。

5）装卸货物时，汽车与堆放货物之间的距离，一般不得小于1m，与滚动物品的距离不得小于2m。

6）多辆车同时进行装卸时，前后车的间距应不小于2m，横向两车栏板的间距不小于1.5m，车身后栏板与建筑物的间距不得小于0.5m。

7）装卸超过规定的不可拆解货物时，必须经过有关交通安全管理部门批准，且应派专人押车，按指定路线、时间和要求行驶。

8）随车人员应坐在安全可靠的指定部位，严禁坐在车厢侧板上或驾驶室顶上，也不得站在踏板上，手脚不得伸出车厢外，严禁扒车和跳车。

6. 司炉工安全作业要求

1）司炉工应没有妨碍从事司炉作业的疾病和生理缺陷。

2）经专业培训考核合格后，方可持证上岗作业。

3）应认真执行国家有关锅炉安全管理的规定。

4）严格遵守锅炉运行安全管理规章制度，精心操作，确保安全运行。

5）发现锅炉有异常现象和危及安全的现象时，应采取紧急措施，并及时报告有关负责人。

6）应熟悉所操作的锅炉的性能、结构、技术要求，不断提高操作管理水平。

四、其他重要工种操作人员安全作业要求

1. 铸造工安全作业要求

1）工作前必须穿戴好劳动防护用品。

2）造型工所用的型砂、砂箱要按指定地点堆放整齐，保持通道畅通。

3）熔炼工吊运铁液包要平稳，浇注时铁液要对准浇冒口。浇大铸件时，砂

箱接缝要用红砂嵌紧，防止金属熔液喷射。

4）清理铸件时，要仔细检查工具。注意人站立的位置，防止毛刺飞溅伤人。

5）修补炉子时，要及时清除炉内的残渣或壁砖。

6）吊运物件时，要仔细检查起重吊具，合理使用横担，钩子要扎紧，物件要吊得平衡，防止脱钩。

7）容易发生煤气中毒的作业场所，要装置通风设备，保持良好通风。

2. 锻造工安全作业要求

1）工作前，必须穿戴好工作服、隔热工作鞋、安全帽和护目镜，以防止烫伤。

2）工作时，必须集中精神，听从统一指挥，动作要协调，钳箍要套紧，掌钳师傅的手势和口令必须正确。

3）烧红的锻件和锻打好的工件，不准随意乱丢，远距离搬运烧红坯料时，要保证周围行人的安全。

4）检查工夹模具有否裂缝，确认完好才能使用。

5）严禁将钳子、斩刀的柄对准腹部。锻件、锤子、冲头的毛刺应及时清除，防止锤击后飞出伤人。

6）锻工必须了解冷锤构造、性能及安全操作方法，注意铁砧上的工件及工具的变化情况。

7）必须坚持“五不打”，即锻件未放稳不打、钳子未夹稳不打、锻件温度过低不打、工夹模具不预热不打、超负荷不打。

3. 热处理工安全作业要求

1）工作前，操作人员必须按规定穿戴好防护用品。

2）工件入炉及淬油、淬盐液时，作业人员的站立位置要适当，防止油、盐液瀑溅烫伤。

3）装炉、出炉时要将工件堆放平稳，多人共同装、出炉时要有专人指挥，互相配合，防止撞伤、烫伤。

4）配制酸液时，要将酸慢慢加入水中，切不可颠倒程序。

5）高、中频加热设备，四周应设防护屏蔽及绝缘垫，保持清洁干燥，通风良好，装、出炉时必须切断电源。

6）油槽盛油不能过满，淬火时，应将工件全部浸没，不能露出油面，以免发生火灾。油槽起火，应用二氧化碳或泡沫灭火器灭火。

4. 钳工安全作业要求

（1）一般安全作业要求

1）操作前按规定穿戴好防护用品，女工将头发挽入工作帽内。

2）所有工具必须完好、可靠才能开始工作，禁止使用有裂纹、带毛刺、手柄松动等不符合安全要求的工具，并严格遵守常用工具安全操作规程。

3）开动设备前应先检查防护装置、紧固螺钉及电气状况，完成空载试车并检验合格后，方可投入工作。操作时，应严格遵守所有设备的安全操作规程。

4）设备上的电气线路和器械以及电动工具，发生故障时应交电工修理，自己不得拆卸，不准自己安装临时电源。

5）工作中应注意周围人员及自身的安全，防止因工具坠落、工具及铁屑飞溅造成伤害，两人以上工作时，要协调、配合好。

6）清除铁屑时，必须使用工具，禁止手拉嘴吹。

7）工作完工或因故离开工作岗位时，必须将电气设备的电源断开，工作完必须清理工作场地。

（2）机修钳工安全作业要求

1）开始工作前，先检查电气设备电源是否断开，如果未断开禁止工作，必要时在电源处挂警示牌，并上锁。

2）拆装侧面机件，如齿轮箱箱盖时，应先拆下部螺钉，装配时应先紧上部螺钉；重心不平衡的机件拆卸时应先拆离重心远的螺钉，装配时应先装离重心近的螺钉；装拆弹簧时应注意防止弹簧弹出伤人。

3）拆卸下的零件应尽量放在一起，并按规定存放，不要乱扔乱丢。

4）用人力移动机件时，人员要合理配备，工作时要动作一致，稳起稳放，稳步前进。

5）铲刮设备导轨、床面时，工作部件要垫平稳；用千斤顶时，下面要垫枕木以保证安全。

6）刮研作业时被刮工件必须稳固，不得移动，两人以上同时操作时，必须注意刮刀方向，不准对人操作。

7）工作地点要保持清洁，油液污水不得乱倒在地上，以防滑倒伤人。

8）清洗零部件时，严格禁止吸烟、打火或进行其他明火作业，不准用汽油清洗零件。擦洗设备或地面时，废油要倒在指定容器内，定期回收，不准倒入下水道。

9）机器设备上的防护设备未装好前不准试车、不准移交生产使用。

10）遵守一般钳工安全操作规程。

5. 木工机械操作人员安全作业要求

1）木工机械起动前，操作者应仔细检查主电源接线是否正确，各电气部件的绝缘是否良好，机身是否有可靠的保护接地或保护接零；检查刀轴是否固定，各防护罩、制动装置是否处于完好状态。

2）操作时不应戴手套，在有可能被木材伤脚的作业点，操作者应穿防砸工作鞋。

3）使用机械前必须空车试转，转速正常后，再经 2～3min 空运转，确认无异常后，再送料进行工作。

4）机械运转过程中，禁止进行调整、机修或清扫工作。

5）加工旧料前，必须将铁钉、灰垢、冰雪等清理干净再上机加工。

6）操作时必须注意木料情况，遇到硬木、节疤要适当减慢推料、进料速度，严禁将手指按在节疤上操作，以防木料跳动或弹起伤人。

7）在刨削厚度小于 76mm 或长度不足 450mm 的薄、短木料或工件时，应采用推（压）料器等工具送料，以免人手接触刀轴而受伤，操作者应站在木料的一侧，防止木料滑出伤人。

8）加工 2m 以上较长木料时，应由两人操作，一人在上手送料，一人在下手接料，接料者必须在木料越过危险区后方准接料，接料时不准猛拉。

9）木料加工产生的大量尘屑应及时清理，以免堵塞工作地点的通道。各类木工机械都应装有吸尘装置，并应避免吸尘装置内的尘屑堆积在电动机外壳上。

10）操作地点采用混合照明，光照度应不低于 300lx，其中一般光照度不低于 30lx。

11）每台木工机械都应有独立的电源开关，并在操作方便的部位装设紧急停车和重新起动开关。刀轴应与电气有联锁，避免在拆装或更换刀具时误触电钮，使刀具突然施转而造成伤害。

12）工作完毕、临时停止工作或进行维护检修时，都应切断电源，以免机床意外起动。

五、电梯安装人员安全作业要求

1. 一般安全作业要求

1）安装人员进入现场须着工作服、戴安全帽、穿绝缘鞋、系安全带。

2）施工前须检查施工用的脚手架是否牢固，如有问题须在加固后使用。

3）检查现场作业用的电气设备、用具是否符合要求，不符合的须更换后再使用。

4）进行立体作业时，须在架设安全防护网后进行施工。

5）施工人员不得酒后进场施工作业，违者应视情节轻重给予处罚。

6）施工前必须清除汽油、化纤、塑料等易燃、易爆物品，要避开电线，工作完毕后要严格检查现场，杜绝一切火源。进行气、电焊作业时必须做好防火、灭火的各项准备工作，氧气瓶与乙炔气瓶应距离 3m 以上。

7）使用起重设备时必须认真检查葫芦的关键部分，如链条、栓子等是否正常，钢丝绳是否断丝、刺手，绳头夹、勾子是否牢固，起重葫芦的标称与被起重工件是否相符。

8）使用电气设备、用具前须先检查低压变压器、移动电动工具金属外壳是否有效接地、是否漏电，外壳及插头是否破损，经检验完好后方可使用；移动行灯一定要使用不高于36V的安全电源；插头、插座必须配齐、完好；不得将导线直接插入插座；不得冒雨或在潮湿处使用电动工具，电烙铁应放在不易燃烧的物体上；严禁单独带电作业，在必须带电操作时，必须指派熟练的电工担任，并设专人监护，防止触电。

9）在进行安装导轨、改装和拆卸导轨等大型工程时必须搭建脚手架。脚手架搭建完工后应经工地负责人检查验收，确认安全牢固后才能使用。而且必须有可靠的安全起吊设备，以防导轨坠落。

10）井道应有足够的照明，须用36V以下的低压安全灯，严禁使用220V的高压照明。

11）安装电梯时，井道每层门口和维修电梯已经拆除厅门的井道口，应临时加装防护装置，并须挂有“井道施工，注意安全”的明显警告标志，防止误入发生事故。

12）非电工、电焊工、起重工、电工调试人员，不准擅自操作电气、起重、焊接等设备，学习人员必须在师傅的带领指导下，才能操作。

13）进入电梯底坑工作时，须先关闭轿厢停止开关（如无开关，则要拉开轿厢门）将电梯置于检修状态，必要时应切断总电源并在门口设置障碍和明显的警告标志，底坑内作业人员须戴安全帽。

14）组装电梯轿厢时，轿厢底须用槽钢、工字钢或木方垫支牢靠。修理轿厢时，如需吊起轿厢，必须用钢丝绳把轿厢捆扎牢固，钢丝绳接头不得将三根钢丝绳扎在一起，绳夹至少要用三只以上U形夹头夹牢，起重葫芦的起吊吨位标称必须大于轿厢重量，严禁超负荷使用。

15）在轿厢顶上安装、试车、检修、保养时要注意四周情况，关闭风扇，不得将头、手和脚伸出轿厢边缘，要站在安全位置，做好电梯突然起动的准备。要和电梯驾驶人员联系，未通知开车，严禁起动。

16）电梯安装完毕，必须清除一切不需要的物件，并对电梯部件进行校正、清扫、加油。判明机械安全装置、电气装置、上下限位开关、极限开关、轿厢、厅门安全联锁开关、轿厢顶停止安全开关等是否正确动作，试车时有专人指挥，机房内、轿厢内应各有一人，试车人员要保持联系。应先慢车作短程上、下运行，运行时要随时注意周围的情况有无异常，再作长程至全程运行，证明各安全环节可靠正常后，才能开始逐渐加速直到最高速度，试车中发现的问题要逐项记录并整改。

17）在电梯调试、维修过程中，严禁玩弄安全装置和电气开关，离开时必须随手关门，未经交付验收的电梯，一切与安装无关的人员，不得随意起动电梯。

2. 电梯安装电工安全作业要求

（1）设备安装

1）安装高压油开关、自动空气开关等有返回弹簧的开关设备时，应将开关置于断开位置。

2）搬运配电柜时，应有专人指挥，步调一致。多台配电盘（箱）并列安装时，手指不得放在两盘（箱）的接合部位，不得触摸连接螺孔及螺钉。

3）露天使用的电气设备，应有良好的防雨性能或有可靠的防雨设施。配电箱必须牢固、完整、严密。使用中的配电箱内禁止放置杂物。

4）剔槽、打洞时，必须戴防护眼镜，锤子柄不得松动，錾子不得有卷边、裂纹。打墙体、楼板的透眼时，墙体后面、楼板下面不得有人靠近。

（2）内线安装

1）安装照明线路时，不得直接在板条天棚或隔声板上行走或堆放材料。因作业需要行走时，必须在大楞上铺设脚手板。天棚内照明应采用36V低压电源。

2）在脚手架上作业时，脚手板必须满铺，不得有空隙和探头板。使用的料具应放入工具袋中随身携带，不得投掷。

3）在平台、楼板上用人力弯管器折弯时，应背向楼心，操作时面部要避开。大管径管子灌沙折管时必须将沙子用火烘干后再灌入。用机械敲打时，下面不得站人，人工敲打时上下要错开，管子加热时，管口前不得有人停留。

4）管子穿带线时，不得对着管口呼喊、吹气，防止带线弹出。两人穿线时，应协调配合，一呼一应。高处穿线时，不得用力过猛。

5）敷设钢索吊管时，在切断钢索及将其卡固时，应预防被钢索头扎伤。绷紧钢索时应用力适度，防止螺栓折断。

6）使用套管机、电砂轮、台钻、手电钻时，应保证绝缘良好，并有可靠的接零接地，漏电保护装置应灵敏有效。

3. 电梯吊装工安全作业要求

1）电梯吊装操作人员必须经专业安全技术培训、考核合格后方可持证上岗作业。

2）吊装作业前，对使用的吊装工具应仔细认真地进行检查，检查吊装工具与起重量是否相适应，吊装工具是否完好，悬挂倒链的支架、悬挂点是否可靠、合适。

3）所装钢丝绳与钢丝轧头（绳卡）的规格必须匹配，轧头的轧板应装在钢丝绳受力的一边，对于ϕ16mm以下的钢丝绳，使用的轧头不应少于三个，被夹钢丝绳的长度不允许小于钢丝绳直径的15倍，最短不少于300mm，各轧头间距应大于钢丝绳直径的6倍。严禁轧三根或不同规格的钢丝绳。

4）起重链条不得扭曲或打结，双行链手拉葫芦的下吊钩组件不得翻转。

5）吊装使用的吊钩应带有安全销，避免重物脱落，否则应采取其他防护措施。

6）吊钩应在重物重心点的铅垂线上，严防重物倾斜翻转。

7）吊装曳引机时，应使其底座处于水平位置平稳起吊。抬、扛重物时应注意用力方向和用力的协调一致性，防止滑杠脱手伤人。

8）起吊时，现场人员应站在安全位置操作，无关人员应撤离现场；起吊50mm后，应对各部位进行安全检查，确认无问题后方可继续作业。

4. 脚手架操作人员安全作业要求

（1）搭设脚手架操作人员安全作业要求

1）脚手架搭设人员必须由经培训考核合格，领取《特种作业人员操作证》的专业架子工担任。对上岗人员应定期进行体检，凡不适合高处作业者不得上脚手架操作。

2）搭设脚手架时，操作人员必须戴安全帽、系安全带、穿防滑鞋。脚下应铺设必要数量的脚手板，并应铺设平稳，且不得有探头板。

3）脚手架搭设前，必须制定施工方案和搭设的安全技术措施，进行安全技术交底。对于高大异形的脚手架，应报上级审批后才能搭设。

4）脚手架搭设安装前应由施工负责人及技术、安全等有关人员先对地基基础等架体承重部位共同进行验收；搭设安装后应进行分段验收，特殊脚手架须由企业技术部门会同安全、施工管理部门验收合格后方可使用。验收时要将定量与定性相结合，验收合格后应在脚手架上悬挂合格牌，且在脚手架上明示使用单位、监护管理单位和责任人。施工阶段转换时，对脚手架重新实施验收手续。

未搭设完的脚手架，非架子工一律不准上架。

5）作业层上的施工荷载应符合设计要求，不得超载。不得在脚手架上集中堆放模板、钢筋等物件，不得放置较重的施工设备（如电焊机等），严禁在脚手架上拉缆风绳和固定、架设模板支架及混凝土泵送管等，严禁悬挂起重设备。

6）进行脚手架搭设作业时，应按形成基本构架单元的要求逐排、逐跨和逐步地进行搭设。矩形周边脚手架宜从其中一个角部开始向两个方向延伸搭设，确保已搭部分稳定。

7）操作层必须设置1.5m高的两道护身栏杆和180mm高的挡脚板，挡脚板应与立杆固定，并有一定的机械强度。

8）不得在脚手架地基基础及邻近处进行挖掘作业。

9）架上作业人员应做好分工和配合，不要用力过猛，以免引起人身或杆件失衡。

10）作业人应佩带工具袋，工具用后装于袋中，不要放在架子上，以免掉落伤人。

11）架设材料要随上随用，以免放置不当掉落，发生伤人事故。

12）在搭设作业进行中，地面上的配合人员应避开可能落物的区域。

13）除搭设过程中必要的1~2步架的上下外，作业人员不得攀缘脚手架上下，应走房屋楼梯或另设安全人梯。

14）在脚手架上进行电、气焊作业时，应有防火措施和专人看守。

15）在脚手架使用过程中，应定期对脚手架及其地基基础进行检查和维护。特别是在下列情况下，必须进行检查：a. 作业层上施工加荷载前；b. 遇大雨和六级以上大风；c. 寒冷地区开冻后；d. 停用时间超过一个月；e. 发现倾斜、下沉、松扣、崩扣等现象要及时修理时。

16）大雾及雨、雪天气和六级以上大风时，不得在脚手架上进行高处作业。雨、雪天后作业，必须采取安全防滑措施。

17）工地临时用电线路的架设及脚手架的接地、避雷措施，脚手架与架空输电线路的水平与垂直安全距离等应按现行行业标准《施工现场临时用电安全技术规范》（JGJ 46—2005）的有关规定执行。钢管脚手架上安装照明灯时，电线不得接触脚手架，并要做绝缘处理。

（2）拆除脚手架操作人员安全作业要求

1）拆除脚手架现场应设置安全警戒区域和警告牌，并由专职人员负责警戒，严禁非施工作业人员进入拆除作业区。拆除大片脚手架时应加临时围栏。作业区内电线及其他设备有妨碍时，应事先与有关部门联系，将其拆除、转移或加防护。

2）作业人员戴安全帽、系安全带、穿软底鞋才允许上架作业。

3）脚手架拆除程序，应由上而下按层按步地拆除。拆除顺序与搭设顺序相反，后搭的先拆，先搭的后拆，严禁上下同时进行拆除作业。先拆护身栏、脚手板和横向水平杆，再依次拆剪刀撑的上部扣件和接杆，最后是纵向水平杆和立杆。拆除全部剪刀撑以前，必须搭设临时加固斜支承，预防架子倾倒。连墙杆应随拆除进度逐层拆除。

4）拆除时要统一指挥、上下呼应、动作协调。当解开与另一人有关的结扣时，应先通知对方，以防坠落。

5）拆脚手架杆件时，必须由2~3人协同操作，严禁单人拆除如脚手板、长杆件等较重、较大的杆部件。拆纵向水平杆时，应由站在中间的人向下传递，严禁向下抛掷。

6）拆除立杆时，应先把稳上部，再拆开后两个扣，然后取下；拆除大横杆、斜撑、剪刀撑时，应先拆中间扣，然后托住中间，再解端头扣，松开连接后，水平托举取下。

7）拆下的材料应用绳索拴住，利用滑轮放下，严禁抛掷。

8）脚手架分段拆除高差不应大于 2 步，如高差大于 2 步，应增设连墙件加固。

9）当脚手架拆至下部最后一根立杆高度（约 6.5m）时，应在适当位置先搭设临时抛撑加固后，再拆除连墙件。

10）为大片架子拆除后所预留的斜道、上料平台、通道等，应在大片架子拆除前先进行加固，以便拆除后确保其完整和稳定。

11）拆除时严禁撞碰附近电源线，以防事故发生。

12）拆除时不能撞碰门窗、玻璃、水落管、房檐瓦片、地下明沟等。

13）在拆除过程中，不能中途换人。如果必须换人时，应在将拆除情况交代清楚后方可离开。

六、电梯维修保养人员安全作业要求

1）电梯维修保养人员必须持有本地区主管部门认可的《电梯维修工操作证》。

2）电梯维修保养时，不得少于两人，工作时必须严格遵守安全操作规程。严禁酒后操作，工作中不准闲谈打闹，禁止在轿厢顶、底坑内吸烟。

3）工作前，应先检查劳保用品及需携带的工具有无问题，无误后，方可穿戴及携带。

4）电梯维修保养时，一般不许带电作业。若必须带电作业时，应有监护人，并有可靠的安全措施。

5）电梯在维修保养时，绝不允许载客或装货。

6）熟练掌握，正确、安全地使用本工种常用机具，以及吊装、拆卸的安全规定。

7）必须熟练掌握触电急救方法，掌握防火知识和灭火常识，掌握电梯发生故障停梯时救援被困乘客的方法。

8）必须掌握事故发生后的处理程序。

七、电梯检验人员安全作业要求

1）检验人员必须按照国家有关特种设备检验人员资格考核的规定，取得国家质检总局颁发的相应资格证书后，方可从事批准项目的电梯检验工作。

2）现场检验至少由两名具有电梯检验员或以上资格的人员进行。

3）现场检验时，检验人员应当配备和穿戴必需的防护用品。

4）对电梯整机进行检验时，应对检验现场是否具备以下的检验条件进行确认：a. 机房或者机器设备间的空气温度保持在 5～40℃；b. 电源输入电压波动在额定电压值 ±7% 的范围内；c. 环境空气中没有腐蚀性和易燃性气体及导电尘埃；d. 现场（主要指机房或机器设备间、井道、轿厢顶、底坑）清洁，没有与电梯工作无关的物品和设备，基站、相关层站等现场放置表明正在进行检验的警告牌；e. 对井道进行了必要的封闭。

5）要制定符合实际和设备特性的操作规程，并严格执行。

6）要熟悉设备的性能，了解设备使用状况，特别是近期设备发生的故障和事故情况。

7）在检验工作中应集中精力，不准做与检验无关的事情，并应服从现场检验负责人的统一指挥。

8）尽量使检验工作在检验条件和视野较好处进行。

9）设备从静止到移动须有明确的指令，并有答复后方能进行。

10）设备从断电状态到通电状态时须有明确的指令，并有答复后方能进行。

11）检验可在断电状态下进行，就别在带电状态下进行。

12）尽量由设备使用单位的操作人员操作设备，并在受检单位或安装、维保单位专业人员的配合下进行。

13）登高作业或带电作业时，应有监护人员监护作业。

14）登高检验过程中站立位置要有足够的安全净空，不得将身体靠在防护栏上，并有防跌、防坠措施。

15）试验中需短接某些安全装置线路时，应使用专用短接线，试验完毕应立即恢复。

第六章　规则：作业过程安全操作技术

一、电梯制造过程安全操作技术

1. 电梯制造单位基本安全技术保障

1）电梯制造单位（以下简称单位）应取得国家质量监督检验检疫总局统一颁发的特种设备生产许可证，方能制造电梯产品。

2）单位应当具备《中华人民共和国安全生产法》中提出的安全生产条件，依照《特种设备安全监察条例》公布的安全技术规范的要求，进行生产活动。

3）单位应对其生产的产品安全性能负责。

4）单位应建立、健全电梯的安全、质量管理体系和责任制度。

5）单位应有与电梯制造相应的从业人员、必需的资金投入和检测手段。

6）单位生产负责人和安全生产管理人必须具备与电梯生产经营相应的安全生产知识和管理能力。

7）单位应对从业人员进行安全教育和培训，保证从业人员具备必要的安全生产知识，熟悉有关安全生产的规章制度和安全操作规程，掌握本岗位的安全操作技能。

8）单位应按照安全技术规范的要求，对电梯整机和一些关键部件进行型式试验。电梯出厂时，必须附有该产品或关键部件的出厂合格证、使用维护说明书、装箱清单等出厂随机文件。合格证上除标有主要参数外，还应当标明驱动主机、控制柜、安全装置等关键部件的型号和编号。门锁、安全钳、限速器和缓冲器等重要的安全部件，必须具有有效的型式试验合格证书。

2. 机械设备基本安全技术要求

1）机械设备的布局要合理，应便于操作人员装卸工件、加工观察和清除杂物，同时也应便于维修人员的检查和维修。

2）机械设备的零件的强度、刚度应符合安全要求，安装应牢固，不得经常发生故障。

3）根据有关安全要求，机械设备必须装设合理、可靠、不影响操作的安全装置。例如：

① 对于做旋转运动的零部件应装设防护罩或防护挡板、防护栏杆等安全防护装置，以防发生绞伤。

② 对于超压、超载、超温度、超时间及超行程等能发生危险事故的零部件，

应装设保险装置，如超负荷限制器、行程限制器、安全阀、温度继电器及时间断电器等，以便当危险情况发生时，由于安全装置的作用而排除险情，防止事故的发生。

③ 当某些动作需要对人们进行警告或提醒注意时，应安设信号装置或警告牌等。如电铃、喇叭、蜂鸣器等声音信号，还有各种灯光信号、警告标志牌等都属于这类安全装置。

④ 对于某些动作顺序不能搞颠倒的零部件应装设联锁装置，即某一动作必须在前一个动作完成之后才能进行，否则就不可能进行下一个动作。这样就保证了不致因动作顺序搞错而发生事故。

4）机械设备的电气装置必须符合电气安全要求，主要有以下几点：a. 供电的导线必须正确安装，不得有任何破损或裸露导体的地方；b. 电动机绝缘应良好，其接线板应有盖板防护，以防直接接触；c. 开关、按钮等应完好无损，其带电部分不得裸露在外。应有良好的接地或接零装置，连接的导线要牢固，不得有断开的地方；d. 局部照明灯应使用 36V 的电压，禁止使用 110V 或 220V 电压。

5）机械设备的操纵手柄及脚踏开关等应符合如下要求：a. 重要的手柄应有可靠的定位及锁紧装置，同轴手柄应有明显的长短差别；b. 手轮在机动时能与转轴脱开，以防随轴转动打伤人员；c. 脚踏开关应有防护罩或藏在床身的凹入部分，以免掉下的零部件落到开关上，起动机械设备而伤人。

6）机械设备的作业现场要有良好的环境，即照度要适宜，湿度与温度要适中，噪声和振动要小，零件、工夹具等要摆放整齐。因为这样能促使操作者心情舒畅，专心无误地工作。

7）每台机械设备应根据其性能、操作顺序等制定出安全操作规程，以及检查、润滑、维护等制度，以便操作者遵守。

3. 金属切削过程安全操作技术

1）被加工件的重量、轮廓尺寸应与机床的技术性能数据相适应。

2）被加工件重量大于 20kg 时，应使用起重设备。

3）在工件回转或刀具回转的情况下，禁止戴手套操作。

4）紧固工件、刀具或机床附件时要站稳，勿用力过猛。

5）每次开动机床前都要确认不会给任何人带来危险，机床附件、加工件及刀具均已可靠固定。

6）机床在工作过程中不能变动其手柄，也不能进行测量、调整及清理等工作，操作者应观察加工进程。

7）在加工过程中如果会形成飞起的切屑，为安全起见，应安放防护挡板。从工作地和机床上清除切屑，并防止切屑缠绕在被加工件或刀具上时，不能直接用手，也不能用压缩空气吹，而要用专门的工具。

8）正确地安放被加工件，不要堵塞机床附近的通道。要及时清扫切屑。工作场地特别是脚踏板上，不能有冷却液和油。

9）用压缩空气作为机床附件驱动力时，废气排放口应对着远离机床的方向。

10）经常检查零件在工作地或库房内堆放的稳固性，当将这些零件移到运箱中时，要确保它们位置稳定以及运箱本身稳定。

11）离开机床时，甚至是短时间的离开，也一定要关电源开关停车。

12）如果发现电绝缘体发热散发气味，以及机床运转声音不正常，要迅速停车检查。

4. 铸造过程安全操作技术

（1）造型过程安全操作技术

1）工作场地必须保持整洁、畅通，砂箱要按指定地点堆放整齐，小砂箱的堆放高度一般不超过1.5m，大砂箱一般不超过3m，以免砂箱倒塌。

2）造型时注意压勺、通气针等工具不要刺伤人，握模型和用手塞砂子时要注意铁钉和铁刺。

3）抹箱时要注意砂中的杂物，不能用手抹箱。

4）扣箱和翻箱时，动作要协调一致。

5）不得在砂箱悬挂的情况下修型。

6）使用手提灯时，应事先检查灯头、灯线是否漏电。

（2）冲天炉熔炼过程安全操作技术

1）在冲天炉加料台上作业时，要防止煤气中毒或意外地掉进冲天炉中。

2）在熔化过程中，冲天炉会产生占炉气5%～21%的一氧化碳（CO），如进入风箱和风管就有爆炸的危险。因此，在关掉风机后要立即打开所有风口。

3）手工堵塞出铁口时，要由两人轮流连续堵塞，以确保堵住。

4）冲天炉应按规定的时间出渣，不可使渣漫至风口，以免发生事故。

5）打炉前应检查炉底下面及附近地面是否有水，如有水应立即用干砂铺垫，而后方可打炉；打炉前、停风后打开风口，并放尽铁液及炉渣；打炉前还必须与有关方面联络好，并发出信号，使所有的人都离开危险区后再行打炉；打炉后必须迅速用水将红热的铁焦喷灭。如果炉底门打不开或炉内剩余炉料、棚料，不允许工人进入危险区去强制打开或解除棚料。棚料可用鼓风产生的振动来解除，也可将机械振动器贴在炉底上以产生的振动来解除；另一方法是从加料口投入重铁球来砸碎。如果这些方法都失败，必须用切割枪对炉底进行火焰切割时，只能在冲天炉冷却到安全温度后进行。

6）打炉后不准用喷水法对炉衬施行强制冷却。

7）对停炉更换炉衬的冲天炉，要检查炉壳和焊缝（或铆钉）是否有裂纹而需要补强。

（3）电弧炉炼钢过程安全操作技术

1）加料时的安全事项：加料时人应尽量站在侧面，不能站在炉门及出钢槽的正前方，以防加料时被溅出的钢渣烫伤，炉料全熔后，不得再加入湿料，以防爆炸；炉料中也不得混有爆炸物，以免造成爆炸事故；要防止碰断电极；还原期加碳粉、硅粉、硅钙粉或铝粉时，人不要太靠近炉口，以免从炉口向外喷出火焰伤人；加矿石时要慢，以防造成突然的激烈沸腾，向炉门外喷渣、喷钢；加料时不得开动操作台平车。熔炼中途用天车从炉盖加料孔加渣料时，需注意若有可能碰到电极，应停止配电，切断电源。加入渣料后炉门口易有大量火焰喷出，炉前人员需注意避开。

2）供电安全事项：在供电时人体要避免直接接触供电线路；要严格遵守安全操作规程；在炉前取样、搅拌时，由于电炉的炉壳接地，只要工具不离开架在炉门框上的铁棒，人体就不会受到电击。此外，炉前人员要和配电工密切配合，切实执行停送电制度，避免误操作。

接电极时应注意：切断电源，把炉体摇平；接头铁螺钉必须拧牢，确保电极不会掉落时才能起吊；操作人员拧接电极时要相互配合，协同动作，防止手套或工作服被设备挂住。

3）吹氧熔炼安全事项：采用吹氧助熔和吹氧氧化时，应经常检查供氧系统是否漏气；吹氧管要长些，以防回火，发生烧伤；吹氧时，先开小些，确定吹氧管畅通后再开大，吹氧压不能太高，否则飞溅严重；吹氧管不可贴近金属液，以免喷溅严重，更不能用吹氧管捅料，否则易将吹氧管堵死，造成团火，发生事故；停止吹氧时应先关闭氧气，然后再把吹氧管从炉内取出；如发生氧气管回火，应立即关闭阀门，停止供氧；如漏气严重，可将橡皮管对折，以彻底切断供氧。

4）出钢时的安全操作：在开启出钢口时，应摇平电炉或倾斜至合适位置；操作人员后面不要站人，以防误伤；炉前应尽量避免加碳粉等脱氧剂，以防火焰突然从出钢口喷出烫伤人；新炉子因沥青焦油尚未完全焦化，因此打开出钢口时要防止喷火伤人。

在摇动炉体前应先检查炉体左右两处保险是否关好，还要检查机械传动部分是否有人在检修或维护；摇动炉体时，要检查出钢槽的平板是否与出钢槽相碰，炉前平板车是否和炉体相碰，摇时要缓慢，以免流出钢液，并防止烫伤事故。

5）防止水冷系统漏水：必须使用质量好并经水压检验合格的电极水冷圈；电极下降时，应注意电极夹头不要和水冷圈相碰；水压不能太低，水流不能过小。

6）电炉前后炉坑和两旁机械坑都必须确保干燥，否则在跑钢或漏钢时会引起爆炸；炉坑和机械坑有电源的地方要定期检查，防止漏电。

7）防止电炉漏钢：要补好炉，造渣时防止炉渣过稀，供电时防止后期用高电压，防止脱碳时大沸腾等。发生漏钢后，首先要冷静判断情况，然后根据漏钢的部位迅速地做出相应处理。

（4）浇注过程安全操作技术

1）浇注前应认真检查浇包、吊环和横梁有无裂纹，并检查机械传动装置和定位锁紧装置是否灵活、平衡、可靠，包衬是否牢固、干燥；漏底包塞杆操纵是否灵活，塞头和塞套密封是否完好，还要检查吊装设备及运送设备是否完好。

2）一定要坚持“五不浇”的原则，即没埋箱（包括抹箱）不浇，没压箱不浇，没打渣不浇，温度低不浇，铁（钢）液量不够不浇。

3）浇注通道应畅通，无凸凹不平、无障碍物，以防绊倒。手工抬包架大小要合适，使浇包装满金属液后其重心在套环下部，以防浇包倾覆出抬包架。

4）准备好处理浇注金属液的场地与锭模（砂床或铁模）。

5）浇注时，所有和金属液接触的工具，如扒渣棒、火钳等均需预热，因金属液与冷工具接触会产生飞贱。

6）起吊装满铁（钢）液的浇包时，注意不要碰坏出铁（钢）槽，防止引起铁（钢）液倾倒与飞溅事故。

7）铸型的上下箱要锁紧或加上足够重量的压铁，以防浇注时抬箱、“跑火”。

8）浇注时若发生严重“炝火”，应立即停浇，以免金属液喷溅造成烫伤与火灾。

9）浇注产生有害气体的铸型（如水玻璃流态砂、石灰石砂、树脂砂铸型）时，应特别注意通风，防止中毒。

10）浇注后剩余的铁（钢）液，一定要倒在干燥合适的地方。

5. 锻造过程安全操作技术

1）工作前，应检查所有的工具和模具是否牢固、良好、齐备，锤头、锤杆有无裂纹或是否松动；气压表等仪表是否正常，气压是否符合规定。

2）设备开动前，应检查电气接地装置、防护装置、离合器等是否良好，并为设备加好润滑油，空车试运转5min并确认无误后，方可进行工作。采用机械化传送带运输锻件时，要检查传送带上下、左右是否有障碍物，传送带试车正常后方可运输。

3）工作中应经常检查设备、工具、模具，尤其是受冲击部位是否有损伤、松动、裂纹等，发现问题要及时修理或更换，严禁机床带“病”作业。

4）掌钳工在操作时发出的信号要清楚、准确，其他操作者不得随意发出信号。司锤工可拒绝不符合操作规程的指挥，但“停锤”口令，各岗人员发现有问题需停止时随时都可发出，且发出停锤口令后必须停止锻打。

5）使用钳子等工具时，不可直对着人的身体，手指不能放在钳柄中间，用钳夹大件时，钳杆应套上铁环箍或扎上绳索。使用吊车挂链锻大件时，挂链和吊钩应用保险装置钩牢，防止振动脱落。挂、送料叉上放置坯料或锻件的位置应平稳、牢固，以防滚落伤人。

6）锻件应平稳地放在铁砧上，复杂零件需倾斜锻造时，应注意选好着力点，以免飞出伤人。锤击过程中，严禁往砧面上塞放垫铁，必须待锤头悬空平稳后方可放置，垫铁在砧面上的放置位置和放入深度要恰当，以防止打飞伤人。

7）使用锤子时，不得戴手套，应站在与掌钳者呈90°角的位置上。抡锤前，应注意周围有无行人或障碍。

8）注意电气安全，不准擅自进行电气修理、改线。电线损坏时，应及时找电工修理，不是本岗位责任以内的电气设备，不准私自操作。

9）严禁将手伸入模具下面接送锻件，应使用工具。严禁直接用手或脚清除砧面上或模膛里的氧化皮，当用压缩空气吹扫氧化皮时，对面不得站人。因故障发生卡锤现象时应立即切断动力源，必须用安全栓支撑后再用工具解脱。严禁身体任何部分进入锤头下方。

10）在开锤前应预热。锻锤停开时间较长，开锤前应排出气缸中的冷凝水。锻锤在开锤前，冬季需空转10min，夏季需空转2～3min，空转后应试几下锤后方可开锤工作。

11）工人生产时必须佩戴防护眼镜，以避免毛刺、火星等损伤眼睛。加热工应佩戴防辐射眼镜。车间处于生产状态时，凡进入车间的人员必须戴安全帽。生产时应穿防护工作鞋。当生产环境噪声超过规定限度时，必须使用护耳器（耳塞或耳罩）。工人必须穿好规定的防护服，严禁穿短袖上衣、短裤等不符合安全的衣服上岗位工作。

12）在搬运或向酸洗槽中倾注酸液时，应使用专用工具。使用室外储酸罐加酸时，必须按操作顺序进行。

6. 热处理过程安全操作技术

1）工件或工具严禁与电极接触，以免造成短路，烧坏变压器。工件落入炉内应及时取出。

2）调节变压器的二次电压时，必须切断电源，应确认接触良好后再合上电源开关。热处理装置用的电气装置，在工作前必须认真检查，工作中应认真维护。

3）所有进入油浴炉的工件、工具、新盐等，必须进行烘干预热。潮湿的工件和夹具，绝对不得送进，因水分在油浴炉中急剧汽化，瞬时可产生大量气体，极易引起液态加热介质的崩爆和飞溅，飞溅出来的融盐将可能造成灼伤。若有水分随工件带入油浴炉中，当油温高于100℃后，水汽化会引起热油翻滚，大量气泡和油沫溢出油槽，很容易引起火灾。另外，对于空心的零件，为防止加工时零件变形，应在空腔处加闷头。对于这种零件不能加热，因为零件受热时，零件空腔内的气体受热后膨胀，压力急剧增大，会使闷头像子弹一样射出，造成伤害事故。同时在油浴炉中还会引起加热介质的飞溅，发生烫伤事故。

4）安全使用淬火水槽、油槽。淬火水槽、油槽是热处理淬火冷却的必要装备。在车间内布置淬水槽，应考虑尽量离开车间通道，一般置于炉前，与炉子相距1m左右；大型加热炉和淬火槽之间可相隔3m或更远一些。槽沿高为0.6～0.8m的淬火槽，四周应设置安全栏杆，并在淬火槽上加盖；槽沿高出地面1m的淬火槽，应设置脚踏板，以利于操作。

5）应设置气体捕集和气体净化系统，对一氧化碳、氮氧化物、氯化物、氟化物、烃类及二氧化硫进行净化。

6）在加热设备和冷却设备之间，不得放置任何妨碍操作的物品。

7）混合渗碳、喷砂等应在单独的房间中进行，并应设置足够的通风设备。

8）设备危险区（如电炉的电源引线、汇流条、导电杆和传动机物等），应当用铁丝栅栏、板等加以防护。

9）热处理所用的全部工具应当有条理地放置，不许使用残裂的、不合适的工具。

二、设备使用过程安全操作技术

1. 设备使用前的准备工作

1）编制以下设备管理制度文件：a. 设备安全操作规程；b. 设备润滑制度；c. 设备日常检查（点检）和定期维护制度；d. 其他技术文件。

2）培训操作人员：通过教育培训，使设备操作者能够了解安全生产知识，以及设备的性能、结构、技术规范，明确本岗位的安全操作规程等。同时，在有经验的师傅指导下实习操作技术，达到独立操作的水平。

3）检查随机附件、配件及各种维修工具，办理交接手续。

4）全面验收设备的安装质量，检测设备的精度、性能和安全装置。

2. 设备使用初期安全管理内容

设备使用初期是指从安装试运转到稳定生产这一段时间（一般为半年左右）。这期间要做的安全管理内容如下：

1）对设备试车过程中发现的问题及时联系处理，以保证调试投产进度。

2）按照规定做好调试、故障、改进等有关记录，提出分析评价意见，填写设备使用鉴定书，供以后使用。

3）补充、完善使用前建立的设备管理制度。

3. 设备使用期安全管理要点

设备使用期要求做到安全运行、合理使用，期间要做的安全管理工作有如下几个方面：

1）实行设备使用保养责任制度。把设备指定给机组或个人负责使用保养，确定合理的考核指标，把设备的使用效率与个人利益结合起来，设备安全性与个人安全责任结合起来。

2）实行设备操作证制度。操作人员必须经过专门的训练考核，确认合格后发给操作（驾驶）证，无证操作将按严重违章事故处理。

3）操作人员必须按规程要求做好设备的保养，使设备处于良好的技术状态。

4）遵守磨合期使用规定。新出厂或大修后的设备必须根据磨合要求进行试运转、调整后才能投入正常使用。

5）建立单机或机组核算制度。以定额为基础，确定设备生产能力、消耗费用、保养修理费用、安全运行指标等标准，并按标准考核。

6）创造良好的设备使用环境，确保设备安全使用、充分发挥作用。采光、照明、取暖、通风、防尘、防腐、防震、降湿、防噪声等工作条件良好，安全防护充分，工具、图样和加工件都放在合适的位置，提供必要的监测、诊断仪器和检修场所。

7）合理组织设备生产。在安排生产计划时，必须安排维修时间，必须贯彻“安全第一、预防为主、综合治理”的方针，在使用与维修发生矛盾时，应坚持“先维修、后使用”的原则，防止拼设备。

8）培养设备使用、维修、管理队伍。现代化设备需要由掌握现代化科学知识技术的人员来操作、维护与管理，才能更好地发挥设备的作用。

9）坚持总结、研究、学习、推广设备使用管理的先进科学知识、技术和经验。

10）建立设备资料档案管理制度。包括设备使用说明书等原始技术文件、交接登记、运转记录、点检记录、检查整改情况、维修记录、事故分析和技术改造资料等的收集、整理、保管。

4. 设备使用安全操作规程

设备使用安全操作规程内容一般包括对作业环境要求的规定，对设备状态的规定，对人员状态的规定，对操作程序、顺序、方式的规定，对人与物交互作用过程的规定，对异常情况排除的规定等。

无论是何种类别的设备，一般通用的安全操作规程如下：

1）开动设备接通电源前应清理好工作现场，仔细检查各种手柄位置是否正确、是否灵活，安全装置是否齐全、可靠。

2）开动设备前首先检查油池、油箱中的油量是否充足，油路是否畅通，并按润滑图表卡片进行润滑。

3）变速时，各变速手柄必须转换到指定位置。

4）工件必须装卡牢固，以免松动甩出造成事故。

5）对已卡紧的工件，不得再进行敲打校正，以免损伤设备精度。

6）要保持润滑工具及润滑系统的清洁，不得敞开油箱、油眼盖，以免灰尘、铁屑等异物进入。

7）开动设备时必须盖好电气箱盖，不允许有污物、水、油进入电动机或电气装置内。

8）设备外露基准面或滑动面上不准堆放工具、产品等，以免碰伤影响设备精度。

9）严禁超性能、超负荷使用设备。

10）采取自动控制时，首先要调整好限位装置，以免超越行程造成事故。

11）设备运转时操作者不得离开工作岗位，并应经常注意各部位有无异常（异声、异味、发热、振动等），发现故障应立即停止操作，及时排除。凡属操作者不能排除的故障，应及时通知维修人员排除。

12）操作者离开设备时，或装卸工件，或对设备进行调整、清洗或润滑时，都应停止设备运行并切断电源。

13）不得拆除设备上的安全防护装置。

14）调整或维修设备时，要正确使用拆卸工具，严禁乱敲乱拆。

15）操作人员思想要集中，穿戴要符合安全要求，站立位置要安全。

16）特殊危险场所的安全要求。

5. 设备使用安全检查技术

设备使用的安全检查就是对设备故障及安全运行状况进行查证与诊断。对使用设备进行安全检查的方法有很多种，其中最常用的是设备点检法。其操作技术要求如下：

（1）确定点检部位及内容　在进行点检时，需确定检查的部位、项目，以及检查的顺序和路线，一般要将设备的关键部位和薄弱环节列为重点。

（2）确定点检的方法和作业条件　根据点检要求，规定检查项目所采用的方法和作业条件，例如：是用感官还是用检测仪器；是停机检查还是不停机检查；需要解体检查，还是无需解体检查。

（3）制定点检判定标准　根据制造厂家提供的技术要求和实践经验，制定出各检查部位及其项目是否正常的判定标准。

（4）确定点检周期　根据检查点在生产或安全上的危险性、生产工艺特点，结合设备维修经验，制定点检周期。

（5）确定点检人员并做好培训工作　所有检查任务都要确定点检的执行者和负责人，都需对点检人员进行培训，使其明确点检的内容和要求。

（6）编制点检表　为保证各项检查工作按期执行，需将该检查期内的各检查点、检查项目、检查周期、检查方法、检查判定标准，以及规定的记录符号等制成固定的表格，供点检人员进行检查时使用。

（7）做好点检记录和分析　点检记录是分析设备状况，建立设备技术与安全档案，编制设备检修计划的原始资料。点检人员应认真做好点检记录。相关部门要及时研究、分析、处理记录中所提出的问题。

6. 设备使用安全检测技术

安全检测技术是利用仪器进行检验、测定、获取被检验设备在使用中的有关数据信息的过程。检测方法的种类繁多。现仅介绍5种常规的无损检测的安全操作方法。

（1）渗透检测法　用黄绿色的荧光渗透液或红色的着色渗透液，来显示放大的缺陷图像，从而能够用肉眼检查试件表面的开口缺陷的方法。

1）渗透。将试件浸渍于渗透液中，或者用喷雾器、刷子把渗透液涂在试件表面。

2）清洗。待渗透液充分地渗透到缺陷内之后，用水或清洗剂把试件表面的渗透液洗掉。

3）显像。把显像剂喷撒或涂敷在试件表面上，使残留在缺陷中的渗透液被吸出，表面上形成放大的黄绿色荧光或红色显示的缺陷图像。

4）观察。荧光渗透液的显示痕迹在紫外线照射下呈黄绿色，着色渗透液的显示痕迹在自然光下呈红色，用肉眼观察就可以发现很细小的缺陷。

（2）磁粉检测法　把钢铁等强磁性材料磁化后，利用缺陷部位所产生的磁极能吸附磁粉的方法。

该检测法的操作程序与渗透检测法基本相同，只是撒在试件上的是磁粉。由于钢铁等强磁性材料被强烈磁化后，在试件材料的两端分别形成N极和S极，把磁粉撒在试件材料上时，由于磁场的作用，磁粉就被吸引到磁极附近，并附在磁极上。如试件有裂纹，裂纹处就容易吸附磁粉，这是因为此处的缺陷产生漏磁场，从而出现与缺陷形状相近的磁粉痕迹。

（3）射线检测法　将强度均匀的射线照射在所检测的物体上，使透过的射线在照相胶片上感光，胶片显影后就可从底片中观察到明暗不同的图像，得到材料内部结构和缺陷信息的方法。此方法适用于检测材料、构件的内部缺陷，一般对体积型缺陷比较灵敏，而对平面状的二维缺陷不敏感，只有当射线入射方向与裂纹平面方向一致时，才有可能检测出裂纹类缺陷。

（4）超声检测法 声波频率超过20kHz的声波为超声波。超声波检测法的应用十分广泛，操作方法简单。主要是利用物体本身和内部缺陷对超声波传播的影响，来检测物体内部及其表面缺陷的大小、形式及分布情况。在超声检测中，常用的超声波频率为0.5～5MHz。最常用的超声检测是脉冲反射法。就是把超声波射入被检物的一面，然后在同一面接收从缺陷处反射的回波，根据回波情况来判断缺陷的情况。此方法在电梯中主要用于检测如安全钳、抱闸、导轨等主要机械部件。

（5）声发射检测法 当物体（构件）受外力或内应力作用时，缺陷处或结构异常部位因应力集中而产生塑性变形，其储存的能量一部分以弹性应力波的形式释放出来，这种现象称为声发射。物体（构件）在外部因素作用下产生的声发射，被声传感器接收转换成电信号，经放大后送至信号处理器，从而测量出声发射信号的各种特征参数，由此可以分析出被检测物体缺陷的情况。

7. 设备故障的诊断技术

设备故障诊断的目的是为了了解和掌握设备在使用过程中的状态，确定其整体或局部是正常还是异常，早期发现故障及其原因，并采取相应措施，排除故障，避免设备毁坏。

（1）正确选择与测取设备有关状态的特征信号 特征信号是能直接判明设备状态的信号，当然，在测取信号时还应包含设备有关状态的信号，以便于综合诊断、分析。

（2）正确地从特征信号中提取设备有关状态的有用信息（征兆） 有用信息（征兆）应包括设备结构的物理参数（如质量、刚度等），结构的模态参数（如固有频率等），设备的工作特性（如工作转速、功率等），以及信号统计特性与其他特征量。

（3）根据信息（征兆）进行设备的状态诊断 状态诊断是设备诊断的重点，可采用多种模式理论与方法，对信息（征兆）加以处理，得出正确结论。诊断时可根据设备的异常状态，采取设备缺陷的无损检测的方法进行。

（4）根据信息（征兆）与状态进行设备状态分析 当设备状态为有故障时，则应进一步分析故障的位置、类型、性质、原因与趋势等。

（5）根据状态分析作出决策 通过干预设备及其工作进程，保证设备安全可靠、高效率地发挥其应有的功能。所谓干预，包括人为干预和自动干预，即包括调整、修理、控制、自诊断等。设备故障诊断程序如图6－1所示。

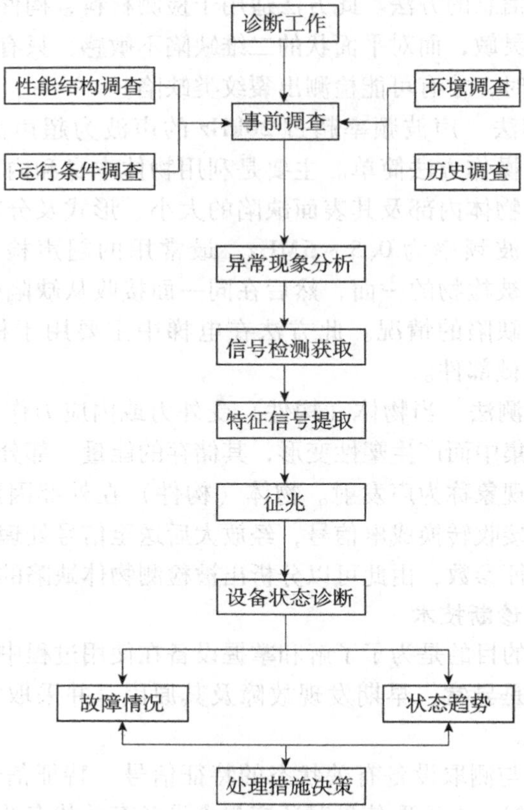

图 6-1 设备故障诊断程序

8. 设备维护保养技术

设备的维护保养，依据工作量大小和难易程度，一般分为日常维护保养、一级维护保养和二级维护保养，现分别介绍如下：

（1）日常维护保养　是操作人员必须进行的设备维护保养工作，其内容包括：清扫，加油，调整，更换个别零件，检查润滑、异声、漏油、安全以及损伤等情况。日常维护保养配合日常点检进行，是一种不单独占据工时的设备维护保养方式。

（2）一级维护保养　是以定期检查为主，辅以维护性检修的一种间接预防性维修形式。其主要工作内容是：检查、清扫、调整电气控制部位；彻底清洗擦拭设备外表，检查设备内部；检查、调整各操作与传动机构的零部件；检查油泵，疏通油路，检查油箱油质、油量；清洗或更换渍毡、油线，清除各活动面毛刺；检查、调节各指示仪表与安全防护装置；发现故障隐患和异常，要予以排除，并排除泄漏故障等。设备经一级维护保养后要求达到：外观清洁、明亮；油路畅通、油窗明亮；操作灵活、运转正常；安全防护，指示仪表齐全、可靠。保养人员应将保养的主要内容，保养过程中发现和排除的隐患、异常，试运转结果，试生产件精度，运行性能等，以及存在的问题做好记录。一级维护保养以操作工为主，专业维修人员进行（钳工、电工、润滑工）配合并指导。

（3）二级维护保养　是以维持设备的技术状况为主的检修形式。二级维护保养主要是对设备易损零部件的磨损与损坏进行修复或更换。二级维护保养要完成一级维护保养的全部工作，还要求清洗全部润滑部位，结合换油周期检查润滑油油质，进行清洗换油。检查设备的动态技术状况与主要精度（噪声、振动、温升、油压、波纹、表面粗糙度等），调整安装水平度，更换或修复零部件，刮研磨损的活动导轨面，修复调整精度已劣化的部位，校验机装仪表，修复安全装置，清洗或更换电动机轴承，测量绝缘电阻等。经二级维护保养后，要求精度和性能达到工艺要求，无漏油、漏水、漏气、漏电现象，声响、振动、压力、温升等符合标准。二级维护保养前后应对设备进行动、静技术状况测定，并认真做好维护保养记录。二级维护保养以专业维修人员（钳工、电工、润滑工）为主，操作工参加。

三、电梯安装过程安全操作技术

1. 安装前的安全准备工作

1）参加电梯安装作业的人员必须取得国家指定部门颁发的与其作业工种相符的有效操作证件，并接受安全监督人员的检查。

2）电梯安装作业人员必须经身体检查合格，凡患有心脏病、高血压者，不得从事电梯安装工作。

3）安装施工单位应与安装作业人员签订安装工程安全质量承诺书，明确各自的责任。

4）组织编制施工方案。施工方案应依据有关法规、标准、规范等的要求，明确施工组织与职责，提出施工准备、施工计划、施工方法、施工质量检验、安全管理等内容。施工方案必须经电梯施工单位技术负责人批准后方可实施。

5）安装工程正式开工前，施工单位应将安装工程项目的相关资料书面告知直辖市或者设区的市的特种设备安全监督管理部门，告知后即可施工。

6）正式施工前，施工单位的安全主任或项目经理必须对作业人员进行安全教育和技术交底，提出注意事项及防范措施。安全技术交底的内容及记录表格见表6－1。

表6－1 安全技术交底记录

项目名称		项目负责人		施工班组长	
项目地址		设备类型		台数	

安全交底：

1. 作业人员进入工地后，要熟悉工地环境，检查井道、预留孔洞的安全防护设施
2. 检查施工机具的安全性能，做好施工机具及设备零部件的存放保护工作
3. 进入工地时必须穿戴好安全帽、安全带、工作服、工作鞋
4. 进行设备的搬运、吊装时，要做好安全防护措施，严格执行安全操作规程
5. 严禁短接电梯安全回路运行电梯，对不安全的行为要坚决制止
6. 做好安全用电、防火防盗、防高空坠落物的安全措施
7. 施工过程中要密切配合，做到呼应清晰，不交叉作业，关心别人也要保护好自己。发现存在安全隐患时，要及时上报并予以排除后再进行施工
8. 要做好对已安装就位的产品零部件的成品保护工作，保证完好移交

交底人：　　　　　　被交底人：　　　　　　日期：

技术交底：

1. 严格按照《电梯制造与安装安全规范》（GB 7588—2003）、《电梯工程施工质量验收规范》（GB 50310—2002）、《电梯安装验收规范》（GB 10060—1993）、《电梯维修规范》（GB/T 18775—2002）等有关标准的要求施工
2. 施工人员要严格按照施工工艺要求的步骤施工，特别是样板架尺寸要经过反复确认
3. 做好安装过程中的工序检查，特别是关键工序的检查、记录，要在质量检验人员确认安装质量符合要求后，才可以进入下一道工序。并将各种记录完好保存
4. 施工内容发生变更的时候，要有书面文件说明变更情况，在保证不改变设备原有安全性能和技术性能的情况下，经相关负责人签字确认
5. 重要零部件安装之前，要对其型号、参数、性能进行检查
6. 按照技术文件的要求，逐项检验测试完工后设备的各项技术参数，确保达到规定的设计要求
7. 安装工程完工后，做好工程资料的移交，移交双方要有书面的签字确认文件
8. 其他交底事项

交底人：　　　　　　被交底人：　　　　　　日期：

施工人员签名：

7）安装组应在安装作业有关区域悬挂必要的警示标志牌，做好安全标志，避免闲人误入工地，造成伤害。

8）施工单位工程技术人员应对照客户确认的电梯机房、井道土建图，仔细勘测土建范围和尺寸，发现问题及时与客户沟通，确保电梯机房、井道土建图符合要求。

9）施工前，施工单位安全主任应会同安装组组长、安全员对施工现场进行一次安全检查，做好防止高空坠落、各种洞口落人落物、机械伤人等事故的安全防范措施。

10）安装组必须为施工作业人员配备齐全有效的施工工具，作业人员也应结合自己的作业工种特点，准备好安全帽、安全带及工作服等劳动防护用品。

11）施工作业人员应熟悉安装工程的施工方案、质量要求、安全注意事项。

12）必须清理施工现场，整理材料和工具，检查并校验电、气焊专用工具是否完好无损，各种测量器具是否符合标准。

13）提出如脚手架搭设、吊装设备等外包项目的安全控制和验收要求。脚手架搭设完毕后必须在组织验收合格、办理交接手续后方可使用。

14）电梯设备进场后，电梯施工单位必须会同委托安装单位以及制造单位的代表，共同开箱清点、检查、核对电梯设备，并做好记录。电梯设备进场开箱检验记录表见表 6－2。

表 6－2　电梯设备进场开箱检验记录

工程名称			
安装地点			
产品合同号/安装合同号		梯号	
电梯供应商		代表	
安装单位		项目负责人	
监理（建设）单位		监理工程师（项目负责人）	
出厂日期			

检验内容及要求		检验结果	
		合　格	不合格
包装情况	零部件应按类别及装箱单完好地装入箱内，并应垫平、卡紧、固定，精密加工、表面装饰的部件应防止其相对移动；曳引机应整体包装；包装及密封应完好，规格应符合设计要求，附件、备件齐全，外观应完好；设备、材料、零部件无损伤、锈蚀及其他异常情况		

（续）

<table>
<tr><td colspan="4" rowspan="2">检验内容及要求</td><td colspan="2">检验结果</td></tr>
<tr><td>合 格</td><td>不合格</td></tr>
<tr><td>随机文件</td><td colspan="3">1. 文件目录；2. 装箱清单；3. 产品合格证；4. 机房、井道布置图；5. 使用维护说明书（含润滑汇总表及电梯功能表）；6. 电气原理图、接线图及其符号说明；7. 主要部件安装图；8. 安装（调试）说明书；9. 安全部件型式试验报告结论副本；10. 易损件目录</td><td></td><td></td></tr>
<tr><td>机械部件</td><td colspan="3">曳引机标牌应注明：1. 产品名称、型号；2. 额定速度；3. 额定载重量；4. 减速比；5. 出厂编号；6. 标准编号；7. 质量等级标志；8. 厂名、商标；9. 出厂日期
限速器、缓冲器、安全钳装置、门锁的标牌应标明：1. 名称、型号及主要性能、参数；2. 厂名；3. 型式试验标志及试验单位</td><td></td><td></td></tr>
<tr><td>电气部件</td><td colspan="3">电动机、控制柜等各种电气部件应装入防潮箱内，并应作防震处理，必须存放在室内。控制柜标牌应标明：型号、规格、制造厂名称及其识别标志或商标</td><td></td><td></td></tr>
<tr><td>进口设备</td><td colspan="3">进口货物报关单、商检合格证书以及国际标准化组织认证的产品证书、产品检验标准和有关资料。产品各部件的标志、须知、说明等，均应清晰、易懂、耐用，并优先使用中文</td><td></td><td></td></tr>
<tr><td rowspan="2">参加验收单位</td><td>订货单位</td><td>安装单位</td><td colspan="3">监理（建设）单位</td></tr>
<tr><td>代表：
年 月 日</td><td>项目负责人：
年 月 日</td><td colspan="3">监理工程师：
（项目负责人）
年 月 日</td></tr>
</table>

2. 安装过程的安全管理要点

1）施工作业人员应服从安装组负责人提出的安全作业要求，严格遵守安全操作规程。

2）项目经理或安全主任可根据安装工程的重点安全要求进行检查，如有不安全的隐患、行为、因素，必须立即采取纠正措施，直至符合安全要求。

3）作业人员进入施工现场时，必须正确使用个人劳动防护用品，集体备用的劳动防护用品必须做到专人保管、定期检查，使之保持完好的状态。

4）作业人员工作前应及时仔细检查现场是否有不安全的因素，如有不安全的因素，必须在排除后，方可进行工作。

5）作业人员在架设临时电线时，应首先选定作业和放线位置，要注意避开锐利的边缘与避免遭受机械损伤，不准使用钉子及铁丝等导体固定、绑扎临时线。

6）作业人员必须做到不酒后作业、不违章作业、不冒险作业、不野蛮作业。

7）施工前要认真检查工具，如工具有失灵、打滑、裂口、缺角等情况，必须予以修复或调换。

8）凡是应安装漏电自动保护器的手持电动工具和移动式设备，必须安装漏电自动保护器，否则禁止使用。

9）各种易燃物品必须贯彻用多少领多少的原则，用剩的易燃物品必须妥善保管在安全的地方，油回丝不能随便乱扔。

10）使用喷灯前要检查四周有无易燃物件，喷灯不用时应当关火，必须待冷却后方可储存，喷灯的装油量不得超过3/4，并应使用煤油，严禁使用汽油。

11）使用电烙铁时，应搁置在搁架等不燃烧的物体上，不准放在电线上和潮湿处，电烙铁用毕未冷却之前，不得收回储存。

12）使用移动电动工具前，应检查其金属外壳是否有效接地，外壳及插头有无破损，严禁使用导体裸露、绝缘层破坏、漏电等的电器、工具、器材。移动行灯应使用36V低压电源，禁止使用220V电源，不得将线头直接插入插座。

13）电梯安装过程中需人工搬运时，必须戴手套，且应视工件的重量和体积量力而行，严防扭腰、砸手、砸脚等事故发生。

14）当在转动部件处或受载前的滚筒轴下工作及手持电动旋转工具时，不得戴手套作业。

15）无吊装机械或吊装不便，需多人搬运时，应分工明确、合理负重、步调一致、有专人指挥、统一行动，所用杠棒、跳板、绳索必须完好可靠。

16）电梯厅门安装前或拆除后，必须在厅门口设置安全护栏并挂有醒目的警告标志：“危险”、“闲人免进”，以防止误入发生事故。

17）起吊重物时，人应站在起吊物的旁边，并检查工作载荷是否相符，在确认可以起吊后，人员应远离起吊物，严禁超载，或以人体作配重随起吊物升降。

18）在有易燃物体或易挥发性气体的地方，严禁携带火种，并悬挂禁止烟火标志牌。

19）动火（动用电、气焊）前应征得用户书面同意，并按当地具体规定进行。首先清理场地，在易燃物品无法搬移时，要用防火材料覆盖；确认安全措施、消防用具及用品都已到位，并做好安全防护措施后，再动火施工。

20）施工中必须在井道口、层门门框外设置安全护栏，并悬挂醒目的警告牌，如“严禁入内，谨防坠落”等，防止非施工人员靠近或进入。

21）施工中，当遇到危及其他作业人员安全的情况时，必须立即停止施工并通知安装负责人，由安装负责人视其情况，组织撤离或采取必要的安全措施。

22）当必须进行停电作业时，电源开关处必须有明显的断开点，并悬挂“有人工作，禁止合闸”的警告标志牌，必要时派人监护。

23）在施工过程中，操作人员用三角钥匙开启层门进入轿厢时，必须思想集中，并看清楚其停靠的位置，然后方可用正确稳妥的方法进入。严禁在轿厢未停稳或层门刚开启时就匆忙进入，从而造成坠落事故。

24）在安装曳引机、轿厢、对重、导轨和钢丝绳时，严禁冒险或违章操作，必须由施工负责人统一指挥，使用安全可靠的设备、工具，做好人员力量的配备组织工作。

25）在施工过程中，严禁操作人员站立在电梯层门和轿门的骑跨处，以防触动按钮或手柄开关，使电梯轿厢位移发生事故。骑跨处是指电梯的移动部分与静止部分之间的位置，如：轿门地坎和层门地坎之间、分隔井道用的工字钢（槽钢）和轿厢顶之间等。

26）在施工过程中，操作人员若需要离开轿厢时，必须切断电源，关闭层门、轿门，并悬挂“禁止使用”警告牌，以防他人启用电梯。

27）施工中间断作业（如吃饭、下班、暂离工地）时，应切断电源，设置安全标志，必要时作业区应设置值班人员留守。

28）电梯在调试过程中，必须有专业人员统一指挥，严禁载客。

29）电梯安装过程安全控制图如图6－2所示。

3. 搭设脚手架时的安全操作技术

脚手架的搭设应由电梯安装单位向具有搭设脚手架资质的单位提出使用要求。脚手架搭设施工单位制定搭设方案，报本单位安全部门和有关技术部门审批后搭设。脚手架的传统用材有杉木、楠竹、钢管三种，近年来广泛使用钢管，使用钢管搭设脚手架时，应遵照扣件式钢管脚手架的有关规定搭设。

1）钢管搭设的脚手架其承载压力不得于小2.5kPa（250kgf/m^2）。安装载重量在3000kg以下时，可采用单井字式，如图6－3中实线部分所示；安装载重量在3000kg以上时，必须采用双井字式，如图6－3中的虚线部分所示。

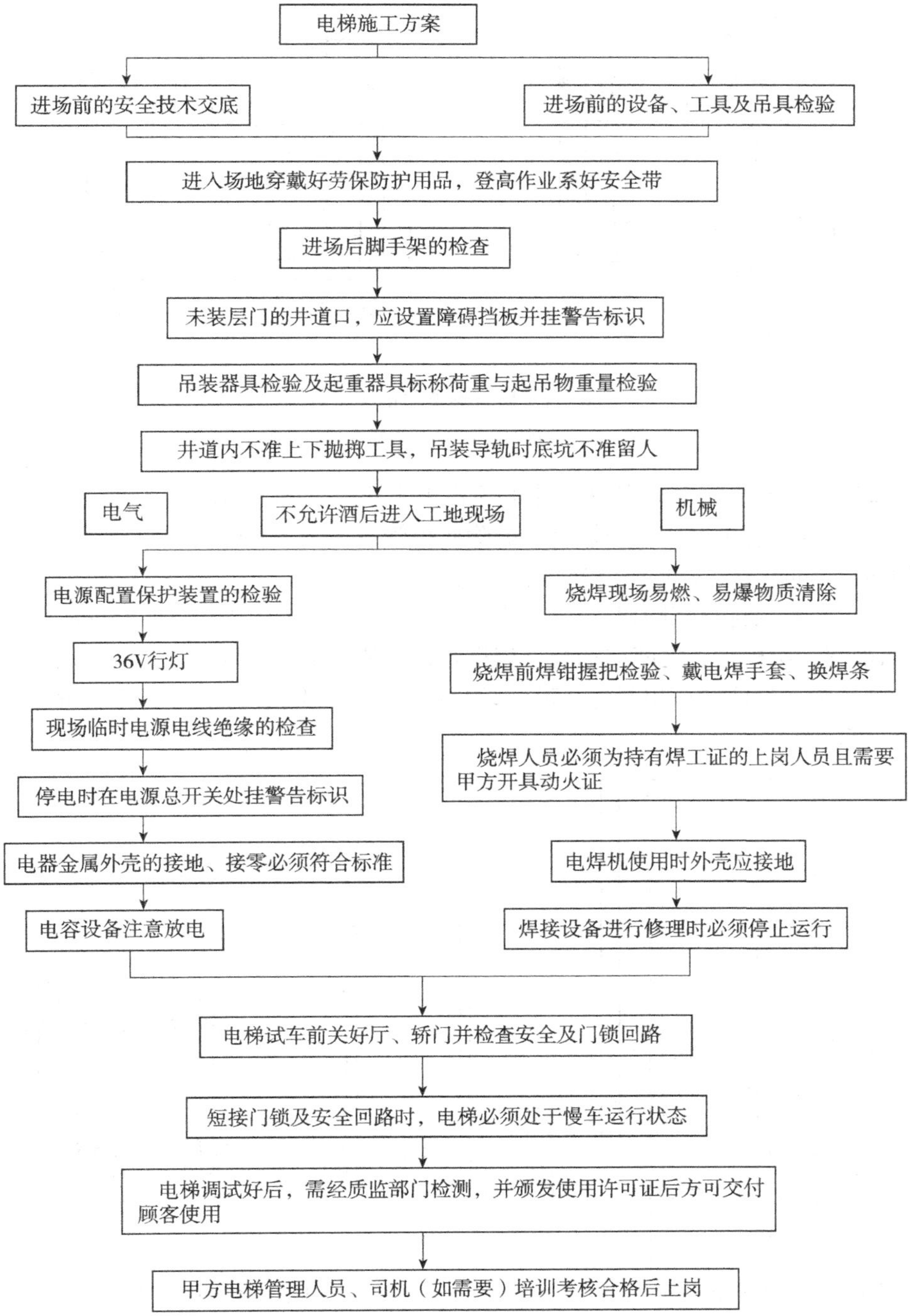

图6－2　电梯安装过程安全控制图

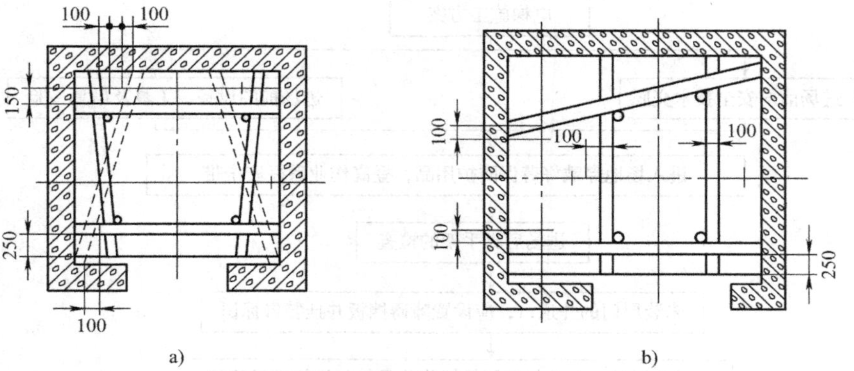

图 6－3　搭设脚手架型式示意图

a）对重在轿厢后侧　b）对重在轿厢旁侧

2）脚手架立管最高点位于井道顶板下 1.5～1.7m 处为宜，以便稳放样板。顶层脚手架立管最好用四根短管，拆除此短管后，余下立管的顶点应在最高层牛腿下面 500mm 处，以便安装轿厢，如图 6－4 所示。

3）脚手架排管档距以 1.4～1.7m 为宜，每层层门牛腿下面 200mm 处应设一档横管，两档横管之间应加装一档横管，以便于上下攀登（图 6－5a）。

4）脚手架两端探出排管 150～200mm，用 8 号铝铅丝将其与排管绑牢，如图 6－5b 所示。

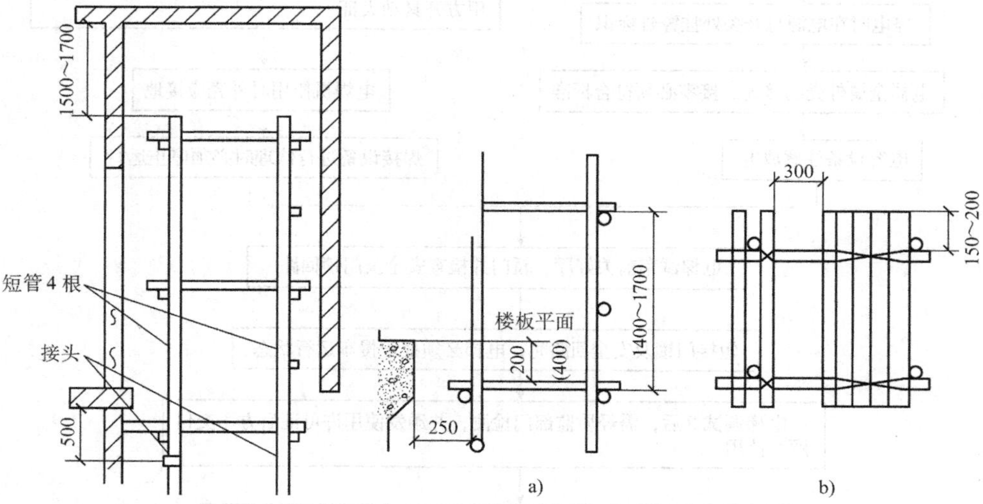

图 6－4　脚手架立管搭设　　图 6－5　脚手架探出排管搭设

5）为防止脚手架摇摆，应在每 5m（或每 3 层脚手板）的间隔处与墙壁进行抵挂支撑，在脚手架的顶部也应与墙壁进行支撑。

6）钢管脚手架应可靠接地，接地电阻应小于4Ω。脚手架搭设好后，必须进行质量验收，并将验收结果填入脚手架验收记录表中（见表6-3）。

表6-3　脚手架验收记录表

项目单位			
安装地址及机号			
施工负责人		施工人员	
序号	检查项目	检查内容	检查结果
1	脚手架材料	1. 钢管：≥ϕ48mm×3.5mm的钢管，用相应的管接头或有夹箍的连接螺栓紧固，凡腐蚀、弯曲及有裂纹的钢管均不可使用 2. 杉木：所用木材有效部分的小头直径应大于60mm，凡腐朽、虫蛀、有裂纹、易折断、弯曲严重的不得使用 3. 楠竹：所有楠竹直径应不小于6cm，凡青嫩、枯黄、虫蛀、腐烂、有裂缝（透节二节以上）的均不得使用	□符合　□不符合 □符合　□不符合 □符合　□不符合
2	脚手架布置	脚手架的平面布置、垂直布置、支撑杆是否齐全和符合图样要求，且在同一垂直面内钢管脚手架不允许出现倾斜现象，所有紧固件应紧固，不允许出现松动或螺栓未紧固现象	□符合　□不符合
3	尺寸要求	脚手架的有关尺寸如四周间隙、横杆间距等应符合图样要求，脚手架应安装在具有足够强度的底坑地面上	□符合　□不符合
4	跳板搭设要求	施工层必须满铺，跳板长度根据井道内径尺寸而定，以伸出两边横杆130~150mm为宜，板的两端四点应用不细于1.2mm的镀锌钢丝绑扎，当跳板间距大于2m时应设中间横档，跳板无滑动、跷头现象	□符合　□不符合
5	脚手架上无杂物	脚手架上不准堆放杂物，以防坠物伤人，施工架上不得有沙、油污、水等危害安全的物质	□符合　□不符合
6	安全网	地坑井道工作区域上下两层之间或高度小于10m处应设一道安全平网，且安全平网的固定应牢固，接头处不易松动或断裂，应能承受800N的冲击力	□符合　□不符合
整改项目：			
结论： 质量安全检验员：　年　月　日			
项目负责人：		工程技术部负责人： （技术负责人）　年　月　日	

4. 制作样板架时的安全操作技术

样板架制作是电梯安装的重要环节，安装施工的全过程将严格按照样板架所放下的铅垂线进行，因此是直接影响电梯安装质量的关键性工作。

样板架制作时的安全操作技术如下：

1）样板架的制作应以电梯安装平面图给定的尺寸参数为依据，其中包括轿厢宽度、轿厢导轨间距、对重导轨间距、厅门口净宽度以及轿厢地坎的间隙等，从而确定出轿厢中心与对重中心、轿厢两侧导轨支架间距、对重两侧导轨支架间距和厅门门口中心等位置尺寸，上述尺寸参数不够明确时，可对相关设备进行实测，做到准确无误。表6-4为样板架检验记录。

表6-4 样板架检验记录

一、项目名称：

二、安装地址及机号：

三、检查依据：

《样板（线架）的检验规程》1.1条：样板架上轿厢中心线、门中心线、门净宽线、导轨中心线位置偏差不应超过0.3mm，其余尺寸公差不小于±0.5mm。

四、样板架平面示意图：

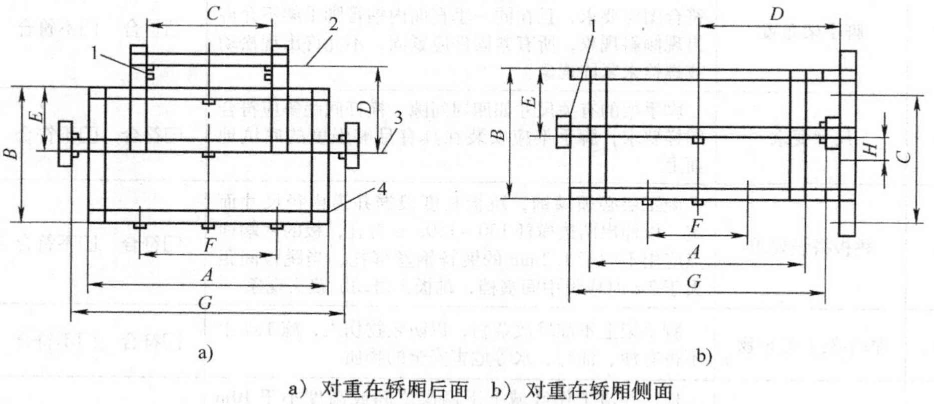

a）对重在轿厢后面 b）对重在轿厢侧面

1—沿垂线 2—对重中心线 3—轿厢架中心线 4—连接铁钉

A—轿厢宽 *B*—轿厢深 *C*—对重导轨架距离 *D*—轿厢架中心线至对重中心线的距离

E—轿厢架中心线至轿底后缘的距离 *F*—开门净宽 *G*—轿厢导轨架距离 *H*—轿厢与对重偏心距离

五、样板架检验记录表及结论：

参数 电梯类型	主轨顶面间距/mm	副轨顶面间距/mm	主轨高度/mm	副轨高度/mm
对重后置口 对重侧置口				

（续）

项目＼参数	A	B	C	D	E	F	G	H	水平误差
标准值/mm									
上样板测量值/mm									
下样板测量值/mm									
极限偏差值/mm									

结论： 质量安全检测员：　　年　月　日	
项目负责人： 年　月　日	工程技术部负责人： （技术负责人）　　年　月　日

2）无论是采用直钉木条式还是整体式制作样板架，都需在井道顶板下1m左右处剔洞或打设膨胀螺栓，以将木梁或角钢固定在井道壁上，如图6-6所示。剔洞或打设膨胀螺栓时，应站好位置，系好安全带，戴防护眼镜，手拿工具，不得戴手套，不得上下交叉作业。

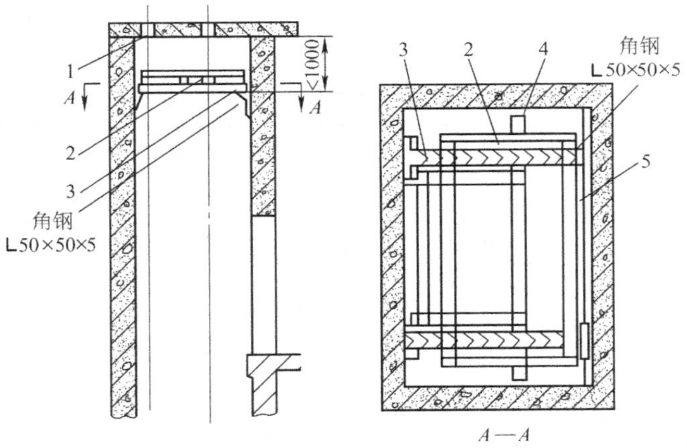

图6-6　墙孔固定样板架示意图

1—机房楼板　2—上样板架　3—木梁　4—固定样板架的螺钉　5—铅垂线

3）测量井道、确定标准线时，应注意电梯安装好后轿厢及对重作上下运动时，其运动部分与井道内静止的部件及建筑结构的净距离不得小于50mm。

4）放基准垂线时，临时拴用的重物不宜超过1kg并应拴牢，防止坠落伤人。

5）样板架木梁或角钢不得承载样板架以外的重量。

5. 安装电梯主要部件时的安全操作技术

（1）安装承重梁　机房承重梁是承载曳引机、轿厢和额定载荷、对重装置等总重量的机件，因此，承重梁无论采用何种安装位置，安装时必须遵循以下安全操作要求。

1）承重梁两端如需埋入承重墙内时，其埋入深度应超过墙厚中心线 20mm，且不应小于 75mm。砖墙梁下应垫以能承受其重量的钢筋混凝土过梁或金属过梁，如图 6－7 所示。

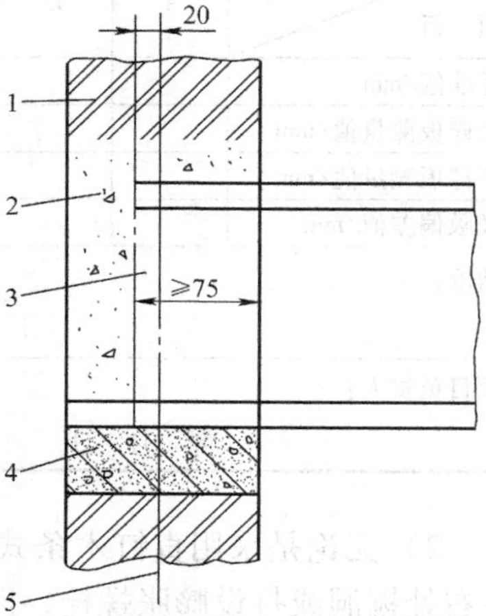

图 6－7 承重梁的埋设

1—砖墙 2—混凝土 3—承重梁

4—钢筋混凝土过梁或金属过梁

5—墙中心线

2）承重梁两端埋入承重梁（或墙）上时，采用混凝土浇制，其所用混凝土的强度等级应大于 C20，混凝土厚度大于 100mm。

3）承重梁如安装在机房楼板上时，应保证承重梁底面与机房毛地坪之间的距离大于 120mm。

4）承重梁与机房楼板连为一体时，其混凝土地坪的厚度应大于 300mm，并应有减震橡胶垫装置。

5）承重梁上如要开孔，不得采用气割，而必须采用钻孔方式。电梯隐蔽工程安装验收记录表。见表 6－5。

表 6－5 电梯隐蔽工程安装验收记录表

项目名称		检验日期	年 月 日	
安装地址				
承重钢梁			承重墙	
结构型式	规 格	数 量	结构型式	厚度/mm
隐蔽部位安装要求示意图				

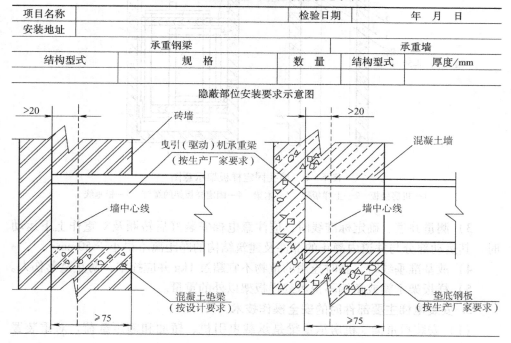

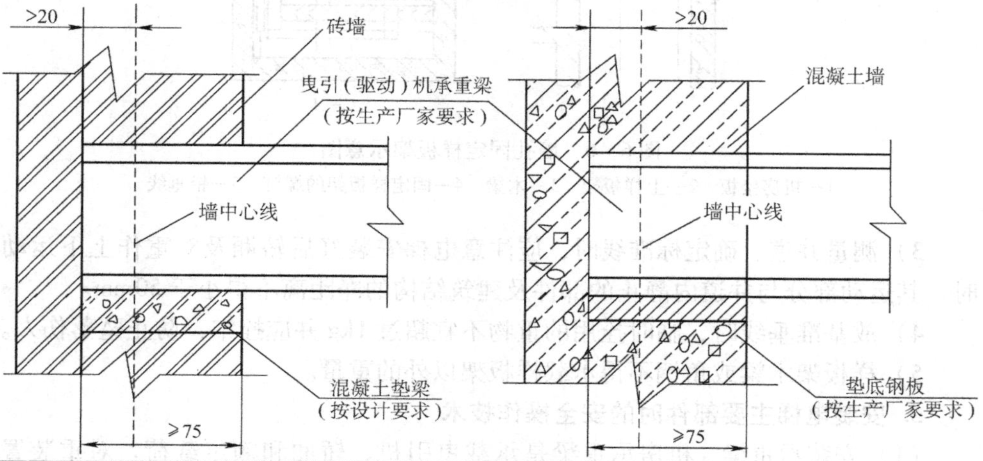

（续）

检测记录	
1. 钢梁入墙深度________mm，其中超过墙厚中心________mm 2. 钢梁隐蔽部分的连接、固定、防腐质量： 3. 钢梁底的垫梁（板）的形式、规格（尺寸）： 4. 入墙孔洞的封堵情况： 5. 钢梁底面至机房楼板面的垂直净距离______________mm（应符合有关技术要求，钢梁底面不与楼板面接触或隐蔽于装饰地面内，即不对楼板产生附加载荷）	
结论： 质量安全检查员：　　　　年　月　日	项目负责人：　　　　年　月　日
监理（建设）单位验收确认： 年　月　日	工程技术部负责人： （技术负责人）　　　　年　月　日

（2）安装控制柜　控制柜的安装应按机房布置图及现场情况合理安排，且必须符合维修方便、巡视安全的原则。

1）控制柜与槽钢底座采用镀锌螺栓连接固定时，连接螺栓应由下向上穿。

2）控制柜与混凝土底座采用地脚螺栓联接固定时，不仅相互联接要固定牢靠，而且更要与机房地面固定牢靠。

（3）安装曳引机　曳引机是电梯的动力源，它由电动机、制动器、曳引轮、减速器组成，是靠曳引绳与曳引轮的摩擦来实现轿厢运行的驱动装置。曳引机的安装工作比较简单，操作时主要是正确地进行吊装、入位、校正，保证承重、减震及各部位的距离尺寸合乎要求。

曳引机入位时应使用悬挂在曳引机位置上方主梁吊钩上的环链手拉葫芦进行吊装。吊装时应注意以下几点：

1）吊钩应为防脱钩式，使用的吊装索具必须具有足够的承载能力，其安全系数应大于4。机房吊钩与承重之间的关系：a. ϕ20mmQ235A 钢吊钩，承载2.1t；b. ϕ22mmQ235A 钢吊钩，承载2.7t；c. ϕ24mmQ235A 钢吊钩，承载3.3t；d. ϕ27mmQ235A 钢吊钩，承载4.1t。

2）吊装时索具不能直接套挂在电动机轴、曳引轮轴等曳引机机件上，如图6－8所示为错误的吊装方式。

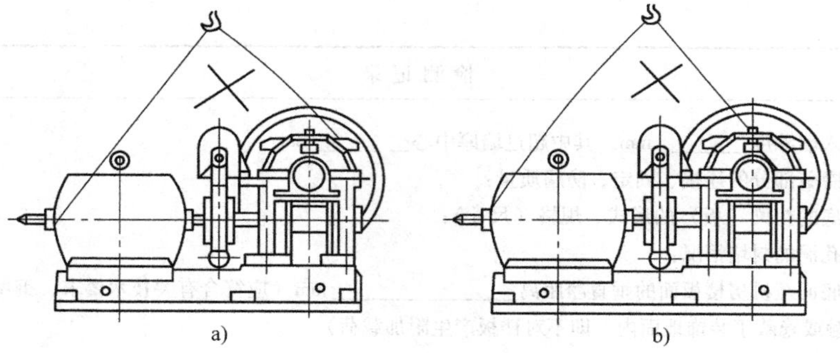

图 6－8　错误的吊装方式

3）正确的起吊方式是将吊索穿过曳引机底座的起吊孔进行吊装，如图 6－9a 所示；也可将辅助吊件穿过曳引机底座的起吊孔，将吊索套在辅助吊件上进行吊装，如图 6－9b 所示。

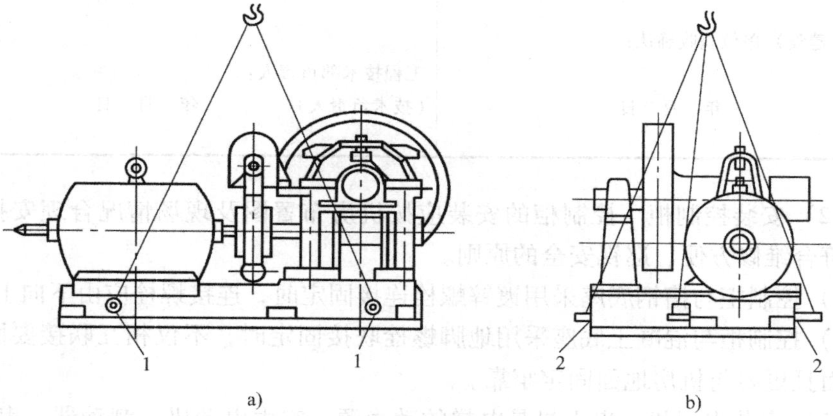

图 6－9　正确的吊装方式

a）吊索穿入起吊孔　b）辅助吊件穿过起吊孔

1—起吊孔　2—辅件

4）起吊时应缓慢平稳地进行操作，当手动葫芦不是垂直受力时，应特别注意防止索具脱开发生事故。

5）进行起吊操作时要精神集中，由一人统一指挥，起吊工作要一气呵成，不得将曳引机吊停在半空中。

曳引机吊装入位放在基座上后，必须进行校正、定位，可在曳引轮居中绳槽前放一根铅垂线直至井道样板上绳轮中心位置，移动曳引机位置，直至铅垂线对准主导轨中心和对重导轨中心，如图 6－10 所示，然后拧紧吊装螺栓。

（4）安装限速器

1）限速器定位。限速器一般位于机房内的楼板上。按安装图要求的坐标位置，将限速器就位，由限速轮绳槽中心向轿厢拉杆上绳头中心吊一垂线，同时由限速轮另一边绳槽中心直接向张紧轮相应的绳槽中心吊一垂线，调整限速器位置，使上述两对中心在相应的垂线上，位置即可确定。然后在机房楼板对应的位置上打入膨胀螺栓，将限速器就位，再一次进行测校，使限速器的位置和底座的水平度均符合要求：限速器绳轮垂直度不大于0.5mm。最后将膨胀螺栓上的螺母紧固。

2）张紧装置定位。限速器绳索的张紧装置安装并紧固在底坑的轿厢导轨上，如图6－11所示。其底部距底坑地平面的距离可根据表6－6确定。

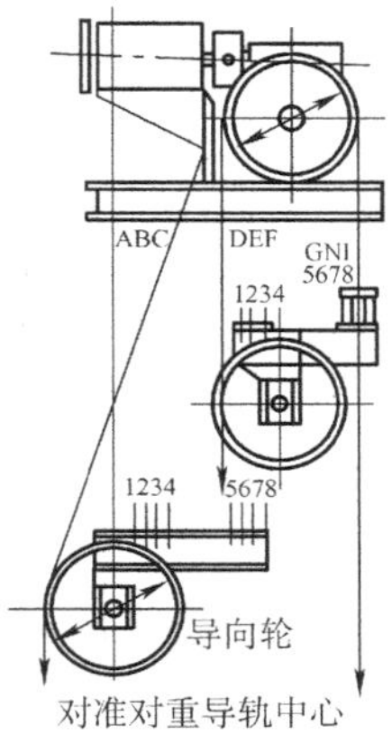

图6－10　曳引机安装位置找正示意图

根据表6－6的规定及安装图尺寸将张紧轮定位。由轿厢拉杆下绳头中心向其对应的张紧轮绳槽中心点 a 吊一垂线 A（见图6－12），同时由限速器绳槽中心向张紧轮另一端绳槽中心 b 吊垂线 B，调整张紧轮位置，使垂线 A 与其对应中心点 a 的误差值小于5mm，使垂线 B 与其对应中心点 b 的误差值小于15mm，则张紧装置位置确定。

表6－6　张紧装置底部距底坑地平面的距离

电梯速度/(m/s)	距底坑尺寸/mm
2～3	750±50
1～1.75	350±50
0.5～1	400±50

3）挂限速绳。直接把限速绳挂在限速轮和张紧轮上进行测量，根据所需长度断绳，做好绳头。做绳头的方法与主钢丝绳绳头相同，然后将绳头与轿厢拉杆板固定。

（5）机房布线

1）从机房电源起接零线和接地线应始终分开，接地线为黄绿双色绝缘电线。除使用36V及其以下安全电压的电气设备外，设备的金属罩壳均应设有易于识别的接地端子，且应有良好的接地。接地线应分别直接接至地线柱上，不得互相串联后再接地。

2）线管、线槽的敷设应横平竖直、整齐牢固；线管内导线总面积不大于管内净面积的40%，线槽内导线总面积不大于线槽净面积的60%；软管固定间距不大于1m，端头固定间距不大于0.1m。

3）电缆线可通过线槽从控制柜的后面或前面的引线口把线引入控制柜内。

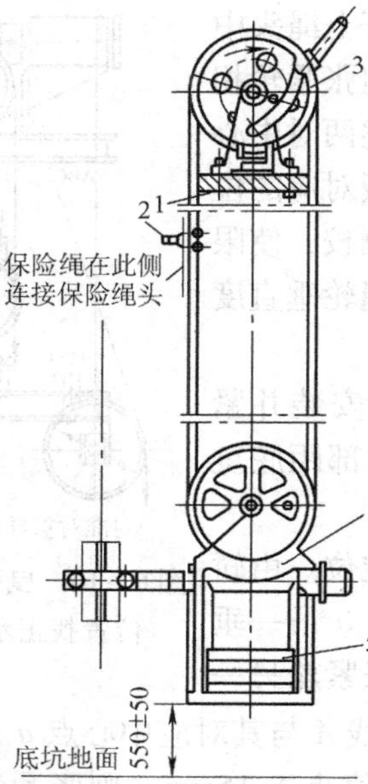

图 6－11 限速器与张紧轮装置

1—限速器 2—机房地平面 3—钢丝绳锥套

4—钢丝绳 5—张紧架

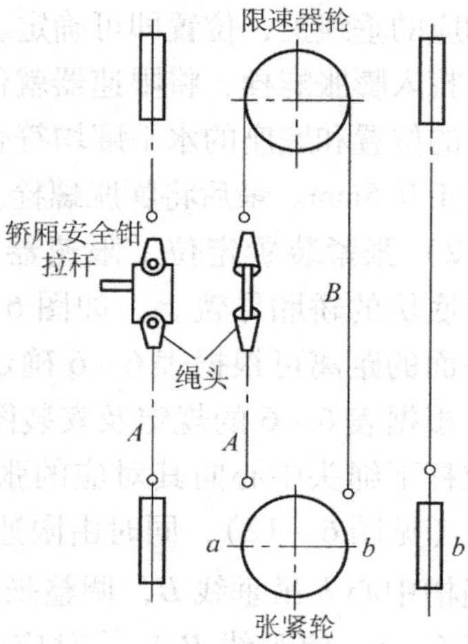

图 6－12 限速器张紧装置的安装

（6）安装导轨支架及导轨　导轨支架与导轨的安装是整个电梯安装过程中的一个重要环节，其安装上的误差必将造成轿厢运行中的噪声、冲击、振动。

1）由于导轨支架及导轨的安装都在井道中进行，因此施工时所有作业人员都应戴好安全帽，如有登高作业还应系好安全带。自己所携带的工具应放在工具袋内，大型工具要用保险绳扎好，妥善保管，防止其坠落伤人损物。

2）作业人员站在脚手架上时，应注意脚手架的脚手板或竹垫笆是否扎牢和紧固，如有不妥应采取措施，先检查后上人，清除一切不安全因素后，才能进行工作。

3）严禁立体作业及上下一起施工。

4）在井道墙上凿洞时，不允许用重 1.13kg 以上的大锤猛击墙面。

5）所有导轨支架应依照工作线埋设，支架面允许离开工作线 0.5～1mm。最下一排导轨支架安装在底坑地面上方 1000mm 的相应位置上；最上一排导轨支架安装在井道顶板下面不大于 500mm 的相应位置上。

6）当井道墙厚小于 100mm 时，应采用大于 M16 的螺栓和厚度不小于 16mm 的钢板，将导轨支架与井道墙固定。

7）灌注导轨支架用的混凝土，其强度等级应大于 C20。支架埋入墙内的深度不得小于120mm。常温下经过6～7h的养护后，才能安装导轨。

8）导轨应用压导板固定在导轨支架上，不得焊接或用螺栓直接连接。吊装导轨时，下方不准有人。要采用U形卡或双钩勾住装在导轨榫头端处的连接板。

9）若导轨较轻且提升高度不大，可采用人力，使用≥ϕ25mm的麻绳代替卷扬机吊装导轨。若采用小型卷扬机提升，应在井道顶层楼板下挂一滑轮并固定牢固，在顶层层门口安装并固定一台0.5t的卷扬机，如图6－13所示。起吊导轨时，要注意吊装用具的承载能力，一般吊装总重不得超过300kg，整条导轨可分几次吊装就位，如图6－14所示。

10）安装导轨时还应注意，每节导轨的榫头应朝上，当灰渣落在榫头上时以便清除。并保证导轨接头处的缝隙符合规范要求。

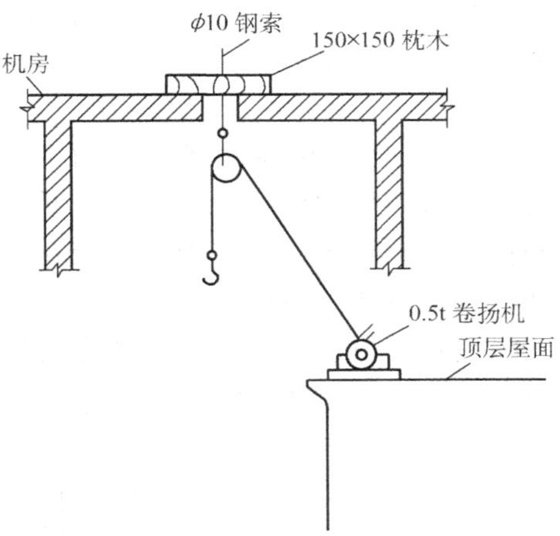

图6－13　吊装导轨的卷扬机

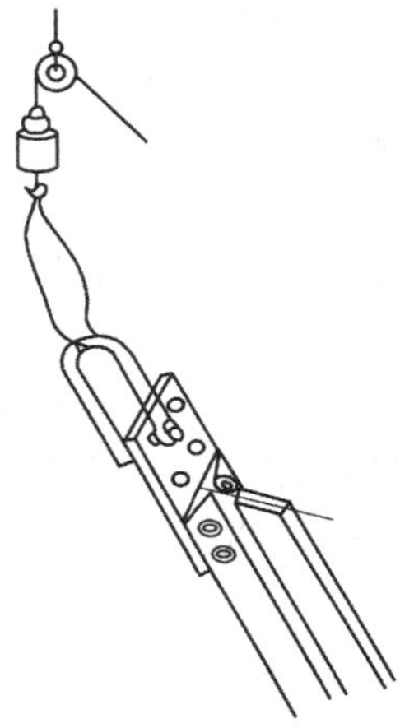

图6－14　导轨吊装

（7）安装对重装置

1）在底坑上部安装好倒链（或用卷扬机），使用时要仔细检查，确保安全可靠后方能使用。

2）将对重架一侧的上下导靴拆掉，用倒链吊起对重架放在对重导轨中，用方木将对重架垫起，使对重架与缓冲器的距离符合要求，再装好对重导靴。在吊起对重架时要缓慢进行，防止晃动伤人。

3）对重架放入导轨中未安装好导靴、未垫稳前不可摘下吊钩。

4）人工放入一定量的对重块于对重架中，然后用压板固定。

5）吊装和装对重块的过程中，要格外小心，不要碰基准线，以免影响安装质量。

6）所使用的倒链必须带防脱钩装置。

（8）安装钢丝绳

1）截断钢丝绳。按照已测量好的钢丝绳长度，在距截绳处各 5mm 的两端用钢丝（退火钢丝）进行绑扎，绑扎长度最小为 20mm，然后用錾子、切割机、压力钳等工具截断钢丝绳，不得使用电、气焊截断，以免破坏钢丝绳的机械强度。

2）做绳头、挂钢丝绳。做绳头时可采用金属或树脂充填的绳套、自锁紧楔形绳套、至少带有三个合适绳夹板的鸡心环套、带绳孔的金属吊杆等，如图 6-15 所示。

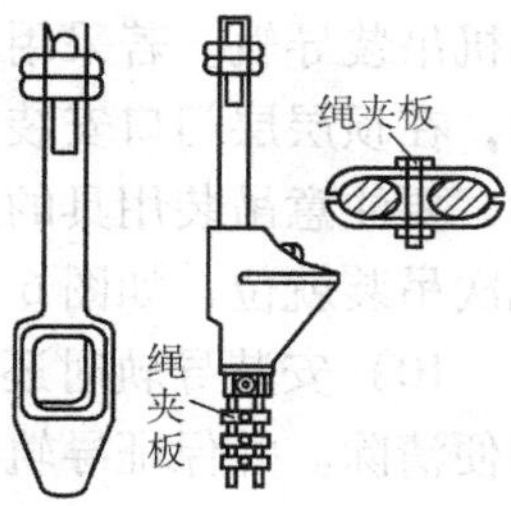

图 6-15 绳头装置

① 在做绳头、挂绳之前，应先将钢丝绳放开，使之自由悬垂于井道内，消除内应力。挂绳之前若发现绳上油污、渣土较多，可用棉丝浸上煤油，拧干后对钢丝绳进行擦拭，禁止对钢丝绳直接进行清洗，以防止润滑油脂被洗掉。

② 挂绳顺序。单绕式电梯挂绳前，一般先做好轿厢侧绳头并固定好，之后将钢丝绳的另一头从轿顶起通过机房楼板绕过曳引轮、导向轮送至对重架上方，按照计算好的长度断绳。断绳后制作对重侧绳头，再将绳头固定在对重绳头板上，两端要连接牢靠。复绕式电梯的挂绳方法与单绕式原理相同，也是先挂近轿厢侧，后挂近对重侧，但由于其绳头均在机房内，因此一般先放绳后做绳头，也可以先做一个（近轿厢侧）绳头，挂好绳后再做另一个（近对重侧）绳头。

③ 将钢丝绳断开后穿入锥套、将剁口处绑扎的铅丝拆去，松开绳股，除去麻芯，用煤油将绳股清洗干净，按要求将绳股或钢丝向绳中心折弯（俗称编花），折弯长度应不小于钢丝绳直径的 2.5 倍，将弯好的绳股用力拉入锥套内，将浇口处用石棉布或水泥袋包扎好，下口用石棉绳或棉丝扎严，操作顺序如图 6-16 所示。

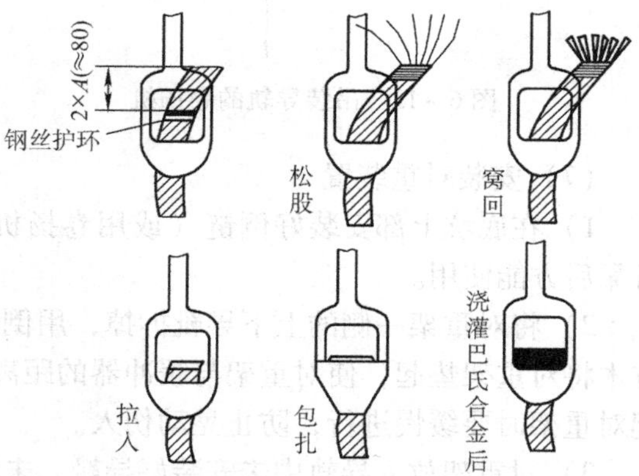

图 6-16 绳头制作过程

④ 浇灌绳头前应将绳头锥套内部的油质杂物清洗干净，而后采取缓慢加热的办法使锥套温度达到 100℃左右，再进行浇灌。

⑤ 钨金（巴氏合金）的浇灌温度以 270～350℃为宜，钨金采取间接加热的

方法熔化，温度可用热电偶测量或以当放入水泥袋后立即焦黑但不燃烧为宜。浇灌时清除钨金表面杂质，浇灌必须一次完成，进行浇灌作业时应轻击绳头，使钨金灌实，灌后冷却前不可移动。浇注完成面应高出锥孔 10～15mm。冷却后取下小端出口处的防漏物，此时可在孔口处看到有少量钨金渗出，以证明钨金已渗至孔底。同时还应检查钢丝绳是否与锥套成一直线，捻向排列是否呈不均匀状态。钢丝绳的歪斜和散松均会降低抗拉强度，当发现钨金未能渗至孔底或钢丝绳出现歪斜和松散时，应重新浇注。

⑥ 自锁紧楔形绳套。该绳套不用巴氏合金，使安装绳头的操作更为方便和安全。a. 将钢丝绳以比充填绳套法长 300～500mm 的长度断绳；把钢丝绳向下穿出，绳头拉直、弯回，留出足以装入楔块的弧度后再从绳头套前端穿出，如图 6－17a、b 所示；b. 把楔块放入绳弧处，一只手向下拉紧钢丝绳，另一只手拉住绳端用力上提钢丝绳使楔块卡在绳套内，同时轻轻敲击绳套，使楔块在绳套内逐渐卡牢，如图 6－17c 所示；c. 全部绳头装好后，加载轿厢对重的全部重量，此时钢丝绳和楔块受到拉力将升高（25mm 左右），这时装上绳卡，防止楔块从绳套中脱出，如图 6－17d 所示；d. 此时可初步调节钢丝绳张力。由于相对拉紧的钢丝绳楔块比较容易调节，因此可在相对拉紧的绳套内两钢丝绳之间插入一个销轴，用榔头轻敲销轴顶部，使楔块下滑，此时该钢丝绳会自行在绳套内滑动，找到其最佳的受力位置；在每个过紧的绳头上重复上述做法，直至各钢丝绳张力相等，如图 6－17e 所示；e. 在此调节过程中，应使轿厢反复运行几次，以消除钢丝绳间的应力；f. 当采用三个合适绳夹的绳头夹板时，应使绳夹间隔不小于钢丝绳直径的 5 倍。

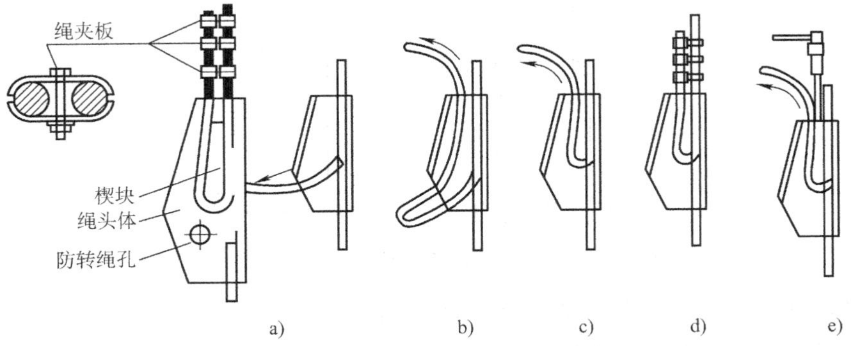

图 6－17　自锁紧楔形绳套

（9）安装缓冲器　缓冲器是电梯的最后一道安全保护装置，分弹簧缓冲器和油压缓冲器，但其安装要求基本相同。

1）在轿厢（或对重）撞板中心放一线坠，移动缓冲器，使其中心对准线坠来确定缓冲器的位置，两者在任何方向的偏移<20mm，如图6-18所示。

2）用水平尺测量缓冲器顶面，要求其水平度偏差值≤2‰，如图6-19所示。

3）如果作用于轿厢（或对重）的缓冲器由两个组成一套时，两个缓冲器的顶面应在一个水平面上，相差≤2mm，如图6-20所示。

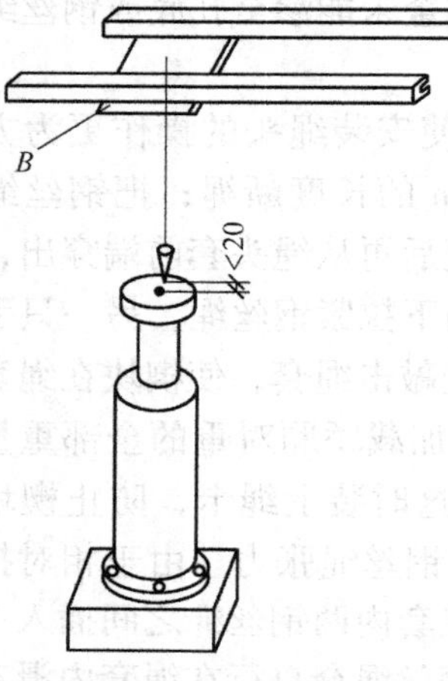

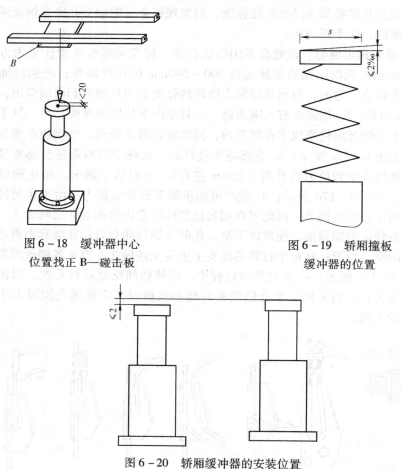

图6-18 缓冲器中心位置找正 B—碰击板

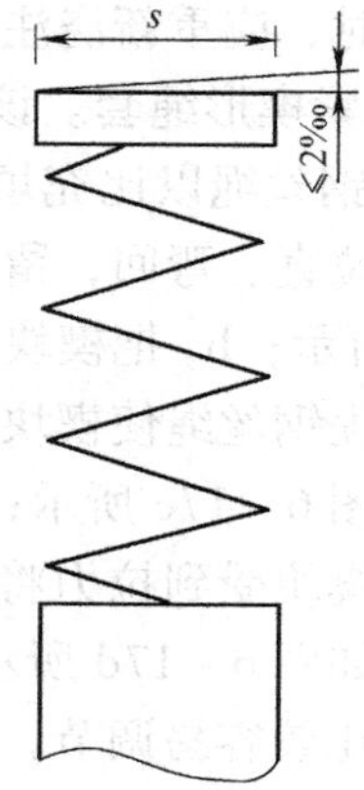

图6-19 轿厢撞板缓冲器的位置

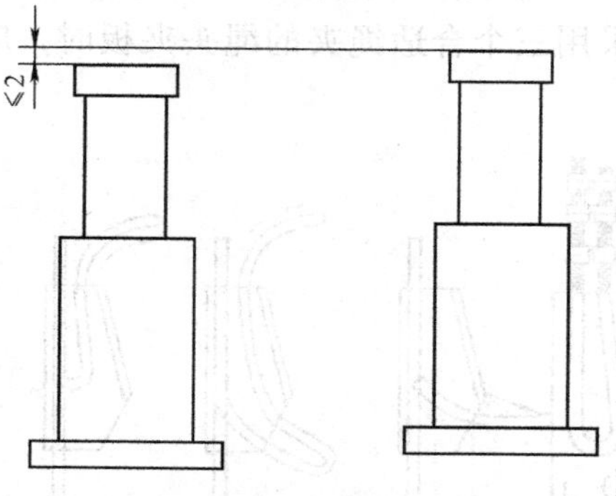

图6-20 轿厢缓冲器的安装位置

4）测量油压缓冲器的活动柱塞的垂直度，活动柱塞的垂直度偏差不大于5‰，测量时应在相差90°的两个方向进行，如图6-21所示。

5）缓冲器底座必须按要求安装在混凝土或型钢基础上，接触面必须平整，接触严密，如采用金属垫片找平，其面积应不小于底座的1/2，地脚螺栓应紧固，螺扣要露出3~5扣，螺母加弹簧垫或用双螺母锁固。

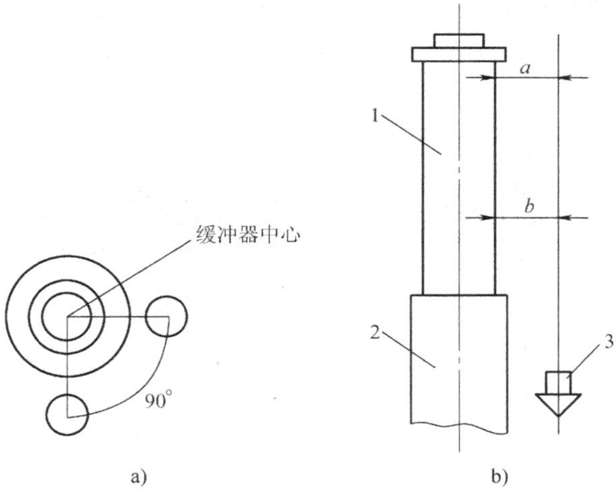

图 6－21 活动柱塞的垂直度
1—柱塞 2—缸体 3—铅垂基准

（10）安装轿厢

1）搭设操作平台：

① 先拆除井道中顶层以上的脚手架（保留样板架），在脚手架的相应位置（以方便拼装轿厢为准）搭设操作平台。

② 在顶层层门门口对面的混凝土井道壁相应位置上安装两个角钢托架（用 100mm × 100mm 角钢），每个托架用三个 M16 膨胀螺栓固定。在层门门口牛腿处横放一根木方，在角钢托架和横木方上架设两根 200mm × 200mm 的木方（或两根 20 号工字钢）。两横梁的水平度偏差不大于 2‰，然后把木方端部固定，如图 6－22 所示，大型客梯及货梯应根据梯井尺寸计算来确定木方或型钢尺寸、型号。

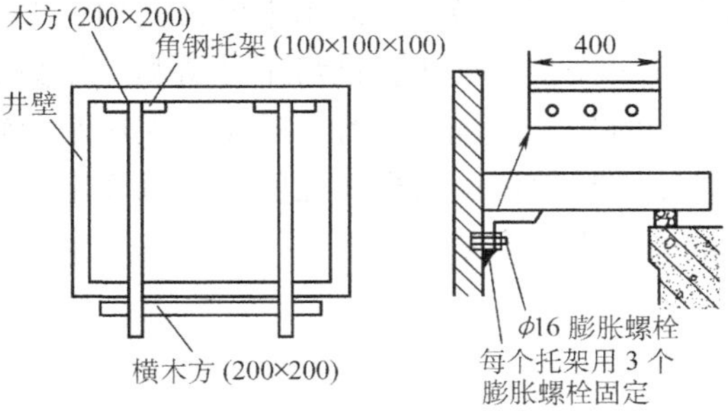

图 6－22 木方搭设

③ 若井壁为砖结构，则在层门门口对面井壁相应的位置上剔两个与木方大小相适应、深度超过墙体中心线 20mm 且不小于 75mm 的洞，用以支撑木方一端，如图 6－23 所示。

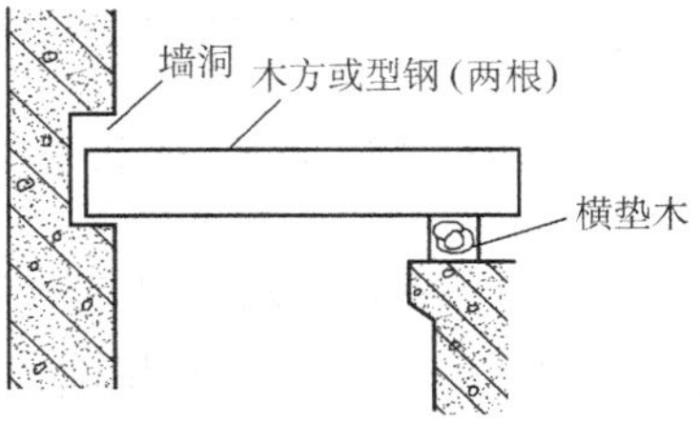

图 6－23 砖墙支撑

④ 在机房承重钢梁上相应的位置（若承重钢梁在楼板下，则在轿厢绳孔旁）横向固定

1 根直径不小于 ϕ50mm 的圆钢或规格为 ϕ75mm × 4mm 的钢管，由轿厢中心绳孔处放下钢丝绳扣（不小于 ϕ13mm）并挂一个 3t 的倒链，以备安装轿厢时使用，如图 6－24 所示。

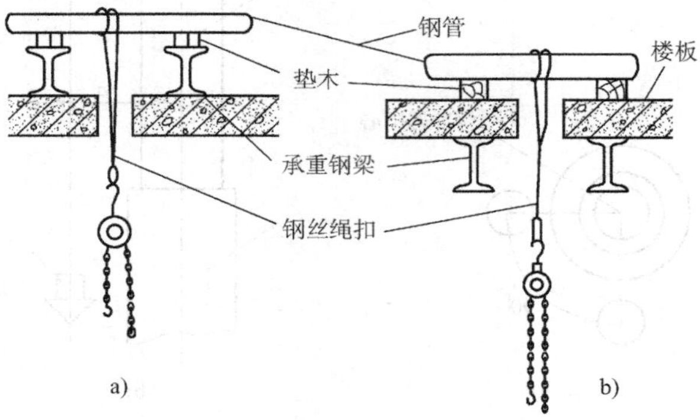

图 6－24　承重钢梁上的搭设

a）承重钢梁在楼板上的情况　b）承重钢梁在楼板下的情况

2）安装底梁。用倒链将底梁吊放在架设好的木方或工字钢上。调整安全钳钳口与导轨面的间隙，如图 6－25 所示，使安全钳钳口和轨道面的间隙 $a = a'$，$b = b'$。如果电梯的图样有具体尺寸规定，需按图样要求调整，同时要调整底梁的水平度，使其横、纵向水平度偏差均不大于 1‰。

安装安全钳楔块，楔齿距导轨侧工作面的距离调整到 3～4mm，安装说明书有规定时按具体说明执行，且 4 个楔块距导轨侧面的工作间隙应一致，然后将厚垫片塞于导轨侧面与楔块之间，予以固定，如图 6－26 所示。同时把安全钳和导轨端面用木楔塞紧。

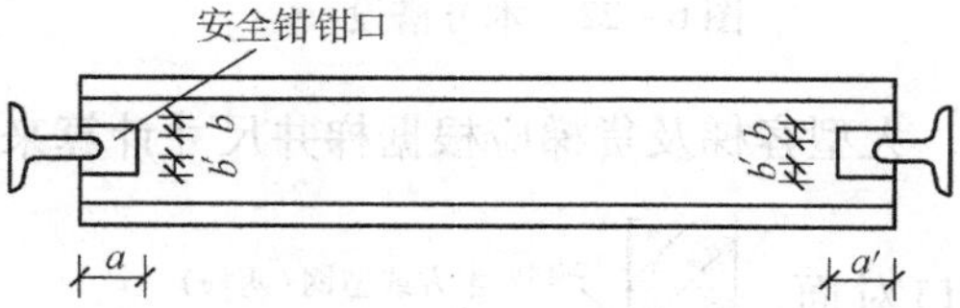

图 6－25　调整安全钳钳口

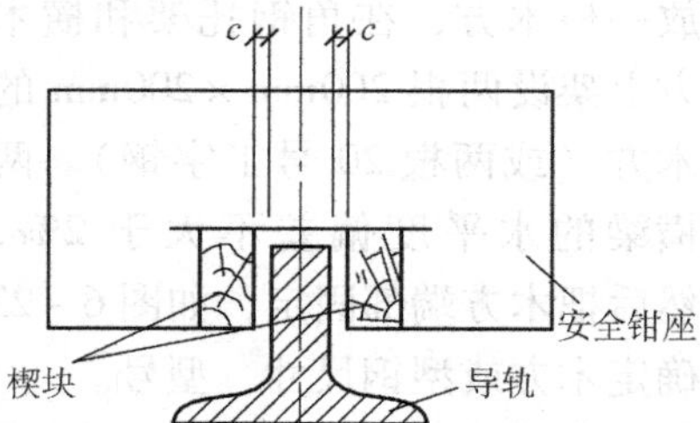

图 6－26　安装安全钳楔块

3）安装立柱。将立柱与底梁连接，连接后应使立柱垂直，其垂直度在整个高度上≤1.5mm，不得有扭曲，若达不到要求则用垫片进行调整，如图 6－27 所示。安装立柱时应使其自然垂直，达不到要求时，要在上下梁和立柱间加垫片，进行调整，不可强行安装。

4）安装上梁：

① 用倒链将上梁吊至与立柱相连接的部位，将所有的联接螺栓装好。

② 调整上梁的横向、纵向水平度，使水平度偏差不大于0.5‰，然后紧固联接螺栓。

③ 如果上梁有绳轮，要调整绳轮与上梁的间隙，a、b、c、d 要相等，如图6－28所示。其相互尺寸偏差≤1mm，绳轮自身垂直度≤0.5mm。

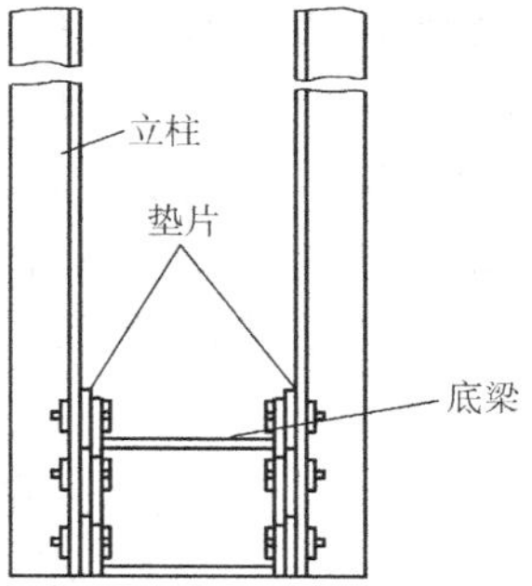

图6－27　立柱安装垫片调整

④ 轿厢顶轮的防跳档绳装置，应设置防护罩，以避免伤害作业人员，又可预防钢丝绳松弛时脱离绳槽、绳与绳槽之间落入杂物。这些装置的结构应不妨碍对滑轮的检查维护。采用链条的情况下，也要有类似的装置。

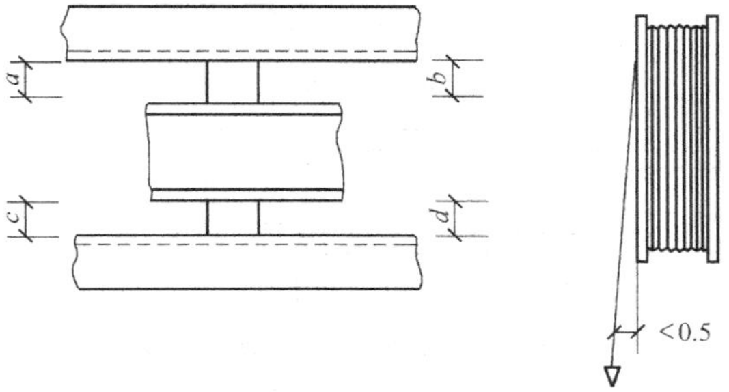

图6－28　上梁带有绳轮的调整

5）安装底盘：

① 用倒链将轿厢的底盘吊起并平稳地放到下梁上，将轿厢底盘与立柱、底梁用螺栓联接，但不要把螺栓拧紧。将斜拉杆装好，调整拉杆螺母，使底盘安装的水平度偏差不大于2‰，然后将斜拉杆用双螺母拧紧。把底盘、下梁及拉杆用螺母联接牢固，如图6－29所示。

② 如果轿厢底为活动结构，先按上述要求将轿厢底盘托架安装好，且将减振器安装在轿厢底盘托架上。

③ 用倒链将底盘吊起，缓缓就位。使减振器的螺栓逐个插入轿厢底盘相应的螺栓孔中，然后调整轿厢底盘的水平度，使其水平度偏差不大于2‰。若达不到要求，则在减振器的部位加垫片进行调整。

调整轿厢底定位螺栓，使其在电梯满载时与轿底保持1～2mm的间隙，如图6－30所示。调整完毕，将各联接螺栓拧紧。

④ 安装调整安全钳拉杆。拉起安全钳拉杆，使安全钳楔块轻轻接触导轨时，

限位螺栓略有间隙，以保证电梯正常运行时，安全钳楔块与导轨不致相互摩擦或误动作。同时，应进行模拟动作试验，保证左右安全钳拉杆动作同步，且其动作应灵活无阻。达到要求后，拉杆顶部用双螺母紧固。

⑤ 轿厢底盘调整至水平后，轿厢底盘与底盘座之间、底盘座与下梁之间的各连接处都要接触严密，若有缝隙要用垫片垫实，不可使斜拉杆过分受力。

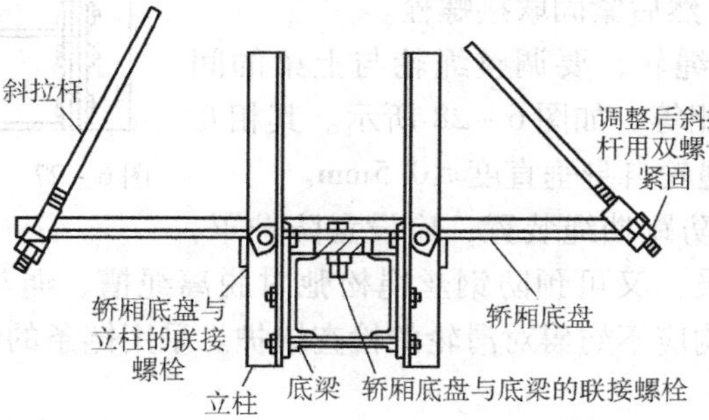

图 6－29 轿厢底盘安装

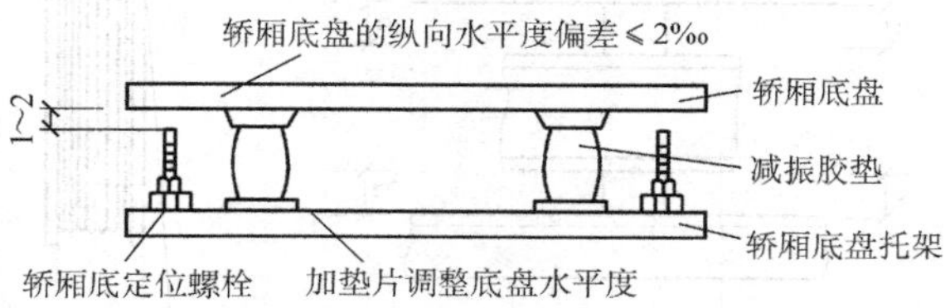

图 6－30 轿厢底定位螺栓调整

6）安装导靴：

① 固定式导靴要调整其间隙一致，内衬与导轨两工作侧面的间隙要按厂家说明书规定的尺寸调整，与导轨端面的间隙偏差要控制在 0.3mm 以内。

② 弹簧式导靴应随电梯的额定载重量不同而调整尺寸 b（见表 6－7 和图 6－31），使内部弹簧受力相同，保持轿厢平衡，调整 $a=b=2$mm。

表 6－7 尺寸 *b* 的调整

电梯额定载重量/kg	*b*/mm
500	42
700	34
1000	30
1500	25
2000～3000	23
5000	20

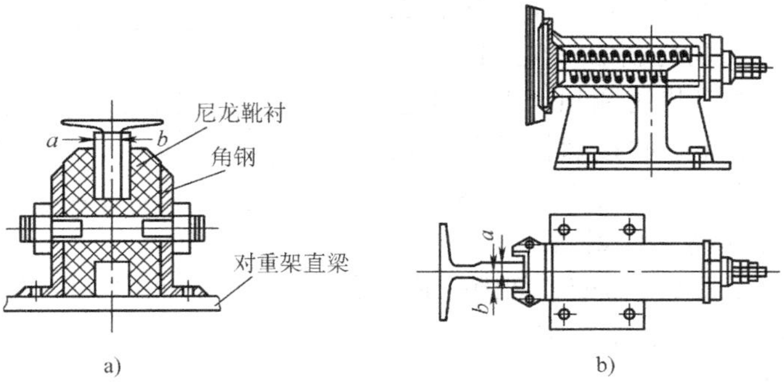

图 6－31 导靴安装尺寸调整

a）固定式导靴（a 与 b 偏差≤0.3mm） b）弹簧滑动导靴

③ 滚动式导靴安装调整，两侧滚轮对导轨的初压力相同，压缩尺寸按制造厂家的规定调整，若厂家无明确规定，则根据使用情况调整各滚轮的限位螺栓，使侧面方向两滚轮的水平移动量为1mm，顶面滚轮水平移动量为2mm。导轨顶面与滚轮外圆间允许保持的间隙值不大于1mm，并使各滚轮轮缘与导轨工作面保持相互平行、无歪斜，如图 3－32 所示。

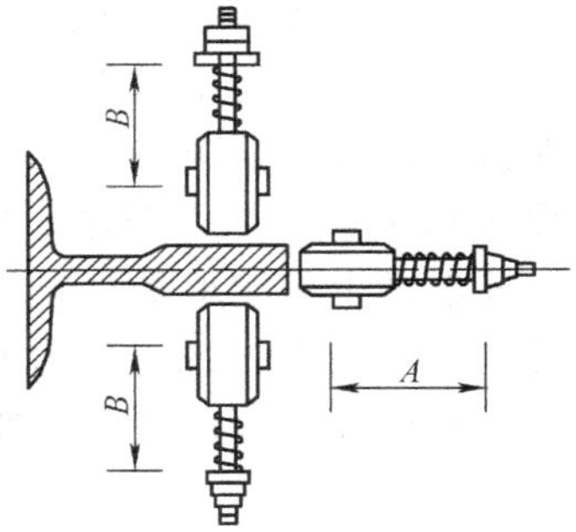

图 6－32 滚动式导靴调整

④ 轿厢组装完成后，松开导靴（尤其是滚轮式导靴），此时轿厢不能在自由悬垂的情况下偏移过多，否则将造成导靴受力不均匀。偏移过大时，应调整轿厢底的补偿块，使轿厢的静平衡符合设计要求，然后再装回导靴，轿厢安装完毕。

7）安装轿厢壁：

① 轿厢壁板表面在出厂时贴有保护膜，在装配前应用裁纸刀清除其折弯部分的保护膜。

② 拼装轿厢壁可根据井道内轿厢四周的净空尺寸情况，预先在层门门口将单块轿厢壁组装成几大块，首先安放轿厢壁与井道间隙最小的一侧，并用螺栓与轿厢底盘初步固定，再依次安装其他各侧轿厢壁。待轿厢壁全部装完后，紧固轿厢壁板间及轿厢底的固定螺栓，同时将各轿厢壁板间的嵌条和与轿顶接触的上平面整平。

③ 轿厢壁底座和轿厢底盘的连接及轿厢壁与轿厢壁底座之间的连接要紧密，各联接螺栓要加弹簧垫圈（以防因电梯的振动而使联接螺栓松动）。

若因轿厢底盘局部不平而使轿厢壁底座下有缝隙时，要在缝隙处加调整垫片垫实，如图 6－33 所示。

④ 安装轿厢壁时，可逐扇安装，也可根据情况将几扇先拼在一起再安装。轿厢壁安装后再安装轿厢顶，但要注意轿厢顶和轿厢壁穿好联接螺栓后不要紧固，要在调整轿厢壁垂直度偏差不大于1‰的情况下逐个将螺栓紧固。

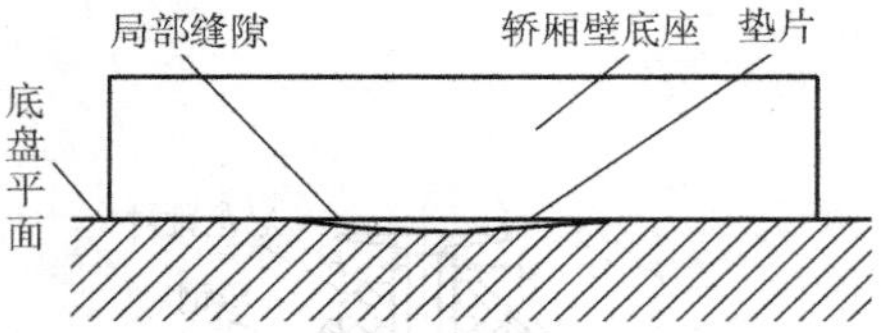

图 6－33　轿厢底盘缝隙垫平处理

安装完后要求接缝紧密、间隙一致、嵌条整齐，轿厢内壁应平整一致，各部位螺栓垫圈必须齐全、坚固牢靠。

8）安装轿厢顶装置：

① 轿厢顶接线盒、线槽、电线管、安全保护开关等要按厂家安装图安装，若无安装图则根据便于安装和维修的原则进行布置。

② 安装、调整开门机构和传动机构，使门在启闭过程中既有合理的速度变化，又能避免在起止端产生冲击，并符合厂家的有关设计要求。若厂家无明确规定则按传动灵活、功能可靠、开关门效率高的原则进行调整。一般开关门的平均速度为0.3m/s，关门时限3.0～5.0s，开门时限2.5～4.0s。

轿厢顶上需能承受两个人同时上去工作所带来的力，其构造必须达到在任何位置均能承受2kN的垂直力而无永久变形的要求。因此除尺寸很小的轿厢可做成框架形整体轿厢顶外，一般的电梯轿顶均分成若干块，由独立的框架件拼接而成。

先将轿厢顶组装好用吊索悬挂在轿厢架下梁下方，做临时固定。待轿厢壁全部装好后再将轿厢顶放下，并按设计要求与轿厢壁定位固定。

③ 轿厢顶护身栏固定在轿厢架的上梁上，由角钢组成，各联接螺栓要加弹簧垫圈紧固，以防松动。

④ 平层感应器和开门感应器要根据感应铁的位置进行定位调整，要求横平竖直，各侧面应在同一垂直平面上，其垂直度不大于1mm。

9）安装限位开关撞弓：

① 安装前对撞弓进行检查，若有扭曲、弯曲现象要调整。

② 撞弓安装要牢固，要采用加弹簧垫圈的螺栓固定。要求撞弓垂直，偏差不应大于1‰，最大垂直度不大于3mm（撞弓的斜面除外）。

10）安装护脚板：

① 轿厢地坎均需装设护脚板。护脚板为1.5mm厚的钢板，其宽度等于相应层站入口净宽，护脚板垂直部分的高度不小于750mm，并向下延伸一个斜面，与水平面的夹角应大于60°，该斜面在水平面上的投影长度不得小于20mm。

② 对接操作的货梯，护脚板垂直部分应在轿厢处于最高装卸位置时，延伸到层门地坎下至少100mm，如图6－34所示。

③ 护脚板的安装完后应垂直、平整、光滑、牢固，必要时增加固定支撑，以保证电梯运行时不抖动，防止与其他部件摩擦撞击。

11）安装门机和轿门：

① 轿门门机安装于轿厢顶，其安装应按照厂家要求进行，并应做到位置正确、运转正常、底座牢固，且运转时无颤动、异响及刷蹭。

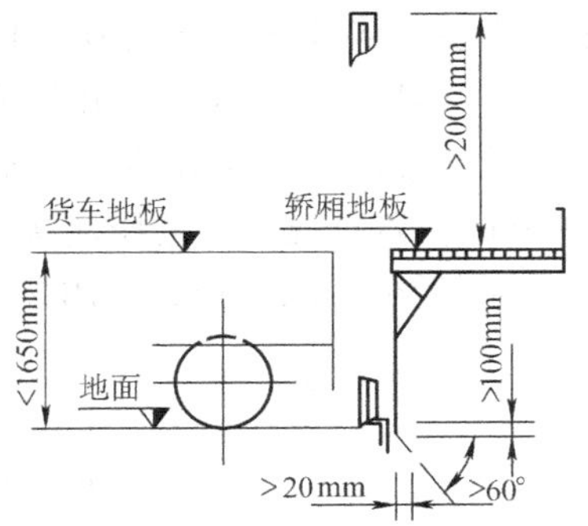

图 6－34　护脚板安装位置

② 轿门导轮应保持水平，轿门门板通过 M10 螺栓固定于门挂板上，门板垂直度小于 1mm。轿门门板用联接螺栓与门导轨上的挂板联接，调整门板的垂直度使门板下端与地坎的门导靴相配合。

③ 安全触板（或光幕）安装后要进行调整，使之垂直。轿门全部打开后安全触板的端面和轿门端面应在同一垂直平面上，如图 6－35 所示。安全触板应动作灵活、功能可靠。其碰撞力不大于 5N。在关门行程的 1/3 之后，阻止关门的力不应超过 150N。应检查光幕工作表面是否清洁，功能是否可靠。

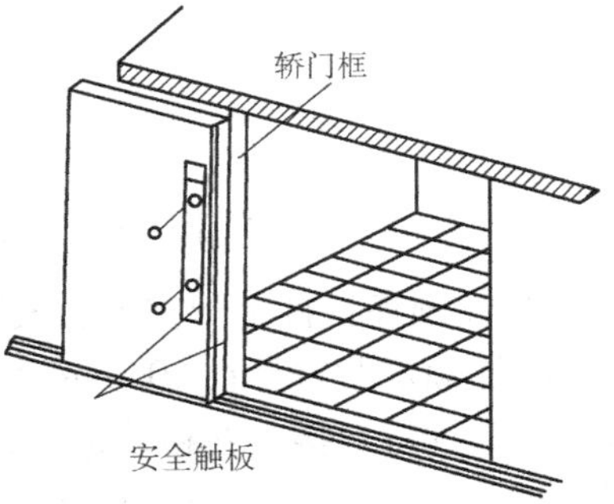

图 6－35　安全触板示意图

④ 在轿门门扇和开关门机构安装调整完毕后，安装开门刀。开门刀端面和侧面全长的垂直度均不大于 0.5mm，并且达到厂家规定的其他要求。

（11）安装层门及其附件

1）稳装地坎：

① 按要求由样板架放 2 根层门安装基准线（高层梯最好放 3 条线，即门中 1 条线，门口两边各 1 条线），在各层门地坎上表面和内侧立面上划出净门口宽度线及层门中心线，在相应的位置打上 3 个窝点，以基准线及刻线确定地坎、牛腿及牛腿支架的安装位置，如图 6－36 所示。

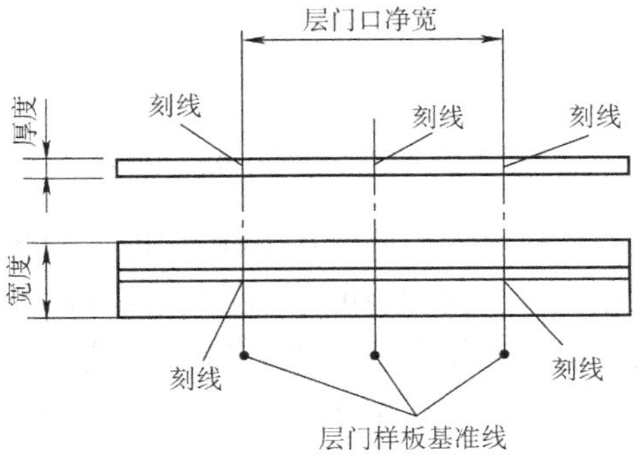

图 6－36　地坎安装基准线确定

② 若地坎牛腿为混凝土结构，应在混凝土牛腿上打入 2 条支撑模板用钢筋，用钢管套住向上弯曲约 90°，在钢筋上放置相应长度的模板，用清水冲洗

干净牛腿，将地脚爪装在地坎上，然后用细石混凝土浇筑。稳放地坎时要用水平尺找平（注意开关门和进出电梯两个方向的地坎水平度），同时3条刻线分别对正3条基准线，并找好地坎与基准线的距离。地坎稳好后应高于完工装修地面2～5mm，若是混凝土地面应按1：50的坡度与地坎平面抹平，浇筑的混凝土阴干约8h后可拆除模板，并用抹子削除混凝土的多余部分，如图6－37所示。

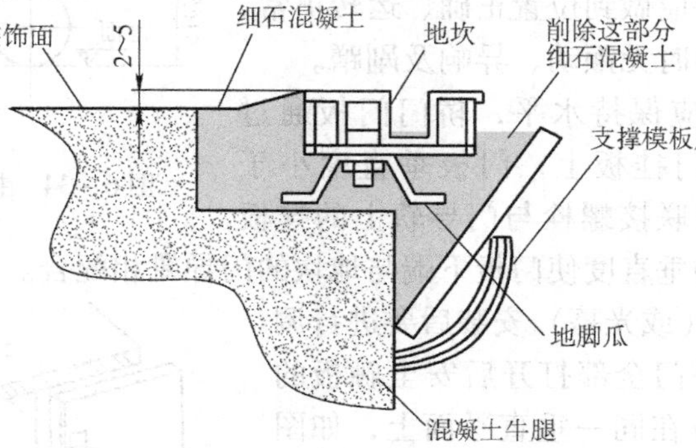

图6－37　地坎牛腿为混凝土结构的安装

③ 在预埋铁件上焊支架，安装槽钢牛腿来稳装地坎。

电梯额定载重量在1000kg及以下的各类电梯，可用不小于65mm的等边角钢做支架进行焊接，并稳装地坎，如图6－38所示。牛腿支架不少于3个（或按厂家要求）。若层门地坎处既无混凝土牛腿又无预埋铁件，可用M12以上的膨胀螺栓固定牛腿支架，进行稳装地坎，如图6－39所示。

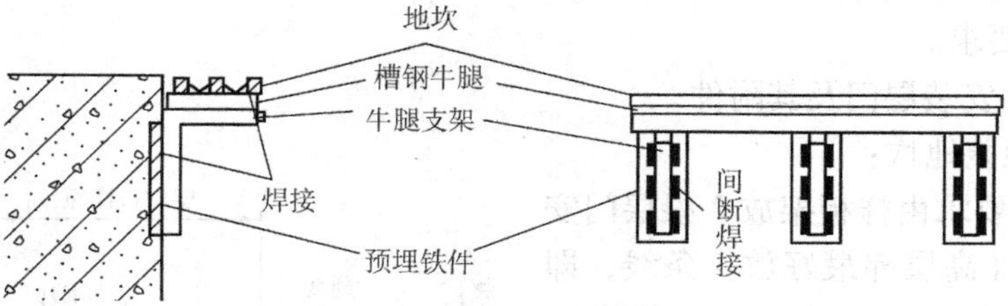

图6－38　安装钢牛腿地坎用等边角钢做支架

电梯额定载重量在1000kg以上的各类电梯（不包括1000kg）可采用10mm的钢板及槽钢制作牛腿支架，进行焊接，并稳装地坎，牛腿支架不少于5个（或按厂家要求），如图6－40所示。

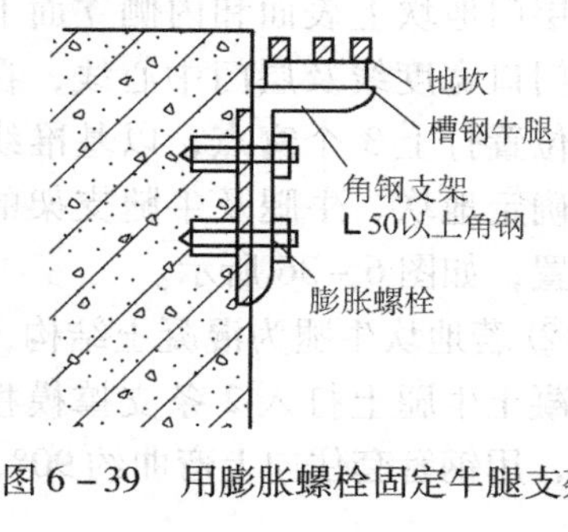

图6－39　用膨胀螺栓固定牛腿支架

2）安装门套、门立柱、层门导轨、门上坎。地坎混凝土硬结后才能安装门立柱、

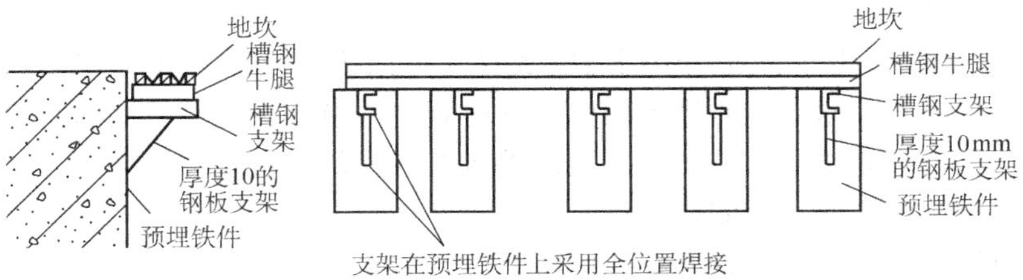

图 6-40　用钢板和槽钢制作牛腿支架

门上坎。

① 按门套加强板的位置在层门门口两侧的混凝土墙上钻 ϕ10mm 的孔（砖墙钻 ϕ8mm 的孔），将 ϕ10mm×100mm 的钢筋打入墙中，剩 30mm 留在墙外。

② 在平整的地方组装好门套横梁和门套立柱，垂直放置在地坎上，确认左右门套立柱与地坎的出入口刻线重合，找好与地坎槽的距离，使之符合图样要求，然后拧紧门套立柱与地坎之间的紧固螺栓。

③ 将左右层门立柱、门上坎用螺栓组装成门框架，立到地坎上（或立到地坎支撑型钢上），立柱下端与地坎（或支撑型钢）固定，门套与门头临时固定，确定门上坎支架的安装位置，然后用膨胀螺栓或焊接的方法（有预埋铁件）将门上坎支架固定在井道墙壁上。

④ 用水平尺测量层门导轨安装是否水平，如是侧开门，两根门导轨的上端面应在同一水平面上，并用线坠检查门导轨上滑道与地坎槽两垂直面的水平距离和两者之间的水平度。

⑤ 将门头和两侧门套连接成整体后，用层门铅垂线校正门套立柱，然后将门套与门上坎之间的联接螺栓紧固，用钢筋（ϕ10mm×200mm）与打入墙中的钢筋和门套加强板进行焊接固定，注意应将钢筋弯成弓形后再焊接，以免焊接变形导致门套的变形，如图 6-41 所示。

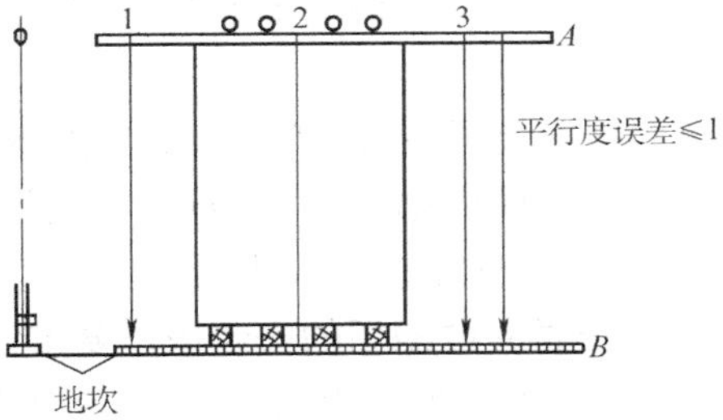

图 6-41　层门安装吊线检查

3）安装层门门扇：

① 将门底导脚、门滑轮装在门扇上，把偏心轮调到最大值的位置（和滑道距离最大）。然后将门底导脚放入地坎槽，门滑轮挂到滑道上。

② 在门扇和地坎间垫上 6mm 厚的支撑物。门滑轮架和门扇之间以专用垫片进行调整，使之达到要求，然后将滑轮架与门扇的联接螺栓进行调整，将偏心轮调回到与滑道间距小于 0.5mm 的位置，撤掉门扇和地坎间所垫之物，进行门滑

行试验，达到轻快自如为合格。

4）安装层门闭锁装置。层门闭锁装置（即门锁）一般装置在层门内侧，在门关闭后，将门锁紧，同时连通门电联锁电路，门电联锁电路接通后电梯方能起动运行。除特殊需要外，应严防从层门外侧打开层门的机电联锁装置。因此，门的闭锁装置是电梯的一种安全设施。

层门闭锁装置分为手动开关门的拉杆门锁和自动开关门的自动门锁。自动门锁装置有多种结构形式，但都大同小异。

电梯自动门的层门内侧装有门锁，层门的开启是依靠轿厢门的开门刀拨动层门门锁，从而带动层门一起打开实现的。层门门锁和电气开关连接，使得其在开门状态时电梯轿厢不能运行。

电梯的层门门锁装置均应采用机械－电气联锁装置，其电气触点必须有足够的断开能力，并能使其在触点没熔接的情况下可靠地断开。

层门闭锁装置的安装应固定可靠，驱动机械应动作灵活，且与轿门的开锁元件有良好的配合，不得有影响安全运行的磨损、变形和断裂。

层门门锁的电气触点接通时，层门必须可靠地锁紧在关闭位置上；层门闭锁后，锁紧元件应可靠地锁紧，其最小啮合长度不应小于7mm。

为了安全起见，门扇挂完后应尽早安装门锁。从轿门的门刀顶面沿井道悬挂下放一根铅垂线，作为安装、调整、校正各层门的厅门门锁和机电联锁装置的依据。

门锁安装调整后，门刀与厅门踏板、门锁滚轮与轿门踏板、门刀与门锁滚轮之间的关系，如图6－42所示。

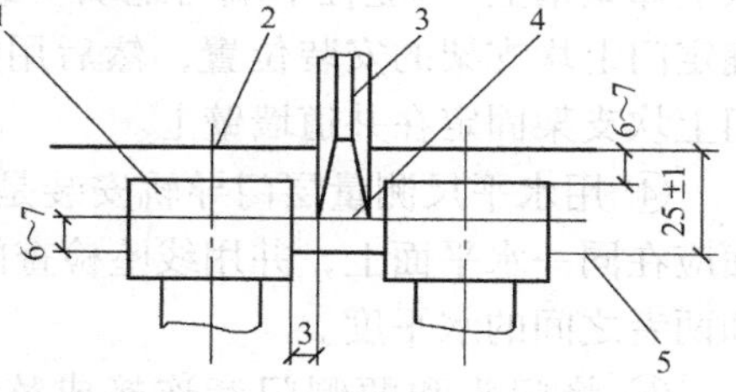

图6－42 门刀、门锁滚轮和厅、轿门踏板调整示意图

1—门锁滚轮 2—轿门踏板边线 3—门刀 4—铅垂线 5—厅门踏板边线

6. 交付验收期间的安全操作要求

1）确认电梯安装完毕后，通知脚手架搭设方拆除脚手架，明确其安全责任。

2）未经验收交付使用的电梯，安装负责人不得私自将开锁钥匙及开厅门的三角钥匙交与用户或让用户自配钥匙，一定要强调需专人保管和负责所有钥匙。

3）未经安装负责人同意，任何人不得进行电梯的运行操作，并拒绝以任何理由使用未经安全检测验收合格的电梯。

4）项目未尽事宜，及遗留物品、设备和工具等资源，要列出清单移交给使用单位，并提出处理建议。

四、电梯维修保养过程安全操作技术

1. 电梯保养一般安全操作要求

1）维修人员必须经过安全技术培训并考试合格，经有资质的主管单位批准后方可持有效作业证上岗。

2）定期体检，凡患有心脏病、精神病、癫痫病、聋哑、色盲等疾病的人，不能从事电梯安装维修工作。

3）设立检修负责人统一指挥的工作制度，负责人应由具有三年以上电梯维修工作经验的人担任。

4）从事电梯电气设备维修的人员，应持有有关部门核发的特种工种（电工）作业证和特种设备作业证。

5）电梯维修保养时，不得少于两人，应遵守规章制度，工作时严格按照安全操作规程、规定去做。

6）必须事先检查劳动防护用品及携带的工具有无问题，工作时应正确穿戴劳动防护用品（工作服、安全帽、绝缘鞋等），携带验电笔（使用前应验明电笔是否完好）。

7）对绝缘工具、手持电动工具进行经常性检查，定期做预防性试验。对绝缘强度不够、绝缘开裂或脱落损坏的工具应及时更换。

8）熟练掌握触电急救的方法和灭火器材的使用方法。

9）对手动葫芦、钢丝绳套、滑轮、绳索等工具，使用前应认真检查，确认无损坏后方可使用。使用中注意其承载能力，防止过载。开闸扳手、盘车手轮应齐备好用。

10）禁止带无关人员进入机房和井道，检修时无关人员应离开操作现场。

11）必须掌握电梯故障的排除方法和事故发生后的处理程序。

12）定期进行安全技术学习，增强安全生产意识，提高技术水平。

2. 维护作业前的安全准备工作

1）在轿厢内或入口的明显处应挂上“检修停用”标牌。

2）让无关人员离开轿厢或其他检修工作场地，关好层门，不能关闭层门时，需用合适的护栅挡住入口处，以防无关人员进入电梯。

3）检修电气设备时，应切断电源或采取适当的安全措施。

4）在轿厢顶上做检修工作时，必须先按下轿厢顶检修箱上的停止按钮，将轿厢顶检修开关置于“检修”状态，关好厅门。

5）进入底坑前应先打开底坑内的低压照明设备，然后按动底坑停止开关，切断电梯回路，使轿厢不能再运行。

3. 维修保养操作中的安全操作技术

1）对转动部位进行加油、清洗，或观察钢丝绳的磨损情况时，必须关闭电梯电源。

2）人在轿厢顶上工作时，对站立之处应有所选择，脚下不得有油污，否则应打扫干净，以防滑倒。

3）人在轿厢顶上准备开动电梯以观察有关电梯部件的工作情况时，必须握住轿厢头板、轿厢架上梁或防护栅栏等机件，不能握住钢丝绳，并注意应将整个身体置于轿厢外框尺寸之内，防止被其他部件碰伤。需由轿内的司机或维修人员开电梯时，要交代和配合好，未经许可不准开动电梯。

4）在多台电梯共用一个井道的情况下，检修电梯时应加倍小心，除注意本电梯的情况外，还应注意其他电梯的情况，以防被其碰撞。

5）禁止将安全开关如急停开关、安全窗开关、安全钳开关、门电联锁开关等用机械或电气方法短接后运行。如系维修或查找故障需要只能临时短接时，应在排除故障后，立即拆除短接线。

6）检修电梯部件时应尽可能避免带电作业，必须带电操作或难以在完全切断电源的情况下操作时，应预防触电，并由主持人和助手协同进行，应注意电梯突然起动运行。

7）使用的手灯必须采用带有护罩、电压为36V以下的安全灯。

8）严禁维修人员站在井道外探身到井道内，以及两只脚分别站在轿厢顶与层门上坎上，或层门上坎与轿厢顶踏板上进行长时间的检修操作。

9）进入底坑后，应将底坑急停开关或限速张紧装置的断绳开关断开。

10）维修作业间隙需暂时离开现场时，应有以下安全措施：a. 关好各层（厅）门，一时关不上的必须设置明显障碍并在该层门门口悬挂“危险”、“切勿靠近”警告牌，同时派人看守；b. 切断总电源开关；c. 切断热源如喷灯、烙铁、电焊机和强光灯等；d. 通知有关人员，必要时应设专人值班。

11）当维修作业结束后，应做以下工作：a. 收集清点工具材料，清理并打扫工作现场，除去警告牌和告示牌；b. 将所有开关恢复到原来位置，并试车运行，检查各机构、电气等是否完好无误；c. 填写维修记录；d. 把修好的电梯交付验收。

4. 维修人员在维修电梯主要部位时的安全操作技术

（1）在机房维修时

1）进入机房检修时，必须先切断电源，并挂上“有人工作，切勿合闸”的警告牌。

2）在检查电气设备和线路时，如确需带电作业，必须按照带电操作规程操作；接地装置应良好。

3）在调整抱闸时，严禁松开抱闸弹簧（制动器主弹簧）；如果必须松闸，一定要有措施防止溜车。

4）当在机房内操纵轿厢运行时，只允许开检修速度，而且必须与在轿厢内或轿厢顶上的人员联系好，在轿厢、层门关闭好后方可开车，严禁在层门敞开的情况下开动轿厢。

5）在控制柜上临时短接门锁检查电路时，应有两人监护，故障排除后，应立即拆除短接线。严禁厅、轿门锁同时采用短接线。

6）清理校验控制柜时，一般不准带电操作，凡不能停电必须带电清理时，须用在铁皮口处包扎橡皮的干燥漆刷清理，不得用金属构件接触带电部位，更不准用回丝或手清理。

7）用手轮（飞轮）转动曳引机时，需先将总电源切断并由两人以上同时操作，一人将手轮挟持好以防轿厢与对重不平衡而意外转动，待另一人将制动张开后，立即盘车，盘毕需先抱紧制动，然后再松手轮；对于无减速器的电梯，不适合采用手盘曳引机的方法来检修。

8）在运转的轮两边清洗钢丝绳时，严禁用手直接擦洗，且必须用长刷沿轿厢方向刷对重边的钢丝绳，并应开下行车。

9）维修、保养时严禁在机房里将门电联锁短接作载人使用，机房检修试车应采取封锁厅、轿门措施，防止自动信号开门载人。

10）接触控制板时，手需触摸控制柜外壳释放静电。

（2）在轿厢顶上维修时

1）非维修人员严禁进入轿厢顶上，在进入轿厢顶前，必须确定轿厢所在的准确位置。在打开层门进入轿厢顶前，必须看清轿厢所在的位置，看清周围环境，确定安全后方可进入轿厢顶上。

2）进入轿厢顶时，首先切断轿厢顶上检修盒上的停止开关，使电梯无法运行，再将有关开关置于检修状态，并立即关闭层门，防止他人进入。

3）在轿厢顶上的维修人员一般不得超过三人，并由专人负责操纵电梯的运行。在起动前应提醒所有的轿厢顶上的人员注意安全，并检查无误后，方可以检修速度运行，行驶时轿厢顶上的人员不准将身体的任何部位探出防护栏。

在轿厢顶上做检查时应充分注意安全，集中精力，站稳、站好。在进行各种工作时，应切断轿厢顶上的急停开关，使轿厢无法运行，只有在轿厢顶检修人员认为需要升降轿厢时，才能由他自己发出指令，接通急停开关使轿厢运行。

4）维修时，严禁踩踏门机、接线盒等电气部件。

5）离开轿厢顶时，应将轿厢顶操作盒上各功能开关复位。轿厢顶上不允许存放备品备件、工器具和杂物。在确保层门关好及电梯确已正常运行后方可离去。

(3) 在轿厢内维修时

1) 进入轿厢前，应先确认轿厢所在的准确位置，绝不能只依靠楼层指示灯所指标的层数来判定。

2) 进入轿厢后，要检查操纵箱上各功能按钮是否灵活可靠。轿厢内不准吸烟。

3) 维修保养电梯时，严禁开门走车。因层门有故障暂不能关闭时，必须挂警告牌、设防护栏，以及派专人看守。

4) 在轿厢内工作时，严禁身体任何部位超过轿厢地坎，以防挤伤。

5) 电梯即将到达最高、低层时要注意观察，随时准备采取措施，避免开慢车冲顶、蹲底。

6) 离开轿厢时，应将轿厢的轿门以及层门关好，并锁梯后才能离去。

(4) 在底坑维修时

1) 首先切断电梯的急停开关或动力电源，再下到底坑工作。

2) 下底坑时要尽量使用底坑爬梯，禁止跳跃、禁止攀附随行电缆或随轿底部件上下。

3) 在底坑工作，需要开梯时，维修人员一定要注意所处的位置是否安全，防止被随行电缆、平衡链碰挂，或者发生其他意外事故。

4) 底坑应有足够的亮度，使用的照明应为36V以下低压安全灯，严禁使用220V高压照明，线路插头、插座绝缘层均不得破损漏电。

5) 在底坑工作的时候，注意周围环境，防止被底坑中的装置碰伤。

6) 在底坑工作时，绝不允许机房、轿厢等处同时进行检修，以防止意外事故发生。

5. 电梯在维修时的用电安全操作规定

1) 在电梯进行维修或定期检修试车时，必须断开总电源。电梯轿厢内不可载客或装货，同时应在层门口、轿厢内操纵箱、机房控制柜等处，悬挂“检修停用”、“不许合闸”、“正在修理，不可开动”等内容的警告牌，试车时应由专人统一指挥，根据指挥人员所发的指令，才能摘去警告牌或开动电梯。

2) 电梯进行检查、试验、修理、清洁工作时应将机房电源开关断开，以保证安全。

3) 电梯检查维修时，必须使用36V以下的安全电源。为此电梯机房、井道的底坑、轿厢顶或轿厢底都应安装供检修用的低压电源插座。

4) 电梯所有电气设备的金属外壳应有良好的接地：a. 电气设备、柜、屏、箱、盒、槽、管应设有易于识别的接地端；b. 接地线为黄绿双色绝缘电线；c. 接零线与接地线应始终分开（采用继电器控制的电梯电气系统除外）。

6. 自动扶梯（人行道）维修保养过程安全操作技术

1）将正在使用的自动扶梯停止运行，应按如下方法进行：a. 确保自动扶梯上没有乘客；b. 停止自动扶梯的运行；c. 在出入口设置有效的防护栏和警告标志，以便警告和防止无关人员误入工作区域（工作区域除包括自动扶梯的上下出入口外，还包括出入口附近为进行工作所必需的空间及必要的放置工具和设备的地面区域）。

2）打开扶梯周围及机舱内照明，清除不必要的物件。

3）工作前，先断开自动扶梯的电源开关。

4）自动扶梯检修时应使用检修盒控制；接上检修盒，并通电试验检修盒上各按钮及驱动站、转向站各急停开关动作是否灵活可靠、随时保持检修盒上的急停开关处于动作（断开）状态，只有在需要开动扶梯时，才能使急停开关复位（接通）。

5）在驱动站或转向站工作时，应先断开电源或使急停开关动作。如确实需要开动扶梯或使扶梯运行以便观察故障部位时，则只能由维修人员自己操作，并选择好站立位置，注意自己周围的环境，防止衣物或身体任何部位、工具等被运动着的电动机、飞轮、链条、传动带、梯级和扶手等带挂住或卷入，造成伤害，并应随时做好停梯的准备。

6）在拆除梯级后的桁架内检修时，必须切断检修盒上的急停开关，关闭总电源开关，并设专人看守，注意不得松闸，决不可开动或盘动扶梯。

7）在起动自动扶梯时，必须与其他现场员工联系沟通，并大声重复指令或方向信号。

8）维修工具应可靠携带，禁止上抛下掷，防止工具滑脱、坠落。任何时候都应选择好站立面，防止失足滑倒。

9）如需要拆除梯级，应选择正确的位置及合适的工具，严禁用不适当的工具撬、敲，从而造成对梯级的损害。每装入一个梯级，应检查梯级齿槽是否已正确进入梳齿板，确保上下运行可靠。

10）如果拆除了部分或全部梯级：

① 不允许乘坐自动扶梯及在阶梯轴上行走。

② 务必面向被拆除梯级所留下的空位作业，谨防自己或他人误入；自动扶梯运行时，切勿进入梯级部位；此时应先选择站立部位并扶好，防止扶梯突然起动造成站立不稳而摔倒，然后再发出指令使扶梯运行。

11）检修完毕后，应确认所有的梯级均已装回并运行无误，驱动站和转向站内的防护板、裙板已全部装好；清理现场，恢复开关，待试运行无误后，方可撤去警告标志，并交付使用。

五、电梯调试及试运行过程安全操作技术

1. 调试过程安全操作技术

（1）调试前的准备

1）井道内脚手架全部拆除，导轨应全部清洁，并确认井道内无任何影响电梯运行的阻碍物。

2）清除底坑、轿厢顶、轿厢内、各厅门地坎内的垃圾。

3）清扫机房、控制柜、曳引机、各层站显示器及召唤按钮等部件表面的灰尘，使其干净。

4）应设置的临时安全围护设施和警示牌要完好、有效。

（2）调试前的检查

1）系统状态的检查。

① 确保机房内各电气、机械部件，轿厢内各电气部件，以及井道内各层站的电气部件均处于干燥状态，而无受潮或浸湿、浸泡现象。

② 进机房配电盘和控制柜的电压、电流是否稳定，各仪表指示是否正确，各继电器、熔断器熔丝的整定值是否符合要求。各引入、输出线的压接是否正确、可靠，动力电源和照明线路是否严格分开。

③ 控制柜、电动机、轿厢及各线槽、线管等各部位接地线的压接是否紧固、可靠，并用万能表测量接地电阻是否符合要求。

④ 断开电梯动力电源和照明电源，并将驱动回路、弱电回路分别断开，用兆欧表测量各回路及电气设备的绝缘电阻是否符合要求。

⑤ 恢复驱动回路、控制回路及弱电回路的断开线路和动力电源，检查控制柜工作是否正常，电源指示灯应点亮，确认控制柜电源电压值在规定范围。然后断开各回路保险，测试各回路电压是否符合要求。

⑥ 测试检查照明回路的电压值是否正确。井道、底坑、轿厢和机房的照明灯具应齐全；安装应符合要求。

2）安装的稳固性与相对位置。

① 各装置部件的紧固螺栓是否稳固、牢靠。

② 复核电动机与蜗杆轴同心度，确认制动瓦与制动轮的间隙均匀且符合要求，弹簧、锁母调整到位。

③ 检查曳引绳头组合装置各锁母、开口销是否装配齐全、到位，安装应紧固可靠。

④ 确认轿厢、对重装置之间距离符合要求。

⑤ 检查限速器钳口与限速绳的距离及限速张紧装置距底坑地面的距离，均应符合规定值。

⑥ 检查导靴靴衬是否齐全、与导轨间隙是否符合要求。

⑦ 检查机械选层器传动机构是否均已安装到位，钢带张紧轮距底坑地面的距离是否符合规定。

⑧ 检查平层装置和感应器是否安装齐全、位置是否符合要求。

⑨ 检查开门刀和门锁是否安装稳固、齐全，相对位置是否符合要求。

⑩ 检查终站限位保护开关和碰轮是否安装齐全、稳固，接线是否可靠。

⑪ 检查各安全开关是否安装齐全、接线可靠、通断自如。

⑫ 检查缓冲器是否安装稳固、位置精度是否符合要求。

3）传动、滑动与润滑。

① 检查各润滑部位的油量是否充足。油路应畅通，油位显示应正常，油质纯度高，符合要求。

② 各转动、滑动部位灵活，无障碍。

③ 曳引轮绳槽无油污，曳引绳有适量的润滑油。

④ 各带传动、链传动、钢带传动、齿轮传动的松紧度和间隙符合要求，润滑良好。

⑤ 确保各储油部位无泄漏，盘根密封漏油量应符合要求。

（3）调试的步骤和方法

1）无载模拟试车。

① 将控制柜内的开关置于检修运行状态，由调试主持人在机房指挥轿厢内调试人员按其指令操作。先确认急停开关（轿厢顶调试人员试验轿厢顶急停开关），然后按电梯运行程序进行模拟操作。调试主持人根据其指令和相应的操作顺序，检查确认控制柜内各电气元件的动作是否正常，顺序是否正确。

② 从曳引轮上取下曳引绳，检查试验曳引机在不带轿厢和对重的空载状态下运行是否正常，确认其转向正确，制动器抱闸间隙符合要求并能可靠制动，此时曳引电动机可恢复接线。

③ 对试验中的问题进行排除后，应再行试验，直至达到要求。

2）带载试车。

① 按顺序挂好曳引绳。

② 断开电源总开关（电动机电源线已接好），放下吊起的轿厢，人工盘车使轿厢往下移动约200mm的距离，撤走对重下面的支撑物。然后再次盘车使轿厢上下移动一段距离，确认无误后再合闸送电做带载试车。

③ 调试主持人进入轿厢顶，以检修速度试运行。同时，在轿厢内和机房均应由调试人员负责监视运行情况。主持人点动上下按钮，检查轿厢上下运行方向是否一致。确认运行方向正确后，再反复上下运行数次，但每次运行时间不应超过电动机慢速运行允许时间，防止烧坏电动机。试运行的同时，各调试人员在所

处位置分别进行以下项目的检查：a. 滑动导靴与导轨的间隙是否合适，润滑是否良好，各部位固定有无松动；滚动导靴的滚轮压贴是否均匀，有无晃动；b. 遮磁板与感应器、双稳态开关与磁环的间隙是否符合要求；c. 轿厢上的碰铁与上限位开关、极限开关的接触是否准确到位，开关动作是否灵敏可靠；d. 井道内各缆、绳、链在轿厢及对重运行时有无相互碰擦或与其他装置相碰的现象；e. 绳头组合装置或轿顶轮、对重轮工作是否正常，轮的转动应灵活；f. 控制柜内各元器件动作有无异常；g. 进一步确认曳引装置运行正常，平稳无异常响声，润滑良好，制动可靠；h. 选层器各触头接触良好，滑动运行正常；i. 各层门地坎与轿厢地坎的距离、各层门地坎与门刀的间隙，以及门锁滚轮与门刀和轿厢地坎的间隙均符合要求；j. 各层门门锁机构动作应准确、可靠；k. 在底层试验下限位开关、极限开关，其应灵敏、可靠；l. 检查确认底坑急停开关，各断绳、断带开关，液压缓冲器复位开关动作可靠、有效；m. 对试车中发现的问题进行排除，正常后再进行快车试运行。

3）额定速度试运行。

① 在轿厢内操作电梯按正常程序运行，观察电梯起动、加速、稳速、换速、平层及停车的全过程是否正常。此时，机房也应有人监视曳引机、控制柜等设备的运行状态，观察各部位温升、制动是否正常。

② 反复运行调整开关门机构和平层准确度，使其达到规定要求。

③ 检查确认轿厢内选层与厅外召唤按钮，各指层灯、开关、按钮正确有效。

④ 确认厅、轿门闭锁的可靠性，厅门关闭后应不能从外面随意扒开。

⑤ 调整试验安全系统是否可靠。确认轿厢上下运行无障碍，平稳舒适无振动、晃动，井道内无异常响声。

（4）试运行过程安全操作技术

1）相序保护试验。切断总电源任意一相或相序互换，缺相保护和相序保护均应可靠动作，使电梯不能工作。

2）载荷试验。

① 空载试验：在轿厢空载状态下，以通电持续率40%的情况上下往复运行各90min，用精度为±5%的交直流电流表测量曳引机的起动、运行、制动的电流各三次，其最大值应分别符合该电动机相应的技术要求。

② 平衡负荷试验：轿厢在40%～50%额定载荷下以与空载相同的运行方式测量曳引电动机的起动、上下运行电流各三次，其最大值应分别符合该电动机的相应要求。上下运行电流值应基本相等，误差值不应超过5%。曳引机应运行平稳，制动可靠。

③ 额定载荷试验：将轿厢置于额定载荷，以与空载相同的运行方式测量曳引电动机的起动和上下运行电流各三次，其最大值应分别符合该电动机相应技术

要求。曳引机运行正常，制动器线圈、电动机和减速器轴承温升在允许值以内（<60℃）。

④ 超载试验：断开超载回路，在轿厢内均匀放置110%的额定载荷并处于行程下部适当高度，在通电持续率40%情况下运行30min，电梯的起动、运行、停止正常，曳引机运行可靠、无异常振动和噪声，制动器能可靠制动。

⑤ 静载试验：将轿厢停在底层平层位置，逐渐在轿厢内平稳加载至150%的额定载重量，历时10min，曳引绳应无打滑现象，制动器仍能可靠制动，各承重机件应完好无损。

3）安全钳动作试验。将轿厢置于底层端站的上一层，以检修速度空载下行。当轿厢接近平层时，在机房用手扳动限速器，这时安全钳开关应切断控制电源使电动机停止运转，安全钳应能可靠地将轿厢夹持在导轨上。安全钳动作后，相关零部件不应损坏，导轨咬合处应修复光滑，安全钳开关应人工复位。

4）缓冲器试验。在轿厢处于空载和额定载荷时对轿厢和对重的缓冲器静压5min，放松缓冲器后使其自动恢复至正常位置，缓冲器各零件应完好。液压缓冲器复位时间不超过120s，复位开关动作正常。

5）层门锁和轿门电气联锁装置的试验。检查各层厅门门锁，均应能可靠锁紧，从外面不能打开，在停层开门时能随轿门同时打开。

在各厅门或轿门未关闭时，操作检修运行按钮、电梯均应不能起动；当轿厢运行时，打开厅门或轿门，电梯应立即停止运行。

6）各安全开关的试验。

① 终端强迫减速开关：以额定速度上下运行各两次，此开关均能可靠动作。

② 终端限位开关：电梯以检修速度上下运行各两次，分别在轿厢顶和底坑检查上下限位开关，应在超出上下端站厅门地坎50～150mm时均能可靠动作，但不影响轿厢反向运行。

③ 终端极限开关：电梯以检修速度上下运行各一次，分别在轿厢顶和底坑检查，在轿厢或对重接触缓冲器之前，该开关均能可靠动作，其越程距离应不超过上下端站厅门地坎150～250mm，并在缓冲器被压缩期间能保持其动作状态。极限开关动作后，应能切断电动机电源，制动器也同时失电制动，只有人工复位后，电梯才能恢复运行。

④ 急停开关：电梯以检修速度上下运行各一次，分别操作轿厢内、轿厢顶、底坑和机房的急停开关，电梯均应立即停止运行。只有人工复位，电梯才能恢复运行。

⑤ 安全窗开关（如设有安全窗）：电梯以检修速度上下运行各一次，打开安全窗（应操作两次），电梯均能立即停止运行。人工复位后，电梯方能恢复运行。

⑥ 限速器超速开关和断绳开关：电梯以检修速度上下运行各一次，分别扳动限速器超速开关和断绳开关，电梯均应立即停止运行，人工复位后方可恢复运行。

7）消防开关试验。将消防开关扳到消防状态，电梯在运行中应能就近平层，但不开门，直接返回基站，点动（或自动）开门后不自动关门。此时调试人员进入轿厢，模拟消防人员按目的楼层的指令按钮并保持到电梯关好门起动之后，电梯到达目的楼层后点动（或自动）开门，但不自动关门。证明消防运行状态正确有效。

8）平层准确度的试验。电梯分别以空载和额定载荷作上下运行，在底层端站的上一层、中间层和顶层端站的下一层，分别用1%精度的钢板尺测量平层误差，其最大值应符合平层精度要求。达不到规定要求时，应进一步调整。

9）报警装置的试验。检查试验轿厢内报警装置功能是否可靠、符合要求。

2. 自动扶梯（人行道）调试及试运行过程安全操作技术

1）调试人员在调试扶梯和人行道时必须挂醒目的正在作业警示牌；必须用专用围栏将上下段作业区域围住，防止无关人员进入。

2）所有作业人员工作时应衣着整齐，鞋带系紧且不宜太长，禁止系领带和戴其他悬挂物件，不穿戴可能引起勾挂、缠绕的衣物，不要将检具和工具放在口袋里。

3）不论何种情况，凡要起动自动扶梯和人行道的，起动前均应检查梯路上有无异物，在确认无异物和扶梯、人行道上及周围无人后方可点起动，起动采用点动，确认无异常后方可进入连续运转。

4）由于工作需要，必须蹲、站在上下乘降板上的作业人员，不得超过两人；600mm宽度的扶梯只允许蹲、站一人。蹲、站在上下乘降板上的作业人员应注意保证自己的脚全部在乘降板内。

5）确需蹲、站在上下乘降板上的人员在自动扶梯或人行道起动时，手可把扶玻璃面，防止自身晃动造成意外，绝对禁止把握扶手带。

6）不在自动扶梯或人行道运行过程中改变自身的姿势（如由站变蹲或由蹲变站），保持自身的稳定。

7）因查找或改造原因，需踩入梯路内腔的，必须将主电源断开并按下上机房或下机房控制箱中的急停按钮和相应安全触点，才可进入，防止误操作给作业人员带来意外伤害（按下急停开关或安全触点后且需再次起动钥匙开关或检修手柄验证急停开关和触点是否有效）。

8）检测扶手带的张紧情况必须在活动盖板盖好且没有任何检修空挡的前提下才允许进行。

9）检查围裙板保护触点的功能必须在活动盖板盖好且没有任何检修空挡的

前提下才允许进行。

10）下列检查项目的作业都必须使用手动操作手柄运行（使用手动操作手柄时需确认上下行的方向与自动扶梯或人行道的运行方向一致并按所需运行方向起动按钮）。

① 观察异常。在此情况下，作业人员的头和手不允许伸入桁架内，观察和识别驱动装置异味、异响的时候，要注意保持头和手与飞轮的安全距离。

② 验证自动扶梯和人行道的乘坐舒适感，包括扶手带的运行平稳性。

③ 验证各种安全形状的符合性。

④ 调试人员和检验人员为查找某个故障或异响原因需反复运行。

⑤ 观察水平段梯级与梳齿板的啮合情况。

⑥ 振动值检测（需送检人员配合，由送检人员按检测人员的指令，操纵检修手柄）。

⑦ 噪声指标检测（检测驱动装置上部噪声指标，应由送检人员配合开关自动扶梯或人行道）。

11）需钥匙起动转入正常运行的检查项目。下列项目至少应有一人在安全上予以监护：自检时由相关人员配合进行，专检时应由送检人员配合检验人员进行，需要送检人员开关自动扶梯或人行道的，送检人员必须根据检验人员的要求操作，此操作仅限于下列作业（使用钥匙起动时需确认上下行的方向与自动扶梯或人行道的运行方向一致并按所需运行方向起动按钮）：a. 验证钥匙形状的方向及停止按钮是否可靠；b. 验证中间急停开关性能（如配有）；c. 制停距离检测。

12）确需步入运行中的自动扶梯或人行道时的步骤：

① 只能在以检修手柄操作的前提下才允许进行这种操作。

② 步入前需确认检修空挡的位置，包括空挡个数（送检的自动扶梯或人行道最多只允许留有一个检修空挡）。

③ 只有检修空挡在作业人员的前方且有一定的距离以后（至少在空挡后有三个梯级）方允许跨入，而且乘梯人员两手必须始终手握扶手带；禁止在运行中的自动扶梯和人行道上来回走动。

④ 进行这种作业时必须有其他监护人员在场，且由作业人员发出指令，并由监护人员用检修手柄操作设备的运行。

六、电梯中、大修过程安全操作技术

电梯的中修一般为 1 ~3 年一次，主要以检修和更换已磨损、影响使用的零部件为主，高速电梯的舒适感和平层误差、噪声应符合要求。

电梯的大修周期一般为 5 年，大修时应对各部件进行分解、清洗、检修、润滑、调整和测试，使电梯恢复或达到国家规定和厂家设计的技术标准。

现以电梯大修为例，介绍在大修过程中的安全操作要求。

1）减速器：解体检查蜗轮蜗杆，清洗各个部件，更换损坏的油封、老化的胶圈和磨损严重的轴承。

2）制动器：拆卸清洗，更换不合用的闸瓦，组装、调整抱闸间隙，测试线圈绝缘性，各部位清洗后应无油污，销轴转动灵活。

3）电动机、测速机：解体检查、清洗各部位，更换油封、滑动轴承、电刷及刷握弹簧。拆卸过程中应注意不要碰损各部位绝缘。

4）导向轮、曳引轮：清洗各绳轮，当钢丝绳槽磨损下陷不一致、相差为钢丝绳直径的1/10（1.5mm）或严重凹凸不平时，应重车钢丝绳槽或更换绳轮。重车时，切口下部绝缘厚度不得小于该钢丝绳绳径。

5）曳引钢丝绳：清洗钢丝绳，调整张力，当钢丝绳表面出现断丝、断股、磨损情况时，应将其截短或更换不合用的钢丝绳。

6）选层器：机械选层器传动部分解体、清洗、加油，更换抻长的链条。检查钢带轮、张紧轮轴承，磨损严重的应更换。检查拖板导靴、随线、触点、触块，不合用的应更换。检查钢带有无断点、开裂，不合用的应更换。更换电气选层器不合用的感应器元件。

7）轨道：清洗轨道，检查间距，更换磨损严重的导轨，校正有偏差的导轨，紧固压导板、连接板及支架螺栓。

8）限速系统：解体限速系统及联动机构，并清洗、加油；紧固各部位螺栓；检查各部位磨损情况，更换限速器及张紧轮的轴承，调整安全钳楔块间隙，更换不合用的开关及其他部件。

9）轿门与层门系统：清洗吊门轮、轨道、钢丝绳，更换磨损的吊门轮、门导靴，调整门锁位置，检修联锁接点，清洗、调整安全触板。

10）门机系统：门机清洗、加油，检查传动带、门电动机电刷，检查各开关、电阻，更换损坏元件，调整门机速度及限位开关。

11）轿厢导靴与超载装置：分解、清洗导靴，更换导靴，调整间隙；清洗加油盒，更换新油；检查、调整超载装置。

12）控制柜：清洗柜内电气元件，检修电气元器件触点各动作机构，不合用的应更换；整理导线，校对线号，检查各压接线；测量绝缘电阻与接地电阻。

13）操作与显示系统：检查操作盘按钮、外呼按钮及其他操作开关，层灯、内外选层指示灯等是否正常，损坏应更换。

14）安全装置：检查、试验并调整终端限位开关、各急停开关、安全窗开关、安全钳开关、断绳开关、缓冲器复位开关、极限开关、应急照明开关、井道照明开关等装置的性能，缺件的应补齐，动作不灵活的应更换，位置偏移的应重新校正。

15）缓冲器：检查弹簧式缓冲器有无裂痕，各部位螺栓是否紧固。解体洗清油压式缓冲器，更换油鼓，做复位试验，清除锈蚀。

16）随行电缆及配线：清洗各接线盒，紧固接线端子，更换老化、残损的电线或电缆，校对编号；测试接线盒、电缆绝缘电阻，绝缘达不到要求时应更换。

17）运行调试：调试电梯起动、制动、换速、平层等；测试电梯快慢车运行时的电压、电流值及舒适感和电梯运行状态；测量平衡系数。

18）油饰：对电梯的预埋件、支架、线管、线槽、槽钢和工字梁等进行除锈处理，对电梯机房的控制柜、曳引机、选层器、限速器、厅门、门框和轿厢等进行涂装或油饰，缓冲器涂防锈漆。

七、电梯拆除、改造过程安全操作技术

原国家质量技术监督局锅发［2001］57号文指出："改造是指改变原特种设备受力结构、机构（传动系统）或控制系统，致使特种设备的性能参数与技术指标发生变更的业务"。这就是说，凡是改变电梯的限速器、安全钳、缓冲器、门锁、绳头组合、导轨、曳引机和控制柜等主要装置的型号、规格，致使电梯的额定速度、额定载荷、驱动方式、调速方式、控制方式等发生改变的检修作业，就认定为电梯改造。

电梯改造应严格执行国家规定的标准。首先，改造电梯的单位应具有合格的改造电梯的资质和等级，要有严格的管理制度，特别是要有一套严格的电梯改造质量和施工工艺标准；其次，还要有质量检验机构对改造电梯进行质量把关。电梯改造工程完工后，先由改造电梯的单位进行自检，合格后再向检验部门申报检测。检测应按改造项目的各项技术参数、指标要求验收，验收合格方可投入运行。

对电梯进行改造时，需要拆除和更新部分电梯设备，拆除电梯一些主要装置是安全技术性很强的操作。下面介绍一些常见的拆除及改造中的安全操作技术。

1. 接临时线，拆除改造控制柜

1）从机房控制柜引一根临时用随行电缆至轿厢，接一个检修运行操作盒，要求上下行慢车按钮互锁、金属盒外壳可靠接地。

2）关掉机房总电源开关，在机房拆除轿厢照明电源线及除慢车电路、制动器电路以外的所有线路，视需要和可能决定可否保留井道照明。

3）反复查验拆除线路是否正确，有无带电线头，检验临时慢车上下行按钮和停止开关是否正确好用。

4）在空载状态下试验限速器开关和安全钳轧车是否灵敏有效。

5）更新改造后的控制柜应按国家标准规定做绝缘和耐压检验，导电部分接地应能承受电路最高电压的两倍再加1000V的电压，历时1min，不能有击穿或闪络现象。

2. 拆卸部分对重块

将轿厢开到中间层，在轿厢顶卸下部分对重块，使空载轿厢与对重平衡。

3. 拆除随行电缆

1）在底坑中拆下轿厢底随行电缆，将几根电缆分别盘成圈放于作业平台上。

2）慢速向上移动轿厢，边走边盘随行电缆，直到将几条全部拆除，盘好运出井道。

4. 拆除井道电气件

1）将轿厢开到顶层，在平台上从上到下逐步拆除井道内的电气线路及器件、支架等。

2）将拆下的机件及时放在下平台内安全码放，当数量较多时，应及时运出井道。

5. 拆除导轨和导轨架

拆除导轨需动用卷扬机、气焊设备等，拆前必须做好准备。

1）在底层候梯间设置一台0.5t卷扬机。底坑内轿厢与对重之间固定一滑轮。

2）对重侧绳孔下方设一滑轮。

3）在大小四根导轨中心、偏侧方的机房楼板上凿一孔，用承重铁件吊挂一滑轮，滑轮及其支撑件必须固定牢靠。

4）备好吊装用人字形绳索卡环，其两侧绳索的长短视待拆的大小导轨接口水平距离而定。

5）将卷扬机钢丝绳上的卡环分别在大小导轨上挂好，向下开慢车，用气焊割掉导轨支架下接道板连接螺栓，最高的一节大小导轨被吊起。

6）用卷扬机将拆下的导轨放落到底坑并运走，操作时注意避免碰伤和烫伤。

7）当拆到中间层位置时，要注意对重在失去导轨时，有发生转动的可能，应在对重架下侧中间位置拴一拖绳，对其进行人为牵制，以确保安全。

8）当轿厢快要到底层时，用两根不小于100mm×100mm的方木支撑轿厢底梁，使轿厢底与层地面水平，导轨拆除工作告一段落。

6. 拆除井道底部导轨、缓冲器、张紧装置

1）切断总电源，拆除总电源负荷端以下所有管线、临时随行电缆及检修操作盒，拆下制动器和曳引机线路。

2）拆除限速器、机械选层器等部件。

3）用手动葫芦或三脚架拆除曳引机、承重梁等设备并妥善放置。

4）用牵引大绳将卷扬机钢丝绳放下并收好。

5）拆除机房和吊在楼板上及固定在底坑中的滑轮。

6）将机房、底坑、层门门口清理干净。

7）拆除后应做到机房、井道、底坑无遗留，无突起物件，关好机房门窗，对层门安全措施再检查一遍。

7. 拆轿厢，搭平台

1）将轿厢开到底层后，在电梯机房内利用对重曳引钢丝绳将对重固定，防止轿厢的重量过轻而溜车，切断电梯电源，拆除轿门系统、轿厢顶、轿厢壁。

2）用轿厢架和轿厢底固定钢管及脚手板，制成上下两个作业平台，平台除临厅门一侧外，应设置不低于1m高的三面扶栏，平台承载压力应不小于2.5kPa（250kgf/m^2）。在平台上操作时应系好安全带。

8. 拆除限速器、轿厢底

1）将限速器绳拆下，从机房将绳抽走。

2）拆除轿厢上下平台及其防护栏。

3）拆下轿厢底，用卷扬机运走。

9. 拆除对重架和曳引绳

1）用大绳将卷扬机钢丝绳从对重侧放下来，将设在底坑轿厢与对重之间的滑轮移到轿厢底梁前的中心位置固定好。

2）将轿厢侧曳引绳中的两根用三道绳卡子卡牢，再将卷扬机钢丝绳从卡好绳卡的两根钢丝绳上绳卡的上端穿过，返回后用三道绳卡子将其卡牢，再将其余曳引绳用卡子卡在一起。

3）慢慢操纵卷扬机，使轿厢侧绳头组合处不受力，对重的重量由卷扬机钢丝绳承担，拆下轿厢侧绳头螺母及弹簧。

4）操纵卷扬机放绳，使对重缓慢下落，下落过程中应注意防止刮碰，落到底坑后稳固好，拆除对重侧曳引绳组合处螺母及弹簧；随着卷扬机的继续放绳，将曳引钢丝绳拖出井道；拆下曳引绳的绳卡和卷扬机上的钢丝绳。

10. 拆除对重架、轿厢架

1）用卷扬机吊住对重架，拆下对重架内的对重块，操纵卷扬机将对重架拖出、拆除。

2）用卷扬机拆除轿厢上梁、立柱和下梁。

11. 拆除厅门

1）在轿厢顶上使用检修功能将电梯开到顶层，拆除厅门门扇、上坎、立柱、地坎、楼层显示器的井道部分。

2）厅门拆走后，必须及时做好厅门门口的安全防护措施，防止发生坠落。

12. 拆装或更新曳引电动机

1）停梯后断开总电源，对电动机位置做好标记，脱开联轴器（对于刚性连接应拆下联接螺栓）。

2）拆下电动机接线盒内电源线并在线上做好标记，拆下保护地线。

3）拔下底座上的定位锁，松开电动机地脚固定螺栓，取出底座垫片并记录各垫片位置。

4）将电动机往后移使其与制动轮脱开，电动机便可以从曳引机座上卸下。

5）检修后的电动机或更新的电动机安装的程序与拆卸时相反即可。

6）电动机装好后应做同心度校正。

13. 起吊轿厢

当更换或截短曳引绳时，需要吊起轿厢。操作应由3~4人进行，需借助于手动葫芦、钢丝绳索套、支撑木等工具。

手动葫芦可以挂在机房的吊装钩上，也可挂于曳引机机座上或挂在机房楼上设置的钢管和钢丝绳套上，但要注意楼板和钢管需有足够的承载能力，钢丝绳在槽钢楞角处时应垫上木块，各层门应关闭。

1）将轿厢停于顶层，用检修速度供轿厢上升。一人在底坑用长度大于对重缓冲器高度、边长不小于150mm的两根方木支撑住对重。操作时应注意，当对重下梁接近支撑木时，用点动操作使对重落在支撑木上。

2）切断电源总开关。

3）挂好手动葫芦，吊点应选择在刚好将轿厢吊起的位置上，操作时应注意轿厢是否被卡住的现象，阻止轿厢上升的机械限位装置是否拆除，如补偿绳张紧装置、导轨上的限位角铁等。

4）人为扳动限速器，同时用手动葫芦将轿厢下降，使安全钳动作，提起楔块，将轿厢夹持在导轨上。

5）用手动葫芦将吊轿厢的钢丝绳索套拉紧，但不受力，用以对轧车的轿厢进行预防性保护，防止意外。

6）当曳引绳换好后应：

① 用手动葫芦将轿厢提升，使安全钳松开，楔块复位。

② 再用手动葫芦使轿厢下降，同时注意曳引绳应进入各自绳槽，直到曳引绳受力。

③ 摘下手动葫芦，合上电源总开关，用检修速度使轿厢下行至对重侧支撑木不再受力，将支撑木拿掉并清理现场。

④ 用检修速度试运行，观察曾修理或更换的部件，确认无误后方可正式运行。

14. 更换曳引绳

更换曳引绳时应注意对新曳引绳的选择，曳引绳的选用与提升高度有关，新钢丝绳与曳引轮的硬度应相匹配，不能硬也不能软，应选用与旧绳参数基本相同的产品，以免磨损曳引轮或被曳引轮磨损。

1）切断电梯电源，按本节中“起吊轿厢”操作方法将轿厢吊起。

2）换绳时不要一下子把旧绳全拆掉，最好分两次换旧绳，最少要留一根以保证安全，拆下部分绳头组合，用大绳将钢丝绳放下。

3）用喷灯对绳头锥套进行均匀加热，将熔化后的巴氏合金倒出，从锥套中取出钢丝绳头，让锥套自然冷却。

4）放新绳、截绳、浇注巴氏合金、挂绳、调整绳张力。

15. 更新安全部件

门锁装置、限速器、安全钳及缓冲器等更新要有型式试验报告结论副本，其中限速器与渐进式安全钳还需有调试证书副本，更新改造后，还要按国家标准的规定进行调整、检验，合格后方可投入使用。

按本节所述方法拆除井道底部导轨、缓冲器、张紧装置。

八、电梯检验过程安全操作技术

1. 电梯检验工作的基本安全要求

1）现场检验应至少由两名具有电梯检验员资格证书的人员进行。

2）开始现场检验之前应按规定戴安全帽，穿工作服、绝缘鞋，并携带检验工具、仪器设备或专用工具。

3）电梯维修保养单位应安排取得相应质检资格证书且熟悉所检验电梯的人员到现场配合检验。

4）受检单位和维修保养单位应向现场检验人员提供有关技术资料，检验人员应首先审核资料、图样，上一年度该电梯检验报告书及整改意见，对所检验电梯的情况有基本的了解。

5）检验工作应由一人主检，负责统一指挥，检验人员及配合人员随时保持相互之间畅通有效的联系，进行各项检验和功能试验时应逐项确认现场情况，得到确定应答后方可操作，不得未经确认自行开始检验。

6）检验工具、设备、仪器应随用随收，不得造成人员安全隐患。

7）检验中出现下列情况应终止检验：a. 控制系统不正常，可能危及检验人员安全；b. 制动装置不正常，可能造成危险状态；c. 由于漏电、积水等情况，可能造成触电危险；d. 配合检验的人员无资格证书或不了解被检电梯的技术特点；e. 其他可能造成危险的情况。

8）实施检验的现场应具备的检验条件：具体检查条件见本书第五章“操作

人员安全作业要求”中“电梯检验人员安全作业要求”的内容。

2. 在机房检验时

1）机房门应向外开启，如机房门向内开启则在检验过程中应将机房门始终置于打开位置。

2）观察机房环境，确定无妨害安全的情况（如漏水、漏电、危险异物、异味、烟雾等）。

3）进入机房确认被检电梯的主电源开关位置，并确认其有效，多部电梯一一对应。

4）在机房操作电梯运行时，应确保轿厢内无乘客，厅、轿门关闭，先切断门机电源，再操作电梯运行。

5）手动盘车时，应先切断主电源开关，机房内至少由两个人配合操作。一旦操作完毕，务必拆除全部用于手动盘车的对象，并将它们放回安全位置。

6）在检查控制柜各元件的通断、电阻、接线、标志及固定情况等时应断电。通过状态检验控制功能（如防粘连）时应使用绝缘工具，不得徒手接触控制柜内元件、端子等处，应防止人体静电对控制电路板、元件的影响。

7）在机房检验、操纵轿厢时，应防止超越端站，同时防止轿厢冲顶或蹲底。

8）需接近或测量曳引机、限速器等的检验应在断电的状态下进行。

9）需进行动态检验时，检验人员应在设置检验工况后确认机房内所有人员远离曳引轮、导向轮、限速器等转动部位和带电部位，确认位置安全后方可进行。

10）多部电梯同一机房时，应注意相邻电梯的运行状态和位置，确保安全。

11）在机房内不得倚、靠、扶、坐、压各设备和部件。

3. 在轿厢顶检验时

（1）进入轿厢顶的步骤

1）将电梯正常运行到次高层或选定进入轿厢顶层站以下的一层停止。如层高过高，可使用机房或轿厢内检修装置操纵轿厢下行，观察轿厢的位置，至轿厢顶与厅门地坎平行处（两者高度差不影响进入轿厢顶）停止。

2）使用专用钥匙打开厅门，保持厅门开启状态（可使用专用工具），检验人员身体各部位均在厅门平面以外，按下厅门外选层按钮，观察电梯，应不能运行，否则门锁失效。

3）从层门外按下停止开关，关闭层门，按下厅门外选层按钮，观察电梯，应不能运行，否则停止开关失效。

4）使用专用工具打开厅门，保持厅门开启状态，进入轿厢顶，将轿厢顶检修装置的“检修/运行”开关置于检修位置，退出轿厢顶，恢复轿厢顶停止开关，关闭厅门，按下厅门外选层按钮，观察电梯，应不能运行，否则检修/运行开关失效。

5）使用专用工具打开厅门，保持厅门开启状态，观察并确认轿厢顶没有妨害安全的情况，检验人员方可进入轿厢顶，站立于轿厢顶可靠部位的平面上，不得踩踏轿厢顶设备，待站稳后关闭层门开始检验。

（2）轿厢顶检验的步骤

1）检验只能在电梯处于检修状态下以检修速度（平层速度）进行。

2）检验过程中应保持各层门处于关闭状态，防止无关人员进入轿厢。

3）参与轿厢顶检验的人员总数不得超过三人（含），并均应具有相应资质。

4）在电梯运动状态下，轿厢顶人员的身体各部分（包括衣服、检验工具）均不得超出轿厢顶护栏范围，尤其是在轿厢与对重交汇处。

5）在电梯运动情况下检验人员不得在轿厢顶移动。

6）各种静态功能检验均应在按下轿厢顶急停开关后方可开始，检验过程中动作应小心，检验完成后应整理工具，稳定站立，再恢复急停开关。

（3）退出轿厢顶的步骤

1）将电梯运行至易于退出轿厢顶的位置，即停止位置处轿厢顶与厅门地坎两者高度差不影响退出轿厢顶。

2）按下轿厢顶急停开关，打开厅门，保持厅门开启状态，整理检验工具，放置在厅门外安全位置，关掉轿厢顶照明灯，恢复轿厢顶检修开关到正常位置，人员离开轿厢顶，从厅门外恢复轿厢顶急停开关。

3）关闭厅门，按下厅门外选层按钮，观察电梯，应能正常运行。

4. 在底坑检验时

（1）进入底坑的步骤

1）将轿厢停止在理想地坎与最低层站地坎之间保持适当安全距离（建议不少于9m或3层）的位置。

2）在最低层站用专用钥匙打开厅门，保持厅门开启状态，检验人员身体各部位均在厅门平面以外，按下厅门外选层按钮，观察电梯，应不能运行。

3）使轿门呈完全打开状态，从厅门外借助手电筒等照明设备观察底坑状况，确定没有妨害安全的情况。

4）进入底坑前要保持鞋底清洁（特别是保证无油污等），防止足下打滑。

5）保持厅门开启状态，进入底坑，对安装在底坑的爬梯应先检查其可靠性，然后利用底坑爬梯小心进入，严禁手握随行电缆攀爬。稳定重心时，可借助地坎和缓冲器混凝土墩，底坑如果没有安装爬梯则要借助梯子或人字梯。

6）打开底坑检修照明开关，按下底坑急停按钮，再次观察底坑及轿厢底部情况，确定无异常，离开底坑，关闭厅门，在层门外按下厅门外选层按钮，观察电梯，应不能运行，否则底坑急停失效。

7）用专用钥匙打开厅门，保持厅门开启状态，进入底坑，关闭厅门，恢复底坑急停开关，开始底坑检验。

（2）底坑检验的步骤

1）如遇井道电梯，则要特别小心，严禁检验人员身体或检验工具等超出本梯轨道底面的范围。

2）在底坑检验过程中，电梯的运行应在检修状态下以检修速度进行，检修操作应尽可能在轿顶进行，保证联系可靠和反应及时。

3）检验轿厢底各处时，应首先蹲伏于底坑安全位置，随时观察轿厢位置，并就近控制底坑急停开关，待电梯在检验要求的位置停稳后，按下急停开关方可进行检验。

（3）退出底坑的步骤

1）在底坑检验完毕，按下底坑急停按钮，由配合人员在厅门外，用专用钥匙打开厅门，使厅门呈完全打开状态，先把工具等放置在厅外。恢复急停按钮，关闭底坑照明，利用爬梯或梯子退出底坑。

2）关闭厅门，按下厅门外选层按钮，观察电梯，应能正常运行。

九、电梯报废过程安全操作技术

2009年1月国务院重新修改颁布施行的《特种设备安全监察条例》第三十条明确规定："特种设备存在严重事故隐患，无改造、维修价值，或者超过技术规范规定使用年限，特种设备使用单位应当及时予以报废，并应当向原登记的特种设备安全监督管理部门办理注销。"

电梯经过长期运行使用，不断磨损、老化，安全性、可靠性下降，对这些电梯就应该按照有关规定进行淘汰报废，实施电梯报废的安全操作技术如下。

1. 确定报废的原则

（1）可靠性　电梯的可靠性是个系统工程，是以系统可靠作为使用前提的。判断电梯是否可靠，就是要严格监控一些性能指标，尤其是这些性能指标的变化情况，严格按照国家规定的技术条件进行检验。如有的电梯的电气系统采用的是由继电器、接触器等有触点的电气元件组成的控制电路，而这些控制电路缺乏安全性和可靠性，理应进行重大改装或更换，否则要判为整机报废。

（2）使用性　电梯都有一个使用年限，如日本规定电梯的使用年限为15年，欧盟等国家规定为18年。我国还没有明确规定，但有的地方规定电梯判废的使用年限为15～18年，极限为25年。电梯中不少零部件也有使用年限的规定，到时都应进行更换，否则应作判废处理。当然，个别作为文物的电梯除外。

（3）经济性　确定电梯是否报废的一个重要原则是判定此电梯是否有改造

或更新的价值。如电梯耗能较大，更换零配件频繁，故障停梯的时间长，修理费用超过更换新梯产生费用的50%以上，就说明此电梯应更新或判废。

（4）技术性　随着科学技术的进步，智能化、信息化技术在电梯中得到较好的应用，一些定性、定量规范对节能、环保指标将提出更高的要求，这就致使一些落后的电梯被淘汰、报废。如有些电梯拖动系统采用交流电动机—直流发电机—直流电动机组驱动，耗电较大，若不进行重大改造或更换，理应判废。

以上是判定电梯是否实施报废的主要原则。

2. 制定报废的判定方法

对上述几个方面的单项，可再分别细分各单项中的子项目。每个单项都实行百分制，即 $K=100$，聘请专家采用平均测评的方法评估每个单项 K_i 值，根据每个单项在电梯中的重要程度，采用加权综合评分的方法，考虑作为制定最后的判定指标（δ），即

$$\delta=\sum(K_i\times\overline{K}_i)/\sum(K_i\times K)$$

权重 K_i 取值1～5，当 $\delta\leqslant0.5$ 时，考虑报废；当 $0.5<\delta\leqslant0.7$ 时，考虑改造；当 $\delta>0.7$ 时，可暂时维持现状。

案例：某医院7层7站电梯为1995年生产的XPM型继电器控制的交流双速电梯，经过10多年运行，电梯故障率逐年提高，电梯继电器厂家已不再生产，每次维修时间在加长，改造也是考虑的解决办法之一，但对改造效果是否理想，心中无数，因此对电梯进行报废处理是最佳的选择。专家们对其可靠性、使用性、经济性、技术性等方面进行了综合评估，取各权重系数 $K_1=3$，$K_2=2$，$K_3=1$，$K_4=2$；评估结果 $\overline{K}_1=50$，$\overline{K}_2=40$，$\overline{K}_3=30$，$\overline{K}_4=20$；计算 δ 值为0.38，应考虑报废。

上述只是提出评估电梯报废的决策模式，评估其他机电设备报废方法时也可作为参考。

3. 报废的注销手续

电梯设备如确定报废，使用单位应在确定报废后的30日内向原使用登记机关办理注销手续。

十、作业现场安全事故及预防

安全事故，是指在安全生产和工作中发生的意外损失或伤害。对安全事故的等级或分类，国务院第493号令《生产安全事故报告和调查处理条例》以及国务院第549号令《特种设备安全监察条例》中，都将安全事故分为特别重大事故、重大事故、较大事故和一般事故四个等级。

电梯安全事故按其表现形式来分类，可分为人身伤害事故、设备损坏事故和复合性事故，其具体分类见表6－8。

表 6－8 电梯安全事故的分类及内容

分 类	内 容
人身伤害事故	1. 坠落 比如因层门未关闭或从外面能将层门打开，轿厢又不在此层，造成受害人失足从层门坠入井道 2. 剪切 比如当乘客踏入或踏出轿门的瞬间，轿厢突然起动，使受害人在轿门与层门之间的上下门槛处被剪切 3. 挤压 常见的挤压事故，一是受害人被挤压在轿厢围板与井道壁之间；二是受害人被挤压在底坑的缓冲器上，或是人的肢体部分（比如手）被挤压在转动的轮槽中 4. 撞击 常发生在轿厢冲顶或蹲底时，使受害人的身体撞击到建筑物或电梯部件上 5. 触电 受害人的身体接触到控制柜的带电部分或施工操作中，人体触及到设备的带电部分及漏电设备的金属外壳 6. 烧伤 一般发生在火灾事故中，受害人被火烧伤。在使用喷灯烧注巴氏合金的操作中，以及电焊和气焊的操作时，也会发生烧伤事故
设备损坏事故	1. 机械磨损 常见的有曳引钢丝绳将曳引轮绳槽磨大或钢丝绳断丝；有齿曳引机蜗轮蜗杆磨损过大等 2. 绝缘损坏 电气线路或设备的绝缘损坏或短路，烧坏电路控制板，电动机过负荷其绕组被烧毁 3. 火灾 使用明火操作时不慎引燃易燃物品或电气线路绝缘损坏，造成短路、接地打火引起火灾发生，烧毁电梯设备，甚至造成人身伤害 4. 湿水 常见的为井道或底坑进水，造成电气设备浸水或受潮甚至损坏、机械设备锈蚀
复合性事故	事故中既有对人身的伤害，同时又有设备的损坏。比如发生火灾时，既造成了人的烧伤，也损坏了电梯设备；又如制动器失灵，造成轿厢坠落损坏，轿厢内乘客受到伤害等

1. 电梯制造现场安全事故及预防

（1）电梯制造现场安全事故的分类

1）机械伤害事故。由于机械设备及其附属设施的构件、零件、工具、工件或飞溅的固体和流体物质等的机械能（动能和势能）作用，可能产生伤害的各种物理因素，以及与机械设备有关的滑绊、倾倒和跌落危险。

2）电气伤害事故。电气危险的主要形式是电击、燃烧和爆炸。其产生条件可以是人体与带电体直接接触；人体接近高压带电体；带电体绝缘不充分而产生漏电、静电现象；短路或过载引起的熔化粒子喷射热辐射和化学效应。

3）温度伤害事故。一般将29℃以上的温度称为高温，－18℃以下的温度称为低温。具体如下：a. 高温对人体的危害，高温烧伤、烫伤，高温生理反应；b. 低温冻伤和低温生理反应；c. 高温引起燃烧或爆炸。

温度危险产生的条件有：环境温度、热源辐射或接触高温物（材料、火焰或爆炸物等）。

4）噪声伤害事故。噪声产生的原因主要有机械噪声、电磁噪声和空气动力噪声。其造成的危害如下：

① 对听力常见的影响。根据噪声的强弱和作用时间不同，可造成耳鸣、听力下降、永久性听力损失，甚至爆震性耳聋等。

② 对生理、心理的影响。通常 90dB（A）以上的噪声对神经系统、心血管系统等都有明显的负面影响；低噪声，会使人产生厌烦、精神压抑等不良心理反应。

③ 干扰语言通信和听觉信号而引发其他危险。

5）振动伤害事故。振动对人体可产生生理和心理的影响，造成损伤和病变。最严重的振动（或长时间不太严重的振动）可能产生生理严重失调（血脉失调、神经失调、骨关节失调、腰痛和坐骨神经痛等）。

6）辐射伤害事故。可以把产生辐射危险的各种辐射源（离子化或非离子化）归为以下几个方面：

① 电波辐射有低频辐射、无线电射频辐射和微波辐射。

② 光波辐射主要有红外线辐射、可见光辐射和紫外线辐射。

③ 射线辐射有 X 射线和 γ 射线辐射。

④ 粒子辐射主要有 α、β 粒子射线辐射，电子束辐射，以及离子束辐射和中子辐射等。

⑤ 激光辐射的危险是杀伤人体细胞和机体内部的组织，轻者会引起各种病变，重者会导致死亡。

7）材料和物质产生的伤害事故。材料和物质产生的危险如下：

① 接触或吸入有害物（如有毒、腐蚀性或刺激性的液体、气雾、烟和粉尘）所导致的危险。

② 火灾与爆炸危险。

③ 生物（如霉菌）和微生物（如病毒或细菌）危险。

机械加工过程中的所有材料和物质都应考虑在内。例如：构成机械设备、设施自身（包括装饰装修）的各种物料；加工使用、处理的物料（包括原材料、燃料、辅料、催化剂、半成品和产成品）；剩余和排出物料，即生产过程中产生、排放和废弃的物料（包括气体、液体、固态物质）。

8）未履行安全人机工程学原则而产生的伤害事故。由于机械设计或环境条件不符合安全人机学原则的要求，存在与人的生理或心理特征能力不协调之处，可能会产生以下危险：

① 对生理的影响。负荷（体力负荷、听力负荷、视力负荷、其他负荷等）超过人的生理范围，长期静态或动态型操作姿势、劳动强度过大或过分用力所导致的危险。

② 对心理的影响。对机械进行操作、监视或维护而造成精神负担过重或因

准备不足、紧张等而产生的危险。

③ 对人操作的影响。表现为操作偏差或失误而导致的危险等。

（2）电梯制造现场发生机械安全事故的原因　在生产实际中，安全事故发生的原因是多方面的，归纳起来有四个方面的原因：人的不安全行为（man）、机器的不安全状态（machinery）、环境的不安全条件（medium）、管理上的缺陷（management）。以上四个方面的原因通常称为“4M”问题或“4M”因素，其中前3项属于直接原因，第4项属于间接原因。现对这两方面的原因分析如下。

1）直接原因：

① 机械的不安全状态包括防护、保险、信号等装置缺乏或有缺陷。如无防护、防护不当；设备、设施、工具、附件有缺陷，如设计不当，结构不符合安全要求，强度不够，设备在非正常状态下运行，维修、调整不良；个人防护用品、用具缺少或有缺陷，如无个人防护用品、用具，所用防护用品、用具不符合安全要求；生产场地环境不良，如照明光线不良、通风不良、作业场所狭窄、作业场地杂乱；操作工序设计或配置不安全，交叉作业过多；交通线路的配置不安全；地面滑；储存方法不安全，堆放过高、不稳等。

② 人的不安全行为。在机械使用过程中，人的不安全行为是引发事故的另一重要的直接原因。人的行为受到生理、心理等各种因素的影响，表现是多种多样的。缺乏安全意识和安全技能差（即安全素质低下）是引发事故的主要原因，例如：不了解所使用机械存在的危险、不按安全规程操作、缺乏自我保护和处理意外情况的能力等。而指挥失误（或违章指挥）、操作失误（操作差错及在意外情况时的反射行为或违章作业）、监护失误等是人的不安全行为常见的表现。在日常工作中，人的不安全行为大量表现在不安全的工作习惯上，例如：工具或量具随手乱放、测量工件不停机、站在工作台上装卡工件、越过运转刀具取送物料、攀越大型设备不走安全通道等。

2）间接原因，几乎所有事故的间接原因都与人的错误有关，尽管与事故直接有关的操作人员并没有出错。间接原因包括以下几个方面：

① 技术和设计上的缺陷。如设计错误，包括强度计算不准、材料选用不当、设备外观不安全、结构设计不合理、操纵机构不当、未设计安全装置等；制造错误，即使设计是正确的，如果制造设备时发生错误，也会成为事故隐患，常见的制造错误有加工方法不当（如用铆接代替焊接）、加工精度不够、装配不当、装错或漏装了零件、零件未固定或固定不牢，工件上的刻痕、压痕，工具造成的伤痕，以及加工粗糙可能造成应力集中等，使设备在运行时出现故障；安装错误，安装时旋转零件不同轴，轴与轴承或齿轮啮合调整不好、过紧或过松，设备不水平，地脚螺栓未拧紧，设备内遗留的工具或零件忘记取出等；维修错误，没有定时对活动部件加润滑油，在发现零部件出现老化现象时没有按维修要求更换零部

件等。

② 教育培训不够。未经培训上岗、操作者业务素质低、缺乏安全知识和自我保护能力、不懂安全操作技术、操作技能不熟练、工作时注意力不集中、工作态度不负责、受外界影响而情绪波动、不遵守操作规程等都是事故的间接原因。

③ 管理缺陷。劳动制度不合理，规章制度执行不严，有章不循，对现场工作缺乏检查或指导错误，以及无安全操作规程或安全规程不完善、缺乏监督等。

④ 对安全工作不重视、组织机构不健全、没有建立或落实安全生产责任制度、没有或不认真实施事故防范措施、对事故隐患调查整改不力，而最关键的原因是企业领导不重视。

在分析事故原因时，应从直接原因入手，逐步深入到间接原因，从而掌握事故的全部原因，分清主次进行责任分析。通过事故分析，吸取教训，拟定改进措施，以防止事故重复发生。

（3）电梯制造现场安全事故的预防

1）安全事故预防的原则。安全事故的预防主要是对制造过程中出现的有毒有害及危险因素加以消除、降低与防护。即通过管理和技术手段消除制造中的危险或有害因素，或使危险及有害因素降低到最小限度，以及控制危险源不与人接触。

① 消除潜在危险原则。这一原则的实质是根据本质安全化的思想，从根本上消除事故隐患，排除危险，这是理想的、主动的事故预防措施。

② 降低潜在危害因素数值原则。在无法彻底消除危害因素的条件下，要最大限度地限制和降低危险程度。如采用以低毒代高毒、以无毒代有毒的原材料或操作工艺，改干式操作为湿式操作，抽走多余的粉尘等，进行综合治理，改善劳动条件，把危险降低到容许的程度。

③ 防护潜在危险原则。在既无法彻底根除，又无法降低危害程度的情况下，可采用各种各样的防护措施来保护人的安全。这是一种消极的防护措施，主要包括如下原则：

a. 距离防护原则。利用某些危险和有害因素的伤害作用随距离的增加而减弱的规律，尽可能地采用自动或遥控的方式，使操作人员远离作业点以减轻危害。如对噪声源、辐射源等危险因素的防护均可采用这一原则，爆破作业时的危险距离控制，也是这一原则的实际应用。

b. 时间防护原则。这一原则是使人暴露于危险及有害因素的时间缩短到安全限度之内。如开采放射性矿石时缩短工作时间、水泥倒包时采用轮换制等。

c. 冗作原则。这一原则是指在系统中纳入多余的个体单元而保证系统安全的一种技术原则。如在系统中增加备用装置或设备，当一个装置发生故障时，另一个备用装置能正常工作等。

d. 屏障原则。在人、物与危险源之间设置屏障，防止能源意外逆流于人体和物体，以保证人和设备的安全。如对热源设置隔热墙、高空作业设置安全网、反应堆设置安全外壳等，都起到了屏障作用。

e. 坚固性原则。这一原则与薄弱环节的原则相反，是通过增加系统的强度，提高机具的结构强度来保证其安全性。如提高起重机钢丝绳的安全系数等。

f. 薄弱环节的原则。这一原则是人为地设置薄弱环节，以最小的、局部的损失来换取系统的安全。如电路中的熔丝、锅炉的熔栓、压力容器中的泄压阀等，它们在危险情况出现之前遭到破坏，从而保证了整体的安全。

g. 闭锁原则。在系统中，通过一些元器件的机械联锁或电气互锁保证系统的安全。如冲压机的安全互锁器、电路中的自动保安器等。

h. 个体防护原则。根据不同作业性质和条件配备相应的防护用品和用具，以保证人体的安全。如交叉作业戴安全帽，带电作业穿绝缘服、绝缘鞋等。

i. 取代作业人员的原则。在不可能消除或控制危险、有害因素的情况下，用机器、机械手、自动控制器或机器人等代替作业人员的某些操作，借以摆脱或减少危险及有害因素对人体的危害。

j. 警告和禁止信息原则。采用声、光、色等手段或其他标志等，作为传递组织和技术信息的方法，提请人们注意安全。如安全标志、警告牌、宣传画、宣传标语、板报、广播及电视等。

2）安全事故预防的技术。

① 根除危险因素。通过选择恰当的设计方案、工艺过程、合适的原材料来彻底消除危险因素，即采用本质安全的技术措施。例如，用液压或气压系统代替电力系统，可避免电气事故；用液压系统代替气压系统可防止受压容器、管道破裂造成事故；用阻燃性材料代替可燃性材料，可防止火灾；去除零部件的毛刺、尖角或粗糙的表面，可防止割、擦、刺伤皮肤等。

② 限制或减少危险因素。一些情况下，危险因素不能被根除，或难以被根除。这时应设法限制它，使其不能造成伤害或损坏。例如，在金属容器内使用电力时，采用低电压以防触电；利用金属喷镀层或导电涂层限制蓄积的静电，以预防静电引起的爆炸；利用液位控制及报警装置，防止液位过高等。

③ 隔离、屏蔽或联锁。隔离是常用的安全技术措施。一般来说，一旦判明有危险因素存在，就应设法把它隔离起来。预防事故的隔离技术包括分离和屏蔽两种，前者指空间上的分离，后者指应用物理屏蔽措施进行的隔离。利用隔离技术，可以把不能共存的物质分开，也可以用来控制能量释放。

对机械的转动部分、热表面、电力设备等安装防护装置，或将其封闭起来是广泛采用的隔离技术。

④ 故障—安全设计。在系统或设备的某部分发生故障或破坏的情况下，在

一定时间内也能保证安全的技术措施称为故障—安全设计。这是一种通过技术设计手段，使系统或设备在发生故障时处于低能量状态、防止能量意外释放的措施。

⑤ 减少故障及失误。设备故障是重要的事故致因。虽然利用故障—安全设计可以使得即使发生了故障也不至于引起事故，但是故障却使设备、系统停顿或降低效率。另外，故障—安全机构本身也有可能发生故障而使其失去效用。因此，应努力减少故障。一般而言，减少故障可以通过三条途径实现：安全监控系统、安全系数或安全阀。

⑥ 警告。在制造过程中人们需要经常注意到危险因素的存在，以及一些必须注意的问题。警告是提醒人们注意的主要方法。提醒人们注意的各种信息都是通过人的感官传递给大脑的，因此根据所利用的感官不同，警告可分为视觉警告、听觉警告、嗅觉警告、触觉警告、味觉警告等。

2. 电梯安装过程安全事故及预防

在电梯安装过程中有发生坠落事故、机械事故、电气事故的可能。现分别介绍这三种事故的形成原因及预防措施。

（1）坠落事故及预防

1）坠落事故分析。电梯安装现场作业高度一般为6～20m，如果是夜间高处作业（完全采用人工照明），则容易发生人员或物料从高空坠落引起的伤亡事故。据统计分析，造成高处坠落的危险情形有下面几种：a. 搭接脚手架时从脚手架上摔落；b. 钻导轨支架预埋孔时，从脚手架上坠落；c. 安装导轨时从脚手架上坠落；d. 安装层门地坎时从脚手架上坠落；e. 从未安装厅门或护栏的门洞口处坠落；f. 轿厢拼装时从高处坠落；g. 用三角钥匙打开厅门时，未观察轿厢所处层站，踩空造成高处坠落。

2）坠落事故预防。防止坠落事故，一要加强对员工的安全教育，提高自我保护意识，穿戴好劳动保护用品；二要确保施工设备的安全和可靠；三要提供防止人员坠落的工作环境，针对可能发生的坠落事件提前采取预防措施，一旦发生坠落，就要立即采取减轻伤害的措施。下面着重介绍防止第三种坠落事故的方法：

① 消除或减少高差。例如给通风口、井、洞等加盖，填平沟坑。

② 在高差超过2m的地方设置围栏、扶手等。在未装井道永久厅门时，井道口需使用安全护栏实施保护。在GB 50310—2002《电梯工程施工质量验收规范》中规定，固定的围栏、扶手等的高度不得低于1.2m。一般来说，其高度应在人体重心之上、人体身高的56%处，固定式工业防护栏的高度不得低于1.05m。围栏和扶手应有足够的强度，设计时可按每1m的长度承受2940N的力计算。

3）对坠落事件采取阻止措施。电梯施工高空作业人员必须使用安全带。井道内施工最好使用全身式安全带系统，要求：

① 必须有足够的强度承受人体落下时的冲击力。

② 在人体坠落到可能致伤的距离前能拉住人体。为了保证人员安全，必须把阻止人体下落时产生的冲击力限制在8889N之内，安全带绳的长度不得超过2m。因为人体在下落时，如果冲击力过大，即使人员被拉住了，也可能因其内脏受到损伤而导致死亡，而此冲击力取决于人体落下的距离。

4）采取减轻坠落伤害的措施。设置安全网和戴安全帽等，采取缓冲措施吸收冲击能量。具体办法是：

① 设置安全网（包括立网和平网）。立网防止人员坠落，高度4m以上的施工作业必须安装安全网；平网防止人员坠落时受到伤害，防止掉落的物体伤及人体，井道内施工时主要是设置平网。

② 戴安全帽。戴安全帽可以在发生坠落、碰撞或受到物体打击时保护人员头部，凡是进入工地的人员都应戴安全帽。

（2）机械事故及预防

1）机械事故分析。

① 机械设备在运转时，机械、机械部件或被驱动的物体具有机械能，当人员或物体与之接触时，将发生机械能的意外释放，可能造成意外伤害事故。

② 在电梯施工作业过程中经常使用吊链、滑轮、绞车、电动工具、割锯等，旋转的带轮和传动带都可能使接触者发生伤害事故。

③ 运动的轿厢也可能导致人员挤压事故。

2）机械事故预防。

① 在首次使用手动葫芦前，必须检查葫芦是否完好，不得使用有损坏的手动葫芦。任何手动葫芦的下端吊钩都属于最薄弱的部位，在超载时会发生拉伸变形，一旦发生这种情况，应立即对其做全面检查。

② 用绞车搬运设备时，绞车的底座必须安装牢固，且应安装一根生根绳（信号绳），以便在运行时可随时观察绞车是否有移位。当绞车发生乱绳现象时，注意避免手被钢丝绳挤压。搬运曳引机组或其他较重设备时，先要检查所用钢丝绳的质量是否合格，绳直径是否能承受所要搬运的设备重量。用升降机提升重物时应做到不超载。

③ 电梯安装完毕，试车前要清理井道，在各厅门门口和轿厢内设置警示牌，警示人们：电梯在试运行，禁止进入轿厢！在确保井道、轿厢顶和轿厢内无人时方能手动盘车，接着检验是否有卡阻现象，确认无误后，方能试慢车、快车。

④ 如果需要进入井道，作业人员必须穿戴好个人防护用具，作业时不能违章。在轿厢顶或底坑作业时，必须在检查各限位安全装置可靠、轿厢顶操作按钮优先的情况下进行，同时个人应实施预防挤压的措施。

（3）电气事故及预防

1）电气事故分析。电气伤害事故有触电事故、电磁场伤害和间接伤害三种类型，是电能作用于人体造成的伤害。触电事故分为电击和电伤两种形式，绝大部分触电伤害属于电击伤害。例如工人手持电钻工作时，如果电钻没有安装漏电保护装置，刀开关上的熔丝用铜线代替，则发生相线接壳后短路电流不能使电源断电，手电钻的外壳带上380V的电压，极易造成电击伤害事故。间接伤害不是电能直接作用的结果，而是触电后导致触电者跌倒或坠落等二次事故造成的伤害。

造成电气伤害的危险源有：a. 电气设备、手持电动工具产品不合格，不符合电气安全规范的要求；b. 电气设备、手持电动工具使用不当，绝缘损坏，造成在正常情况下不带电的金属外壳带了电，又由于未装设漏电保护装置或操作不规范造成人身伤害；c. 违章进行带电作业；d. 井道中的作业都是高空作业，环境潮湿，往往还有交叉作业，再加上空间小、光线不足，因此井道的事故发生率比较高；e. 机房内电气设备比较多，也容易造成电气伤害事故。

2）电气事故预防。电气事故预防从防止人员触及带电体和防止设备外壳带电两个方面采取措施。

① 防止人员触及带电体的措施是：采用安全电压，采用绝缘防护、安全屏护、安全间距及漏电保护装置等。

② 减少工作场所发生触电事故的指导原则是：a. 检查用电工地是否存在用电危险，消除用电隐患；b. 每次使用电气设备之前、使用过程中和使用之后，检查导线是否有磨损和其他损坏的痕迹；使用冲击钻时，要对其绝缘情况进行认真检查，不得使用绝缘损坏的冲击钻；c. 严格遵守电业操作规程，在使用电气设备之前，先要“停电、验电、挂标志牌，必要时做临时接地”；d. 手持电动工具时应使用安全电压型的工具，对电动工具额定电压高于安全电路的，应采取防止触电的措施，例如在使用电动工具时应始终保证有效接地。在电梯安装或改造现场使用电动工具、便携灯或接线盘时，必须确保其做过了设备接地保护程序测试，或者置于接地故障断路器的保护之下，或穿戴绝缘防护服等。

3. 电梯维修过程安全事故及预防

电梯维修过程安全事故主要为门系统剪切和高空坠落。

（1）安全事故分析　电梯在维修过程中出现安全事故的原因有以下几个方面：

1）维修检查前未挂牌通告，是发生事故的一个原因。

2）未按规定配备或配齐个人防护物品，埋下了安全隐患。

3）机房通道光线的照度不足或路况较差，极易发生人员摔倒的伤害事故。

4）机房地面不平整、楼板内空洞过大都将造成人员摔跤或高空坠落。

5）机房内的平台无栏杆，造成维修人员踩空而伤亡。

6）机房设备无独立可靠的保护接地线，致使维修人员在检验中触电。

7）电气设备中高低压误检造成人员电击。

8）检查曳引轮垂直度，控制屏接地、绝缘时，未断电引起的伤害。

9）曳引机松闸盘车时，空轿厢不在顶层，因对重与轿厢的质量差而导致人员被“飞车”击伤。

10）对运转部件进行检查时戴手套或用手触摸部件造成机器“咬手”事故。

11）检查中未着紧身保护服装，被卷入设备而伤亡。

12）轿厢顶、底坑检查中仅一人操作，因无暇照应突如其来的撞击物而伤亡。

13）在井道中检查时未按自上而下、使用检修速度的基本原则进行操作，遭受井道内相对运动异物的撞击而伤亡。

14）脱离轿厢顶，徒手攀登或向厅外探视检查，造成剪切、撞击而伤亡。

15）下底坑前及在底坑检查中没有打开红色安全开关，埋下安全隐患。

16）当维修人员在底坑检查而轿顶又必须运行时，维修人员没有站在对重侧的两空角处，极易受到撞击伤害。

17）在底坑检查各项安全开关时，轿厢内无人或没有认真进行监控配合，因楼层有人呼梯而跑车造成伤人事故。

18）底坑内进水后仍涉水检查，造成人员触电。

19）井道内，特别在底坑检验中未戴安全帽，造成被高处坠物击中而伤亡。

20）随意短接造成电梯误动作而致使其他人员受到伤害。

21）见到厅门开着就贸然进入或开门就进，造成人员坠入井道的重大事故。

22）门系统检查中，随意将头伸入井道厅门内，因电梯误动作造成剪切事故。

23）电梯维修中，随意在厅轿间挡住电梯停留，电梯一旦动作造成剪切事故。

24）井道内外同时进行多项检查时，因缺乏整体协调，造成人员伤亡事故。

（2）安全事故预防

1）维修人员必须按规定配备防护用品后，方可进入现场，并由专人检查、监督。

2）维修人员进入现场前，必须熟悉被维修电梯的技术性能及有关安全要求。

3）在轿厢顶或井道底维修检查时不得少于两人，其中一人负责维修中的安全监控和通信联络工作。

4）进入轿厢顶或底坑时，首先应检查各类安全开关是否有效、可靠，开车前应先发出警告信号并以点动方式起动。

5）主管部门应加大安全监察力度，对电梯维保人员的资质、素质、安全意识等环节的控制始终处于有序状态。

4. 电梯检验过程安全事故及预防

电梯检验是一种高危险工作，在电梯检验过程中，检验员及相关人员稍有疏忽就很容易使自己或他人受到伤害。为了防止或减少此类事故的发生，应分析在检验过程中发生的安全事故的类型、原因，并提出相应的预防措施。

（1）安全事故分析　与电梯安装过程一样，电梯检验过程中发生的安全事故的类型大致为：坠落安全事故、机械安全事故、电气安全事故、其他安全事故。

产生上述安全事故的危险源如下。

1）坠落事故危险源。在电梯检验过程中，造成高处坠落安全事故的危险源有：a. 在对安装过程进行监督检验时，对轨道等项目进行检验经常要在脚手架上进行，因此就有从脚手架上摔落的可能；b. 检查层门或层门地坎时从脚手架上或层门处坠落；c. 从未安装层门和护栏的门洞口坠落；d. 在轿厢顶上进行检验，跨越上横梁时，从井道与轿厢围成的孔洞处摔落；e. 用三角钥匙打开厅门时未观察轿厢所处层站，踩空造成高处坠落。

2）机械安全事故危险源。在电梯检验过程中造成机械安全事故的危险源有：a. 试车时，旋转的曳引轮和移动的钢丝绳都可能使接触者发生机械安全事故；b. 对限速器进行动作速度校验时，手指有被钢丝绳挤压的可能；c. 在对制动器、夹绳器等进行检验时，有被旋转的运动部件伤害的可能；d. 从厅门进入轿厢顶进行井道内项目检验时，有被运动的轿厢剪切的可能；e. 在底坑或轿厢顶进行检验时，若未站好位置或操作不当就有被轿厢等运动部件挤压的可能；f. 在做电梯运行试验时，若轿门无闭锁或警示，乘客可能误入轿厢造成剪切事故。

3）电气安全事故危险源。在电梯检验过程中，造成电气安全事故的危险源有：

① 电气设备、手持电动工具产品不符合电气安全规范的要求，即使用不合格产品。

② 电气设备、手持电动工具产品使用不当，绝缘损坏造成正常情况下不带电的金属外壳带电，并且未装设漏电保护装置或动作不可靠等。

③ 没有严格按检验规范进行检验，违章带电作业等，如对电梯接地系统的接地电阻进行检验时，检验人员没有停电、验电，没有对大电感性和大电容性设备进行放电便进行测试，就有触电的可能。

4）其他安全事故危险源。如在有毒、有害和有爆炸危险的场所进行检验时，发生中毒、火灾和爆炸事故等。

（2）安全事故的预防　检验作业是由人员、设备、工作环境组成的人—机—环境系统。所以预防事故就从这三个方面来采取措施，不使这三个不利因素同时发生，就可避免检验事故的发生。

1）坠落安全事故的预防。

① 把好检验环境关。不良的作业环境会诱发人失误，进而导致事故发生，在恶劣的检验环境中常会发生跌倒、高处坠落、物体打击、触电等事故，为此把好检验环境关对检验安全来说很重要。TSG T 7001—2009《电梯监督检验和定期检验规则—曳引与强制驱动电梯》第十五条和 GB 10060—1993《电梯安装验收规范》第三条分别规定了实施现场检验时的检验条件和安装验收条件，即检验现场（主要指机房、轿厢顶、底坑）应清洁，不应有与电梯工作无关的物品和设备，相关现场应放置表明正在进行检验的警示牌，这些都是指电梯安装完成后的验收检验。若开展安装过程的监督检验，由于许多地建工程和其他设备安装工程仍在施工中，现场施工单位多、环境复杂，检验人员更应注重环境安全条件，如层门门口是否堆积有杂物，坑洞是否封闭，未装设层门的层门口是否用合格的防护栏围起来，脚手架搭设是否符合要求，用于施工的临时电源是否按工地临时用电的要求进行安装，是否配有检漏保护装置等。

② 坚持做好警示和个人防护工作，防止伤害事故的发生。检验人员在进入检验现场时，必须带好“三宝”，即安全帽、工作鞋和安全带。尤其是在土建施工工地，地面经常有铁钉等，所以必须穿厚底防滑的工作鞋。由于许多项目还在交叉进行，在工地上因为物件从高处坠落造成人的伤亡事故也屡见不鲜，所以进入工地的每个检验人员都应随时戴着安全帽。

③ 应明确规定《电梯监督检验和定期检验细则》并严格执行。《电梯监督检验和定期检验规则—曳引与强制驱动电梯》是个检验大纲，它主要规定了对电梯监督检验的项目内容和方法，是概要的，而在检验中如何确保检验安全、应按怎样的程序进行检验，还需各检验机构根据《电梯监督检验和定期检验规则—曳引与强制驱动电梯》进行细化，即制定出《电梯监督检验和定期检验细则》。细则内容应包括检验流程、检验方法、所使用的仪器、安全注意事项和应采取的安全防范措施，检验人员应严格按照细则规定的步骤和方法进行检测。电梯的检验程序对检验安全来说是十分重要的，若检验程序不当，将可能酿成事故。《电梯监督检验和定期检验细则》除了应明确规定电梯整体检验程序外，还应根据危险性较大的部分项目规定子程序，如进出轿厢顶检验程序、进入底坑检验程序和动载试验检验程序等。

2）触电安全事故的预防。

① 检验时，首先应对《电梯监督检验和定期检验规则—曳引与强制驱动电梯》中规定的电气绝缘和接地进行检验，检验设备是否存在漏电、绝缘损坏等

危险，若发现漏电和绝缘损坏现象应停止检验。

② 进行电气设备检验作业时，应严格遵守“停电、验电、挂标志牌、必要时做临时接地”的电业操作规程，譬如做《电梯监督检验和定期检验规则—曳引与强制驱动电梯》中2.12和2.13规定的接地和绝缘测试时，在拉下电梯总电源开关（空气开关）后，应先用电笔在开关的主方进行测试，电笔亮，验证了电笔是好的，然后再用电笔在开关副方三相火线上分别测试，确认三相都无电后，挂停电牌，电感或电容性负载在测试前还应对其充分放电，当测试地点离开关箱距离较远时，还应用临时接地线把三根火线短接。

③ 电动工具是造成触电事故的主要潜在危险源，所以手持电动工具应使用安全电压型的，对电动工具额定电压高于安全电路的应采取防止触电的措施，譬如进行限速器动作速度校核，使用可调整的手持电动工具时，必须检验其绝缘情况，在使用电动工具时应始终保证有效的接地，或者置于接地故障断路器的保护之下，或穿戴绝缘用具等。

3）机械安全事故的预防。

① 电梯安装好试车时的注意事项。试车前，应清理井道，应在各厅门门口和轿厢内设置警示牌，警示人们电梯试运行，禁止进入轿厢，在确保井道内、轿厢顶和轿厢内无人员时，方能手动盘车，检验是否有卡阻现象，确认无误后，才能带电试车运行。

② 确需在轿厢顶或底坑作业时，应在检查各限位安全装置可靠和轿厢顶操作按钮优先的情况下进行，并且个人应做好预防挤压的应急措施。

③ 对可能因外部误操作而突然运动的部件进行检测时，应有可靠的、检测时确保部件不运动的措施，譬如对曳引轮的垂直度等项目进行检测时，应拉下电梯总电源开关，避免有人呼梯，电梯突然起动；必须运动时才能检测的项目，如电梯运行速度的检测，应做好防止被运动部件剪切、挤压等的措施，最好一人检测，一人监护，禁止戴手套进行检测等。

第七章 细则：常用计量器具的安全使用

一、通用手动工具

通用手动工具是指从事电梯作业的人员经常使用的工具，如各种扳手、钢丝钳、锤子、一字或十字旋具、錾子、手用钢锯等。

一般安全使用要求：

1）不准用钳子当锤子来敲击物体。

2）不准用钳子当扳手拧螺钉、螺母。

3）不准用一字或十字旋具当錾子剔物体、撬物体。

4）不准用铁锤当木槌、尼龙锤、橡皮锤使用。

5）不准用普通活扳手当专用扳手使用。

6）传递工具时必须用手递手接的方式或用工具袋，不准抛掷传递。

二、电工专用手动工具

电工在日常工作中，除配备一部分通用手动工具外，还必须配备一些电工专用的手动工具，如验电器、万用表、电烙铁、喷灯、电工用钳（钢丝钳、剥线钳、尖嘴钳、压接钳）、电工刀、旋具等。

1. 验电器

验电器是用来检验电线和电气设备是否带电的专用工具，分为低压验电器和高压验电器两类。

1）低压验电器俗称试电笔，有笔式、旋具式、数显式等。由金属压力弹簧、笔帽、金属笔尖、氖管等组成。

低压验电器的使用方法是：用手指触及验电器尾部的金属体，验电时观察验电器内氖管的发光情况，当被测带电体与大地之间的电势差大于60V时，验电器的氖管就会发光。低压验电器测试电压的范围是60~500V。低压验电器的握法如图7-1所示。

2）高压验电器由金属钩、氖管、绝缘棒体、护环和握柄等组成。使用时要特别注意：首先戴好绝缘手套，然后手握握柄部位，不得超过护环。高压验电器的握法如图7-2所示。

3）验电器安全使用要求：

① 验电器使用前，应认真检查验电器的绝缘体和发光显示部件是否完好，

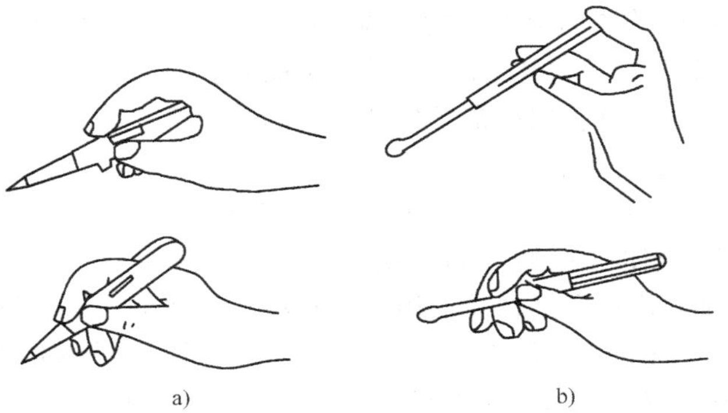

图 7-1　低压验电器握法
a）笔式握法（上为正确握法，下为错误握法）
b）螺钉旋具式握法（上为正确握法，下为错误握法）

确认完好后才能使用。

② 验电时应将验电器前端逐渐靠近被测体，直至有发光和显示。只有当氖管不发光或无显示并做好防护措施后，才能用手触及被测体。

③ 使用高压验电器时，应采用一人测试、另一人监护的方式进行。测试人必须戴好符合耐压等级的绝缘手套，测试时要防止发生相间或对地短路事故，人体与带电体应保持足够的安全距离。

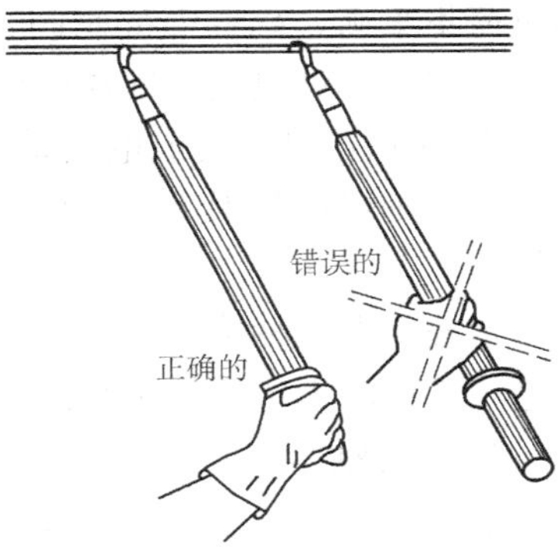

图 7-2　高压验电器握法

④ 在雨雪等恶劣天气情况下不宜使用高压验电器，以避免发生危险。

4）验电器除能测量电气设备是否有电外，还可作以下用途：

① 区别相线和零线。在交流电路里，用试电笔触及导线时，试电笔发亮的是相线，不发亮的是零线。

② 判断相线或零线断路。在单相电路中，试电笔测单相电源回路相线和零线，氖管均发亮说明零线断路，氖管都不发亮则是相线断路。

③ 区别交流电和直流电。交流电通过试电笔时，氖管里的两个极同时发亮；直流电通过时，氖管里的两个极只有一个发亮。

④ 区别直流电的正负极。将试电笔连接在直流电的正负极之间，发亮的一端为负极，不发亮的一端为正极。

⑤ 区别直流电接地的是正极还是负极。发电站和电网直流系统是对地绝缘的，人站在地上，用试电笔去测正极或负极，氖管是不应发亮的。如果发亮，则说明直

流系统有接地现象。如果靠近笔尖的一端发亮则是正极有接地现象。当然如果接地现象微弱，达不到氖管起动电压时，虽然有接地现象氖管也是不会发亮的。

⑥ 区别电压的高低，用经常是自己使用的试电笔，可根据氖管发光的强弱来估计电压高低的约略数值。

⑦ 相线碰壳。用试电笔触及电气设备外壳（如电动机、变压器壳体），若氖管发亮，则是相线与壳体相接触，有漏电现象，如壳体安全接地，氖管是不会发亮的。

⑧ 相线接地。用试电笔触及三相三线制星形接法的交流电路，若有两根比通常稍亮，而另一根的亮度稍弱，则表示这根亮度弱的导线有接地现象，但还不太严重；如两相很亮，而另一相不亮，则是一相完全接地。三相四线制，单相接地以后，在中心线上用试电笔测量时也会发亮。

⑨ 设备（电动机、变压器）各相负荷不平衡或内部匝间、相间短路。三相交流电路的中性点移位时，用试电笔测量中性点，就会发亮，这说明该设备的各相负荷不平衡，或者内部匝间、相间短路。以上故障在较为严重时才能反映出来，且要达到试电笔的起动电压时氖管才发亮。

⑩ 线路接触不良或电气系统互相干扰。当试电笔触及带电体，而氖管光亮有闪烁时则可能是因为线头接触不良而松动，也可能是两个不同的电气系统互相干扰。

掌握以上几种检查方法可给电气工作人员在检查、维修时带来一些方便，从事电气工作的人员要特别注意安全，不要忽视验电器的这些作用。

2. 电烙铁

依据烙铁头的工作温度选用电烙铁，在电子板上焊接各种元器件时，一般选用20W或25W的电烙铁为宜；焊接较大元器件时，可选用60～100W的电烙铁；如在金属体上焊接部件，选用300W以上的电烙铁为宜。

使用新电烙铁时，应先清除烙铁头部斜面表层的氧化物，通电加热电烙铁，沾上松香和焊锡，让熔化状的焊锡薄层覆满烙铁头斜面，以保护烙铁头和方便焊接。

较长时间不使用电烙铁时，应断开电源，不能让烙铁在不使用的情况下长时间通电。暂时不用电烙铁时，应用金属架将其架空，避免烫坏其他物品。

3. 喷灯

喷灯是一种利用火焰对工件进行加热的工具，有煤油喷灯和汽油喷灯两种。

（1）喷灯的使用方法

1）旋下加油孔的螺栓，加注相应的燃油，加油量至筒体高度的四分之三即可。加完油后旋紧加油孔螺栓，关闭放油阀阀杆，擦干净洒在筒体外部的油料，并检查有无渗漏现象。

2）在预热燃烧盘中倒入适量油料引燃，预热火焰喷头。

3）火焰喷头预热后，打气5次左右，将放油调节阀旋松，喷头会喷出油雾，燃烧盘中的火焰点燃油雾，再继续打气到火力正常为止。

4）熄灭喷灯时，应先关闭放油调节阀，熄灭火焰后再缓慢松开加油孔的螺栓，放出筒体内的压缩空气。

（2）使用注意事项

1）煤油喷灯不得加入汽油燃料。

2）汽油喷灯加油时应先熄火，且周围不得有明火，缓慢松开加油孔螺栓，放完压缩空气后，才能取下螺栓加油。

3）筒体内压力不能过高，打完气应将打气手柄卡在泵盖上。

4）为防止筒体过热发生危险，在使用过程中筒体内的油量不得少于筒体容积的四分之一。

5）对油路密封圈与零件配合处要经常进行检查，不能有渗漏跑气现象。

6）使用完毕，应将喷灯筒体内的压缩空气放掉，并将油料妥善保管。

4. 电工用钳

电工除配有钢丝钳外，还配有一些专用工具钳，如：剥线钳、尖嘴钳、压接钳等。

1）电工作业人员使用钢丝钳时，要注意：a. 必须保证外套绝缘胶柄的绝缘性能良好；b. 用钢丝钳剪切带电导线时，不得同时剪切两条导线，以免发生危险。

钢丝钳的正确使用方法如图7－3所示。

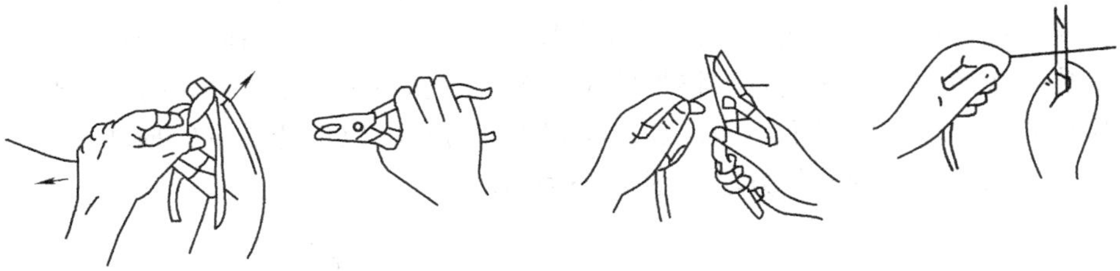

图7－3　钢丝钳的正确使用方法

2）剥线钳，是电工作业人员用来剥除小直径导线绝缘层的专用工具。在剥除带电导线的绝缘层之前，要确保剥线钳绝缘胶柄的绝缘性能完好。

3）尖嘴钳，由于其头部尖细，主要是电工作业人员在狭小的空间夹持细小的螺钉、垫圈、导线，或将导线弯制成一定形状时使用。

4）压接钳，是制作大截面导线接线鼻子的压接工具。有手动压接钳和液压压接钳两种。

5. 电工刀

电工刀是主要用来剥削截面较大的导线绝缘层的工具。使用时刀口一定朝向外部。剥削导线绝缘层时，应使刀面与导线呈较小的夹角，避免割伤线芯。电工刀刀柄无绝缘保护，故不能用其直接剥削带电导线。

6. 旋具

旋具一般常用的有一字形和十字形。电工作业使用旋具时应注意：

1）不能使用金属杆直通柄顶的旋具，以免发生触电事故。

2）用旋具拆卸或紧固带电螺钉时，手不要触及旋具的金属杆。

3）电工使用的旋具，应当在旋具的金属杆上穿套绝缘管。

4）旋具的正确使用方法如图7－4所示。

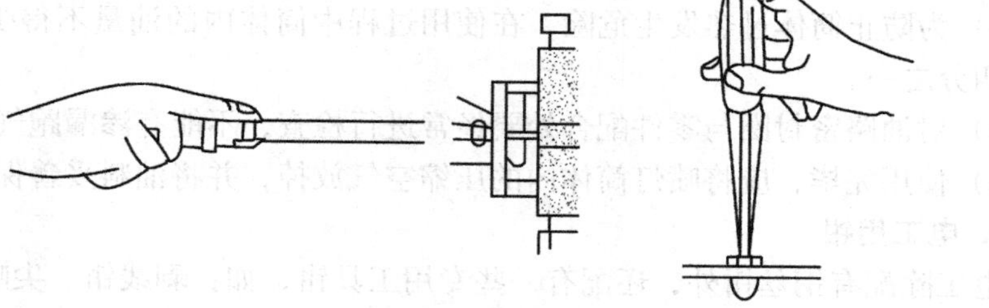

图7－4 旋具的正确使用方法

7. 拆卸器

拆卸器是拆装带轮、联轴器及轴承的专用工具。用拆卸器拆卸带轮（或联轴器）时，应首先将紧固螺栓或销子松脱，并摆正拆卸器，将丝杠对准电动机轴的中心，缓慢拉出带轮。若拆卸困难，可用木槌敲击带轮外圆和丝杠顶端，也可在支头螺栓孔注入煤油后再拉。如果仍然拉不出来，可对带轮外表加热，在带轮受热膨胀而轴承未热透时，将带轮拉出来。切忌硬拉或用铁锤敲打。加热时可用喷灯或气焊枪，但温度不能过高，时间不能过长，以免造成带轮损坏。

用拆卸器拆卸带轮的方法如图7－5所示。

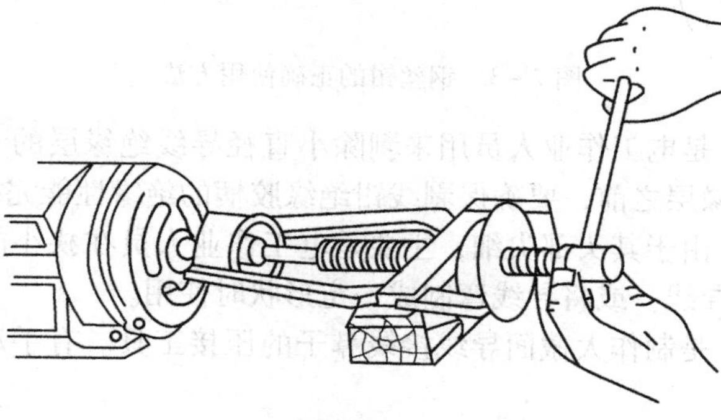

图7－5 用拆卸器拆卸带轮的方法

三、电动工具

1. 一般安全使用要求

手持式电动工具按其绝缘和防护等级分为Ⅰ类、Ⅱ类和Ⅲ类。因为Ⅰ类工具在使用时除依靠其基本绝缘外，还必须另有附加保护措施，目前一般场所已严禁使用。Ⅱ类工具在防止触电的保护方面，具有双重绝缘或加强绝缘的附加安全措施，因此使用场所比较多。Ⅲ类工具依靠低电压电源供电，使用较为安全、可靠。

在使用手持电动工具时，应符合下列安全要求。

1）使用前应检查：a. 外壳、手柄是否出现裂痕、破损；b. 电源线及插头是否完好，开关动作是否正常，接地保护是否正确、可靠；c. 各部位防护罩是否齐全牢靠。

2）有保护接地的电动工具，必须使用三相插座，不能将保护接地端甩掉。

3）机具应空载起动，在检查确认运转正常后，方可投入使用。

4）在更换作业场所时，不得用手提着电源线来提、拿电动工具。

5）使用有金属外壳的Ⅱ类电动工具时，其金属外壳与PE线相连接，并设漏电保护装置。

6）作业时，应由一人操作，且用力要平稳，不准两个人同时操作一部电动工具。

7）在狭窄场所作业时，应选用由安全隔离变压器供电的Ⅲ类电动工具。

8）在潮湿场所、金属构件、压力容器、金属管道等处作业时，必须使用Ⅰ、Ⅲ类电动工具。其开关箱或控制柜应设在作业场所以外，并有人监护。

9）作业中，应注意电动工具的声音和温度，发现异常要立即停机检查。作业时间过长，机器温升超过60℃时，应停机冷却后再使用。

10）作业中，不得用手触摸刃具或砂轮，发现其磨钝、破损时，应立即更换后再继续作业。

2. 砂轮机

1）使用前，必须认真检查各部位螺栓有无松动、砂轮有无裂纹、金属外壳和电线有无漏电之处，如有，必须维修好后方可使用。

2）凡受潮、变形、破损，以及接触过油、碱类物质的砂轮片均不得使用。

3）使用时，首先要进行空转试验，无问题时方可进行操作。

4）工作时，要戴上护目镜等必要的防护用品，操作者不要正对砂轮，砂轮机要拿稳，并要缓慢地接触工件，不准撞击和猛压。

5）还在转动的砂轮机不准随意放在地上，待砂轮停稳后，才能放在适当的地方。暂时不用时，必须关闭电源开关，切断电源。

6）发现电线打结时，要耐心解开，不能手提电线强行拉动。

7）换砂轮时，要认真检查砂轮片有无裂纹或缺损，配合要适当，用扳手紧固螺帽，松紧要适宜。

8）下班、停电或离开工作地点时，要切断电源，收拾整理好电线、摆放好砂轮机。

9）砂轮机要放在干燥处，严禁放在有水、有油或潮湿的地方。

3. 切割机

1）作业时，操作人员应戴好护目镜，并随时观察机器的温升情况，当机壳温度过高或机器声音异常时，应立即停机检查处理。

2）切割物件过程中用力要均匀，推进时不能用力过猛。当发生切割刃具被卡死的情况时，应立即停机，缓慢退出，重新对正刃具后，再进行切割。

3）被切割物件应可靠固定在切割台面上，在切割过程中不能左右移动被切割物件。

4. 角向磨光机

1）砂轮片应选用增强纤维树脂型，其安全线速度不得小于80m/s。配用的电缆与插头应具有加强绝缘性能，并不得任意更换。

2）打磨作业时，应使砂轮片与工件面保持15°～30°的倾斜。切削作业时，砂轮片与工件被切面保持垂直并不得横向摆动。

5. 冲击电钻、电锤

1）作业前应检查：a. 外壳、手柄不出现裂纹、破损；b. 电缆软线及插头等完好无损，开关动作正常，保护接零连接正确、牢固可靠；c. 各部位防护罩齐全牢固，电气保护装置可靠。

2）机具起动后，应空载运转，检查并确认机具转动灵活无阻。作业时，加力应平稳，不得用力过猛。

3）作业时应握电钻或电锤手柄，打孔时先将钻头抵在工作表面上，然后开动，用力适度，避免晃动。转速若急剧下降，应减小用力，防止电动机过载，严禁用木杠加压。

4）钻孔时，应注意避开混凝土中的钢筋。

5）电钻和电锤为40%断续工作制，不得长时间连续使用。

6）作业孔径在25mm以上时，应有稳固的工作平台，周围应设护栏。

7）严禁超载作业。作业中应注意声响及温升，发现异常应立即停机检查。在作业时间过长、机具温升超过60℃时，应停机，自然冷却后再行作业。

8）作业中，不得用手触摸刃具、模具和砂轮。发现其磨钝、破损时，应立即停机修整或更换，然后再继续进行作业。

9）机具转动时，不得撒手不管。

6. 电剪

1）作业前应先根据钢板厚度调节刀头间隙量。

2）应保持机具上的刃具锋利、完好无损、安装正确、牢固可靠。

3）作业前的检查应符合下列要求：a. 外壳、手柄不出现裂纹、破损；b. 电缆软线及插头等完好无损，开关动作正常，保护接零连接正确、牢固可靠；c. 各部位防护罩齐全牢固，电气保护装置可靠。

4）机具起动后，应空载运转，检查并确认机具转动灵活无阻。

5）作业时，加力应平稳，不得用力过猛，当遇刀轴往复次数急剧减少时，应立即减小推力。

6）严禁超载使用。作业中应注意声响及温升，发现异常应立即停机检查。在作业时间过长、机具温升超过60℃时，应停机，自然冷却后再行作业。

7）作业中，不得用手触摸刃具，发现其有磨钝、破损时，应立即停机修整或更换，然后再继续进行作业。

8）机具转动时，不得撒手不管。

7. 射钉枪、拉铆枪

（1）射钉枪

1）作业前应检查：a. 外壳、手柄不出现裂纹、破损；b. 电缆软线及插头等完好无损，开关动作正常，保护接零连接正确、牢固可靠；c. 各部位防护罩齐全牢固，电气保护装置可靠。

2）严禁用手掌推压钉管和将枪口对准人。

3）击发时，应将射钉枪垂直压紧在工作面上，当两次扣动扳机，子弹均不击发时，应保持原射击位置数秒钟后，再退出射钉弹。

4）在更换零件或断开射钉枪之前，射枪内均不得装有射钉弹。

5）严禁超载使用。作业中应注意声响及温升，发现异常应立即停机检查。在作业时间过长，机具温升超过60℃时，应停机，自然冷却后再行作业。

（2）拉铆枪

1）使用拉铆枪时应符合下列要求：a. 被铆接物体上的铆钉孔应与铆钉滑配合，并且过盈量不能太大；b. 铆接时，当铆钉轴未拉断时，可重复扣动扳机，直到拉断为止，不得强行扭断或撬断；c. 作业中，接铆头子或并帽若有松动，应立即拧紧。

2）作业前检查应符合下列要求：a. 外壳、手柄不出现裂纹、破损；b. 电缆软线及插头等完好无损，开关动作正常，保护接零连接正确、牢固可靠；c. 各部位防护罩齐全牢固，电气保护装置可靠。

3）严禁超载使用。作业中应注意声响及温升，发现异常应立即停机检查。在作业时间过长，机具温升超过60℃时，应停机，自然冷却后再行作业。

四、起重吊装机具

电梯施工现场常用的起重吊装机具有手拉葫芦、电动卷扬机、钢丝绳、卡环、吊钩、钢丝绳夹及千斤顶等。现分别对这些常用机具的安全使用要求介绍如下。

1. 手拉葫芦

手拉葫芦又称倒链或神仙葫芦，可用来起吊轻型物件、收紧扒杆的缆风绳，以及作为运输车辆捆绑货物绳索的收紧工具。它适用于小型设备和重物的短距离起重吊装。因其具有结构紧凑、手拉力小、使用稳当、携带方便，以及比其他起重机械容易掌握等优点，不仅是起重吊运的常用机具，也是维修机械设备的常用工具。

手拉葫芦在使用时要注意以下问题：

1）操作前必须详细检查各个部件和零件，包括链条的每个链环、各传动部件的润滑，情况良好时方可使用。

2）悬挂支撑点应牢固，且承载能力应与该葫芦的承重能力相适应。

3）使用时应先将牵引链条反拉，将起重主链条倒松，使之有最大的起重距离。

4）在使用时，应先把起重链条缓慢倒紧，至链条吃劲后，应检查葫芦的各部分有无变化，安装是否妥当，在各部分确实安全、良好后，才能继续工作。

5）在倾斜或水平方向使用时，拉链方向应与链轮方向一致，注意不能使钩子翻转，防止链条脱槽。

6）起重量不得超过手拉葫芦的起重能力，在重物接近额定负荷时，要特别注意。使用时用力要均匀，不得强拉、猛拉。

7）接近泥沙工作的葫芦必须采用垫高措施，避免将泥沙带进转动轴承内，从而影响其使用寿命与安全。

8）使用三个月以上的手拉葫芦，应进行拆卸、清洗、检查和注油。对于缺件、失灵和结构损坏等情况，需经修复后才能使用。

9）使用三脚架时，三脚必须按要求保持相对间距，两脚间应加绳索，当将绳索置于地面上时，要注意防止将作业人员绊倒。

10）起重高度不得超过标准值，以防链条拉断销子，造成事故。

2. 千斤顶

千斤顶又称举重器，可分为螺旋千斤顶、液压千斤顶和齿条千斤顶，前两种千斤顶应用比较广泛。

使用千斤顶时要注意以下问题：

1）千斤顶应放平，并在上下端垫以坚韧的材料，但不能使用沾有油污的木料或铁板做衬垫，以防止千斤顶受力时打滑。应有足够的承压面积，并使所受力通过承压中心。

2）千斤顶安装好以后，要先将重物稍微顶起，经试验无异常时，再继续起升重物。在顶重过程中，要随时注意千斤顶是否直立，不得歪斜，严防倾倒，不得任意加长手柄或操作过猛。

3）起重时应注意上升高度不超过额定高度。当需将重物起升的高度超过千斤顶的额定高度时，必须在重物下面垫好枕木，卸下千斤顶，垫高其底座，然后重复顶升。

4）起升重物时，应在重物下面随起随垫枕木垛，下放时，应逐步外抽，保险枕木垛和重物的高差一般不得大于一块枕木厚度，以防意外。

5）同时使用两台或两台以上千斤顶时，应注意使每台千斤顶负荷平衡，不得超过额定负荷，要统一指挥，同起同落，使重物升降平稳，以防发生倾倒。

6）根据千斤顶的构造，应保证其在最大起升高度时，齿条、螺杆、柱塞不能从底座的筒体中脱出。

7）在使用千斤顶前，应认真对其进行检查、试验和润滑。油压千斤顶应按规定定期拆开检查、清洗和换油，螺旋千斤顶和齿条千斤顶的螺纹磨损后，应降低负荷使用，磨损超过20%则应报废。

8）保持储油池的清洁，防止沙子、灰尘等进入储油池内，以免堵塞油路。

9）使用千斤顶时要时刻注意密封部分与管接头部分，必须保证其安全可靠。

10）千斤顶不适用于有酸、碱或腐蚀性气体的场所。

3. 电动卷扬机

由于电动卷扬机起重能力大、速度变换容易、操作方便安全，因此在起重吊装作业中是经常使用的一种牵引设备，电动卷扬机主要由卷筒、减速器、电动机和制动器等部件组成。

电动卷扬机的种类很多，大致可分为两种类型：一类是卷筒通过离合器而连接于电动机，其上配有制动器，电动机始终按同一方向转动。提升时，靠上离合器；下降时离合器打开，由于载荷的重力作用卷扬机卷筒反转，其下降速度用制动器控制。另一类卷扬机，正转和反转的方向转变，是靠改变电动机的旋转方向来实现的。

电动卷扬机的牵引索具主要是钢丝绳。因此电动卷扬机的基本参数主要是钢丝绳的额定拉力、牵引速度，配用钢丝绳的直径、抗拉强度、下滑量等。

电动卷扬机的安全使用要求：

1）安装卷扬机时，基座应平整牢固，周围排水通畅，地锚设置可靠，并应搭设操作工作棚。

2）卷扬机操作人员应持有培训机构颁发的上岗操作证书。操作人员的工作位置应能看清楚指挥人员和拖吊的物件。

3）作业前，应检查卷扬机与地面的固定情况，并应检查安全装置、防护设施、电气线路、接零线和接地线、制动装置及钢丝绳等，全部合格后方可使用。

4）使用皮带或开式齿轮传动的部分，均应设置防护罩，导向滑轮不得用开口拉板式滑轮。

5）使用单一转向电动机传动的卷扬机时，必须采用刹车控制下降速度，不能过快下降或在正常情况下使用紧急制动。

6）卷扬机钢丝绳卷筒与导向滑轮的距离应满足以下条件。从卷筒中心线到第一个导向滑轮的距离，带槽卷筒应大于卷筒宽度的15倍，无槽卷筒应大于卷筒宽度的20倍；当钢丝绳在卷筒中间位置时，滑轮位置应与卷筒轴线垂直，其垂直偏差小于6°。

7）在卷扬机制动操纵杆的行程范围内，不得有阻卡现象。

8）操作人员应随时注意钢丝绳的负载情况，当负载重量接近卷扬机有效牵引拉力的90%时，应先将物件吊离地面0.5m稍停，检查卷扬机设备无异常后继续作业。

9）卷筒上的钢丝绳应排列整齐，严禁在转动中用手拉、用脚踩钢丝绳，留在卷筒上的钢丝绳最少应为3~5圈。

10）在作业中，任何人不得跨越正在作业的卷扬机钢丝绳。吊起物件后，操作人员不得离开操作岗位。物件下面严禁人员停留或通过。

11）在操作过程中若发现异响、制动不灵、制动带或轴承温度异常升高时，应立即停机检查，排除故障后方可继续运行。

12）必须在将吊钩上的物件全部放置在地面上、将钢丝绳尽量收回到卷筒上，同时切断设备电源后方可下班。

4. 钢丝绳

钢丝绳具有断面相同、强度高、弹性大、韧性好、耐磨、高速运行平稳、能承受冲击载荷等特点，是起重吊装中的重要索具，可用作起吊、索引、捆扎等。

钢丝绳的种类很多，按照不同的分类方法分为单绕、双绕、三绕；同向捻、交互捻、混合捻；麻芯、石棉芯、金属芯等。在起重作业中一般使用的是双绕钢丝绳。电梯用钢丝绳是有别于普通起重用钢丝绳的，我国国家标准《电梯用钢丝绳》（GB 8903—2005）中对电梯专用钢丝绳作出了明确规定，电梯曳引钢丝绳要使用6×19S+NF或8×19S+NF的钢丝绳。

为保证钢丝绳的安全使用，必须根据钢丝绳的性能指标，合理选择，在使用中还要注意以下几点：

1）使用钢丝绳时，抗拉强度要留有充分的安全系数，不准超负荷使用。

2）解开成卷的钢丝绳时，不得造成扭结、变形。

3）用钢丝绳系在型钢上吊物件时，型钢边缘处应垫上木块等衬垫物，防止硌伤钢丝绳。

4）钢丝绳在使用过程中，会不断磨损、弯曲变形、锈蚀和断丝等，当不能满足安全使用条件时，应予以报废。钢丝绳的报废标准见表7－1。

5）对于普通起重用钢丝绳，要定期检查磨损情况和涂刷保护油；而对于电梯专用钢丝绳来讲，就不允许涂刷任何油脂。

表7－1　钢丝绳报废标准

采用的安全系数	一个节距内的断丝数					
	16×19＋1		6×37＋1		6×61＋1	
	交互捻	同向捻	交互捻	同向捻	交互捻	同向捻
6以下	12	6	22	11	36	18
6～7	14	7	26	13	38	19
7以上	16	8	30	15	40	20

5. 卡环

卡环又称卸甲或卸扣，用于吊索、构件或吊环之间的连接，是起重作业中使用广泛、灵活的拴连工具。卡环分为销子式和螺旋式两种，其中螺旋式卡环比较常用。

使用卡环作业时应注意以下几点：

1）卡环必须是锻造的，一般是用20号钢锻造后再经过热处理而制成的，不能使用铸造或用其他钢材焊接制成。

2）在使用时不得超过卡环额定的荷载，并应使卡环在上下方向受力，不能使其横向受力。

3）使用销子式卡环时，销子头部朝下，以便于拉出销子。同时要使绳扣受力后压住销子，使其不能自行掉下来。

4）使用螺旋式卡环时，要注意使销子的螺纹旋紧方向与钢丝绳扣连接拉紧的方向相同，否则会使销子螺纹倒开，造成绳扣脱出。

5）当使用八字形绳扣起吊物件时，绳扣要套在卡环的U形弯环上，不可反向使用。

6）使用中应经常检查销子和弯环，如发现严重磨损变形时应立即更换。

6. 吊钩

吊钩分为单钩、双钩、长柄钩、短柄钩等（见图7－6），是起重吊物作业中必须使用的工具。

在使用吊钩时，应注意以下几点。

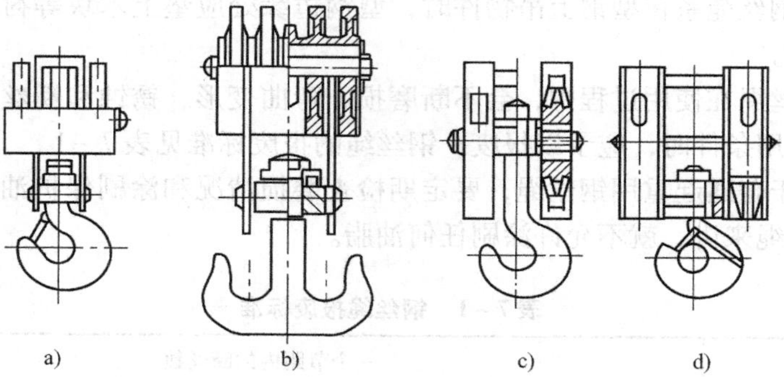

图7-6 吊钩类型
a）单钩 b）双钩 c）长柄钩 d）短柄钩

1）不能用铸造钩、焊接钩、钢筋钩，因为这几种方法制造的吊钩不能保证其材料的力学性能。一般吊钩是用整块钢材锻造制成的，表面应光滑，不得有裂纹等缺陷存在。

2）用绳扣挂钩时要将绳扣挂至钩底，用吊钩来钩挂物件时，吊钩上不能出现横向的作用力，以免吊环或绳索脱滑造成事故。

3）吊钩上一般都标有荷载能力，如果没有标注，应经过严格测算，确定其荷载量并进行静载试验，符合要求后才能使用。

4）要经常检查吊钩是否有裂纹、变形和磨损的情况。当出现下列情况之一时，应立即报废：a. 挂绳处的断面磨损超过高度的10%；b. 用20倍放大镜观察，表面有裂纹、破口；c. 开口度比原尺寸增大超过15%；d. 扭转变形超过10°；e. 危险断面与吊钩颈部产生塑性变形；f. 板钩衬套磨损达到原尺寸的50%；g. 板钩心轴磨损达到原尺寸的50%。

7. 钢丝绳夹

钢丝绳夹又称卡扣，主要用来固定钢丝绳末端或将两根钢丝绳固定在一起。常用的有骑马式、U形、L形和压板式绳夹，其中骑马式绳夹应用比较广泛。

在使用绳夹时应注意以下几点：

1）绳夹的大小要与钢丝绳的粗细相配套，U形绳夹的内侧与钢丝绳的距离在未紧压之前，应保证有2~3mm。

2）使用绳夹时，一定要把U形螺栓拧紧，直到钢丝绳被压扁三分之一左右为止。

3）绳夹之间的排列距离一般为钢丝绳直径的6~8倍。绳夹的U形底部卡在绳头侧，压板卡在主绳一侧。

4）绳夹使用前，要检查螺栓的螺纹是否有损伤。

五、计测量用具

这里仅对电梯设备施工作业中常用的部分计量、测量用具，如：点温计、转速表、万用表、声级计、钢直尺、卡尺、塞尺、水平尺、千分尺及电梯导轨卡尺的使用要求作一介绍。

1. 点温计

主要用来对电梯曳引电动机、转动部位以及油温进行测量。点温计型号较多，TH—80 型点温计是常用的一种。该产品采用热敏电阻为测温元件，具有操作方便、灵敏度高等优点，测量误差为 ±2℃左右。使用该产品时应注意：

1）测量前开关应处于“0”或“关”的位置，调整表头指针，使其指在“零”位。然后将开关拨到“1”或“校”的位置，旋转“满刻度调节”旋钮，使表针指在满刻度位置。若表针不能到位，应更换表内电池。

2）将开关拨到“2”或“测”的位置，然后将测温探头与被测物件相接触，接触时要小心，以免损坏由玻璃制成的探头。

3）测量完成后，将开关拨到“0”或“关”的位置，以免缩短热敏电阻的使用寿命。

2. 转速表

这里以 HT—331 型手持式数字转速表为例。其特点是测量迅速快、误差小、可连续测定，其测定周期为 1s。该转速表的基本组成如图 7－7 所示，主要由测试头、传感轴、开关、显示器、低压指示灯、电池盒及测试环等组成。

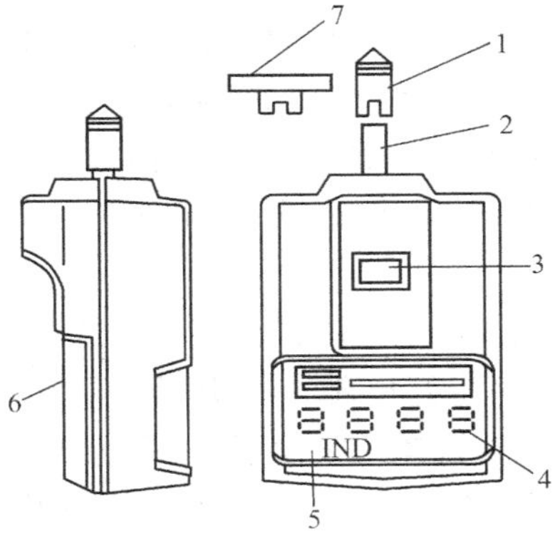

图 7－7　HT—331 型手持式数字转速表
1—测试头　2—传感轴　3—开关　4—显示器
5—低压指示灯　6—电池盒　7—测试环

该表电池盒内装有 4 节 5 号电池，当电力不足影响到测量精度时，低压指示灯会自动点亮，提示要更换电池。使用方法及注意事项如下：

1）测量转速时，将测试头与传感轴相连接，按下开关，将测试头顶在被测旋转轴的中心孔处，并保持测试头与被测轴同心。1s 后显示器即可显示出测试数据，为使测试结果准确，时间应在 2s 以上，也可多测几次来核实测定值。

2）当测量电梯额定速度时，可用周速测试环 7 与传感轴连接，将测试环靠于曳引轮缘上，测出曳引轴的转速（曳引轴与曳引轮连为一体速度相等），可用下列公式求 1:1 式绕法电梯的额定速度（m/s）：

$$额定速度 = \frac{曳引轮转速（r/min）\times 曳引轮直径（m）\times 3.1416}{60}$$

若为 2:1 绕法则将上式的得数再除以 2。例如：某梯曳引轮转速 30r/min，轮直径 0.64m，绕法 2:1 求梯速，则

$$额定速度 = \frac{30 \times 0.64 \times 3.1416}{60 \times 2} m/s \approx 0.5m/s$$

应在电梯达到额定速度时测电梯额定速度。

3）测试时注意测试头与被测物体的接触，不要产生打滑现象。

4）测试头磨损后应及时更换，长期不用时应取出电池。

3. 声级计

声级计是用来测量指定的空间区域，或者特定的环境条件下噪声级别的最常用的测量仪器。目前常用的声级计有 HS5633 型和 TES135A 型两种。

（1）HS5633 型数字式声级计

HS5633 型数字式声级计，采用液晶显示器显示测量结果，还可以保持在最大声级数和设定声级测量范围。该声级计由传声器、放大器、衰减器、计报网络、检波器、显示器和电源组成，如图 7－8 所示。

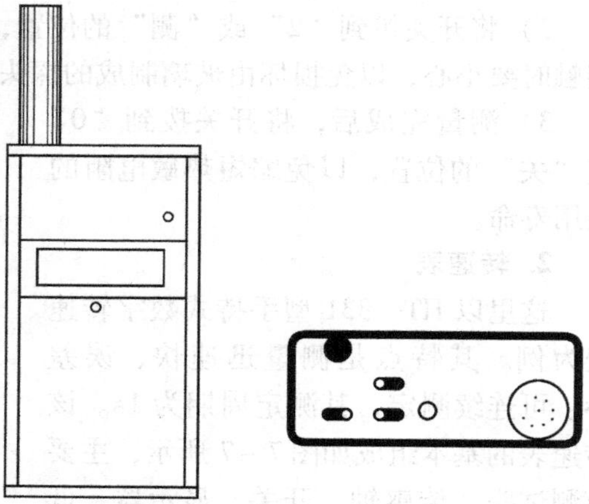

图 7－8　HS5633 型数字式声级计

测量使用方法：

1）装好电池，打开开关，将动态特性选择开关置于“F”（快）或“S”（慢），将功能选择开关置于“MEAS”位置，这时显示器上显示出测量结果。

2）测量最大声级时，将最大值保持开关按下，显示器上出现箭头符号并保持在测量期间内的最大声级数。

3）采用压力型传声器测量时，应使传声器与噪声传播方向平行，采用 90°角入射，以确保测量数值准确。有风或其他直射干扰时，应使用防风球。

（2）TES135A 型数字式声级计　TES135A 型数字式声级计，其面板如图 7－9 所示。其中，计权网络 A 为人耳所感觉噪声量；C 为机械噪声的特性；Fast（快速挡）使用 125ms 的时间常数，这是在测量即时噪声时选用的；Slow（慢速挡）

使用1s的时间常数，可以获取噪声的平均量；MAX HOLD可以获得测试中的最大噪声值；当使用A计权网络时，Lo（低）挡测量的范围为35～100dB，Hi（高）挡的测量范围为65～100dB。

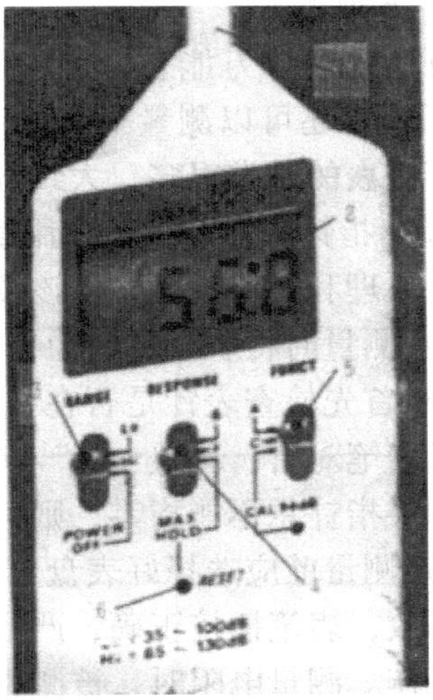

图7－9　TES135A型数字式声级计
1—电容麦克风　2—显示面板
3—电源及挡位选择开关　4—功能选择开关
5—计权网络选择开关　6—复位开关

电梯噪声的测量方法如下。

1）机房噪声测量方法：

① 声级计选用A计权网络、Lo挡位和MAX HOLD挡。

② 测试背景噪声。在电梯断电时，测量此时机房的噪声值。

③ 测试正常运行时的机房噪声。电梯在正常运行时，用声级计在距地面高1.5m、距声源1m处，取前后、左右、上中任三点（或以上）进行测量，取最大值，再计算平均值并将结果填入记录中。

2）轿厢内噪声测量方法：

① 声级计选用A计权网络、Lo挡位和MAX HOLD挡。

② 测试背景噪声。在电梯停止运行时，将声级计置于轿厢内中央、距地面1.5m处测量，取最大值。

③ 测试电梯在上行和下行过程中的轿厢内噪声。按上述方法的规定分别进行3次（或以上）测量，计算平均值并将结果填入记录中。

3）开、关门噪声测量方法：

① 声级计选用A计权网络、Lo挡位和MAX HOLD挡。

② 测试背景噪声。在电梯停止运行时，将声级计放在层门、轿门宽度的中央，距门0.24m，距地面高1.5m处，测量开、关门过程的噪声，取最大值。

③ 测试轿厢门开、关门噪声。按上述方法的规定在轿厢内分别进行3次（或以上）测量，计算平均值并将结果填入记录中。

④ 测试层站门开、关门噪声。按上述方法的规定在层站处分别进行3次（或以上）测量，计算平均值并将结果填入记录中。

4）电梯噪声（货梯只考核机房噪声）值：机房平均噪声不大于80dB（A）；额定速度小于2.5m/s的电梯，运行中轿厢内最大噪声不大于55dB（A）；额定速度等于2.5m/s的电梯，运行中轿厢内最大噪声不大于60dB（A）；开关门过程中不大于65dB（A）。

4. 万用表

万用表也称万能表，可以用来测量交直流电压、直流电流、电阻等，功能多的万用表还可以测量交流电流、电容量、电感量、二极管的极性等。

万用表的种类很多，大致分为指针式万用表和数字式万用表两大类型。

（1）指针式万用表　使用前应了解盘面上各旋钮、插孔的作用，每只万用表都有原理和使用说明，应该读懂后再使用并注意下列问题：

1）测量时将表摆放平稳，以确保读数的准确。

2）首先检查表针是否在机械“0”位，若不在应予以调整。测量电阻时先将两只表笔对搭，调整“Ω”调整器使指针指在零。当变换电阻挡时，应重新调整。如果指针总不能指零，则可能表内电池耗尽需更换。

3）测量前应选择好表盘上各旋钮的位置，旋钮所指位置必须与要测的项目内容一致，表笔插接正确，严格禁止用电流挡测电压，用电阻挡测电压、电流等错误操作。测量电阻时，被测物应不带电。

4）选择测量范围时，如果知道被测的大概数值，应选择能使指针在满刻度1/2～2/3附近的量程，这样读数更准确。若不知被测数值，则应从大量程挡开始测量，多次选择使读数准确。换挡时表笔应脱离被测物。测量直流电压时，应注意极性，防止表针反起而被打坏。

5）每次测量后，应将表盘上的选择开关旋至空挡或高电压挡位上，以防止下一次测量时错误操作，也不要放在电阻挡上，以免表笔短接损耗表内电池。

测量微机控制电梯的直流电压时，应使用内阻在200kΩ以上的高灵敏度的万用表或数字电压表。表7－2为指针式500型万用表主要技术性能。

表7－2　指针式500型万用表主要技术性能

测量项目	测量范围	灵敏度/（kΩ/V）	精度等级	基本误差（%）
直流电压	0～2.5～10～50～250～500V	20	2.5	±2.5
	2500V	4	4.0	±4
交流电压	0～10～50～250～500V	4	4.0	±4
	2500V	4	5.0	±5
直流电流	0～50μA～1～10～100～500mA		2.5	±2.5
电阻	0～2kΩ～20kΩ～200kΩ～2MΩ～20MΩ		2.5	±2.5

（2）数字式万用表　数字式万用表具有测量精度高、显示快、体积小、重量轻、耗电少、能承受过负荷，以及可在强磁场区使用等优点，得到了广泛的使用。下面介绍 DM－100 型数字万用表及其使用。

1）DM－100 型数字万用表面板上设置了电源开关、量程开关、测量状态开关、显示器、h_{FE}测试插座和输入端子，如图 7－10 所示。

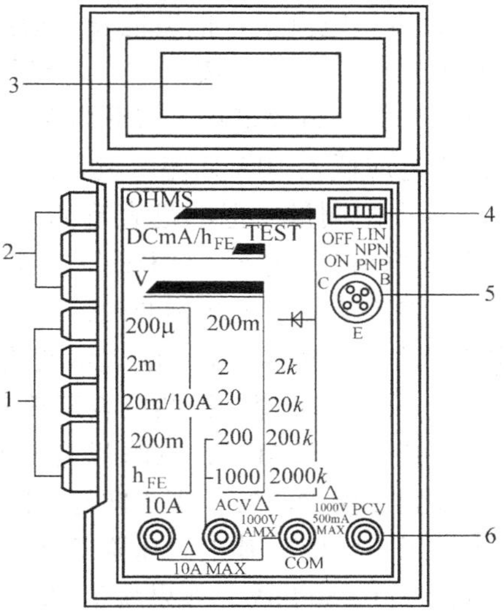

图 7－10　DM－100 型数字万用表面板

1—量程开关　2—测量状态开关　3—显示器
4—电源开关　5—h_{FE}测试插座　6—输入端子

① 电源开关：此开关能实现 PNP 和 NPN 晶体管的选择功能，测量 h_{FE} 时，PNP 型晶体管开关置于中间位置，NPN 型晶体管开关置于右端，其他测量状态下该开关无影响。使用完毕应将开关置于 OFF 位置。

② 显示器：采用液晶显示，最大指示值为 1999，极性指示仅显示负（－）。当被测信号超过 1999 或－1999 时，在靠左端的位置上显示（1）或（－1），表示已超出测量范围。

③ 测量状态开关：该组开关用以选择测量直流电压、交流电压、直流电流、电阻功能。

④ 量程开关：依照被测信号大小，选择合适的量程。

⑤ h_{FE}测试插座：用以测量晶体管，PNP 与 NPN 晶体管类型选择由电源开关实现。插座边标有晶体管 B、C、E 三个极，小型晶体管可以插入直接测量。

⑥ 输入端子：面板上有四个输入被测信号的端子。黑色表笔总是插入公共的“COM”端子。红色表笔通常插入“＋”端子；当测量交流电压时，需将红色表笔插入“ACV”端子；当被测直流电流大于 200mA 时，需将红色表笔插入“10A”端子。

2）测量方法和注意事项。

① 直流电压测量：把红色表笔接“＋”端，黑色表笔接“COM”端，电源开关置于“ON”，按下“V”状态开关，按照被测电压大小，按下合适的量程开关，将表笔接到被测电路两端即可。

② 交流电压测量：把黑色表笔接“COM”端，红色表笔接“ACV”端，电流开关置于“ON”，按下“V”状态开关，再根据被测交流电压大小，在 200V 或 1000V 挡中按一个量程开关，将表笔接到被测电路上即可。

③ 直流电流量：把黑色表笔接到“COM”端，红色表笔接到“+”端，电源开关置于“ON”，按下“DC mA”状态开关，按照被测电流大小，选择合适的量程开关，将表笔接入被测电路，显示器就有指示。被测电流超过200mA时，红色表笔应插入10A插座，量程开关选20mA/10A挡。

④ 电阻测量：把红色表笔插入“+”端，黑色表笔插入“COM”，电源开关置于“ON”，按下“OHMS”状态开关，按照被测电阻大小，选择合适的量程开关，将表笔接于被测物两端，显示器显示电阻值。用电阻检查二极管或电阻导通状况时，蜂鸣器发出声响表示通路。

⑤ 测量二极管：把黑色表笔接到“COM”端，红色表笔接到“+”端，按下状态开关“OHMS”，电源开关置于“ON”，按下量程开关于“—▷|—”处，将表笔接到二极管两端。当正向检查时，二极管应有正向电流流过，若二极管良好时应显示一定值，其正向压降等于显示数乘以10。例如：好的硅二极管正向压降值在400～800mV，如果显示70，则正向压降近似为700mV。如果被测二极管是坏的，则显示“000”（短路）或“1”（开路）。当反向检查时，若二极管是好的，则显示“1”，若二极管是坏的，则显示“000”或其他。

⑥ h_{FE}测量：测PNP型晶体管时将电源开关置于中间的“ON”位置，按下“DC mA/h_{FE}TEST”状态开关和“h_{FE}”量程开关，将晶体管三个极对应地插入E、B、C孔中，显示器即显出被测管的h_{FE}值。

⑦ 注意事项：装入电池时电源开关应置于“OFF”位置。测量前应选好状态开关和量程开关所应处的位置，不要搞错。改变测量状态和量程之前，表笔不要接触被测物。不要在能产生强大电气噪声的场合中使用，否则会引起读数误差或不稳定现象。

⑧ 测量完毕后，电流开关应置于“OFF”位置。

5. 钳形电流表

在测量电梯平衡系数时，一般采用电流—负荷曲线图法，这时的电流测量，就使用钳形电流表。目前使用的钳形电流表有指针式和数字式两种。

钳形电流表由电流互感器和电流表组成。互感器的铁心活动部分与手柄相连，测量时按动手柄使活动铁心打开，将被测导线置于钳口中，然后使铁心闭合。导线是互感器的一次侧，当导线中有电流流过时，二次线圈产生感应电流，与次级相接的电流表中随之产生电流，其值大小由导线中的工作电流和初、次级圈数比确定。

钳形电流表的优点是使用方便，常用于不切断电路的场合。缺点是准确度较差，一般为2.5级以下。采用整流式磁电系测量机构的钳形电流表只能测量交流电流；采用电磁系测量机构的可以测量交直流电流。常用钳形电流表的技术数据见表7－3。

表 7-3　常用钳形电流表的技术数据

名　　称	型号	准确度等级	测 量 范 围	耐压（min）/V
钳形交流电流表	T-301	2.5	0~10~25~50~100~250A	2000
钳形交流电流电压表（见图 7-11）	T-302	2.5	0~10~50~250~1000A 0~250~500V	2000
钳形交流电流电压表	NG4-AV	2.5	0~10~30~100~300~1000A 0~150~300~600V	2000
钳形交直流电流表	MG20	5	0~100~200~300~400~500~600A	2000
袖珍型钳形交流表	MG24	2.5	0~5~25~50A、0~5~50~250A 0~300~600V、0~50V	
袖珍型三用钳形表	MG25	2.5	5~25~100A、5~50~250A 0~300~600V、0~50kΩ	

使用钳形电流表前应仔细阅读该表的使用说明书，正确选择应使用的量程。测量时应注意以下事项：

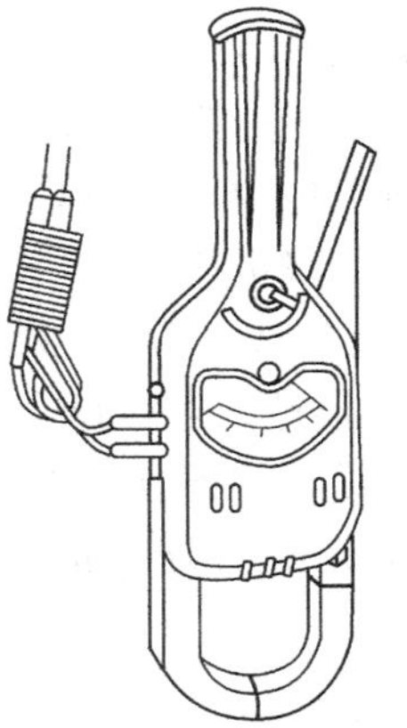

图 7-11　T-302 型钳形交流电流电压表外形

1）测量时，操作者应保持与带电体的安全距离，以防发生触电事故。

2）如测量前已知被测电流大致范围，可选用适当量程；若不知被测电流大小，则应选用最大量程挡，再观察被测电流大小，适当改变量程。改变量程时，应将表脱离导线，防止损坏仪表。

3）测量交流电流时，应将导线置于钳口中间位置并使钳口闭紧。表盘应呈水平位置，以使读数准确。夹一根相线读数为本相线电流，夹两根相线读数为第三相的线电流，夹三根相线若负载平衡其读数为零。

4）测量 5A 以下电流值时，可将被测导线在表的钳口上多绕几圈，用所测电流值除以钳口内导线根数，其值就是所测电流数，这样测的结果比较准确。

5）测量后，把旋转钮放在最大量程挡，防止下次使用时未选对量程而损坏仪表。

6. 示波器

在修理直流电梯或微机控制电梯时，用示波器观测信号动态变化过程或对频率、幅值、相位差等电参量进行测量，既直观又方便。观测频率不高的一般信号波形常选用 SB-10、SR-8 等型号的通用示波器；当观测低频带缓慢变化的信号时，应选用 SBD1－6、SBD－6B 等型号的长余辉示波器。

近年来，由于示波器生产发展很快，生产型号较多。示波器是专业性很强的电子仪器，因此使用时应参照产品使用说明书。这里仅就使用要点简述如下：

1）机壳必须接地。

2）亮点辉度要适中，被测波形的关键部位移到屏幕中心位置。

3）被测信号大于灵敏度最大值时，要使用衰减器，以免烧坏示波器。

4）被测信号频率低于几百千赫时，可用一般导线连接；当被测信号的幅值较小时，应用屏蔽线连接，以防干扰；测量脉冲信号时，需用高频电缆连接。

5）测量脉冲信号时，必须使用探头，以提高示波器输入电路的阻抗，减小对被测电路的影响。

7. 绝缘电阻表

绝缘电阻表又称绝缘摇表，有指针式和数字式两种，用途是测量电气设备的绝缘电阻。电梯电气设备的额定电压为500V 以下，一般应选用 250～500V 绝缘电阻表。微机控制电梯禁止使用手摇式绝缘电阻表，应用内阻 200kΩ 以上、500V 电池式绝缘电阻表。

绝缘电阻表由磁电系比率计和手摇直流发电机组成。晶体管绝缘电阻表由高压直流电源和磁电系比率计或磁电系电流表组成。

绝缘电阻表有三个接线柱，分别为“线路”或“L”、“接地”或“E”、“屏蔽”或“G”。测量电力线路或照明线路绝缘电阻时，“L”接被测线路，“E”接地，若接反会产生测量误差。测量电力电缆的绝缘电阻时，将“G”接在电缆绝缘纸上，这样可消除芯线绝缘层表面漏电所引起的测量误差。如图 7－12a 所示为测量对地绝缘电阻，图 7－12b 所示为测量相间绝缘电阻。

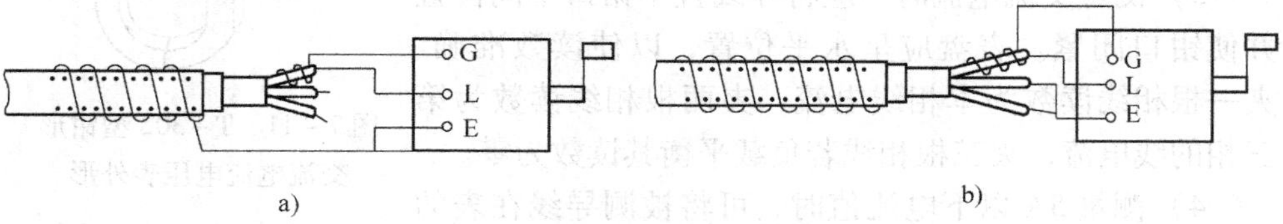

图 7－12 绝缘电阻表测量绝缘电阻

a）对地 b）相间

测量时的注意事项：

1）测量时首先切断被测设备电源，有较大电容的设备如电力电缆、电容器、变压器等，应先行放电。测量中禁止他人接触被测设备。测完后放电，以免触电。

2）绝缘电阻表的引线应采用两根单独多股的软线，不能将引线绞在一起，以减少测量误差。

3）将表放于水平位置，使测量导线处于开路状态，摇动绝缘电阻表，指针应指在“∞”处，再将“L”与“E”导线短路，摇动绝缘电阻表指针应指在“零”处。晶体管型绝缘电阻表不宜用短路校验。

4）摇测绝缘电阻时，应保持额定转速，一般为120r/min，读取1min后的摇测值，这时绝缘体的吸收电流已趋于稳定，测量较准确。

5）测量潮湿环境中的低压电气设备绝缘电阻时，不宜使用从1MΩ或2MΩ开始起读的绝缘电阻表，若设备绝缘电阻小于1MΩ，仪表则无指示，容易误认为是零值，应选用从零值起读的绝缘电阻表。

6）被测点应擦拭干净、无油污，以免因漏电产生测量误差。

8. 接地摇表

接地摇表主要用于直接测量各种接地装置的接地电阻和土壤电阻率。接地摇表型号较多，使用方法也不相同，但基本原理是一样的。常用的国产接地摇表有ZC－8型、ZC－29型等。

ZC－8型接地摇表由高灵敏度检流计、手摇发电机、电流互感器和调节电位器等组成。当手摇发电机摇把以120r/min转动时，发电机便产生90～98Hz交流电流。电流经电流互感器一次绕组、接地极、大地和探测针后回到发电机。电流互感器产生二次电流使检流计指针偏转，借助调节电位调节器使检流计达到平衡。该表测量范围有0～1～10～100Ω和0～10～100～1000Ω两种。

ZC－29型等接地摇表，主要用于测量电气接地装置和避雷接地装置的接地电阻。该摇表由手摇发电机、检流计、电流互感器和滑线电阻等组成。该表测量范围0～10Ω，最小分度0.1Ω；测量范围0～1000Ω，最小分度10Ω。辅助接地棒的接地电阻当测量范围为0～100Ω时不大于2000Ω，0～1000Ω时不大于5000Ω，对测量均无影响。

测量时先将电位探测针P、电流探测针C插入地中，应使接地极E与P、C呈一直线并相距20m，P位于E与C之间，再用专用测量导线将E、P、C与表上相应接线柱分别连接，如图7－13所示，测量前应将被测接地引线与设备断开。

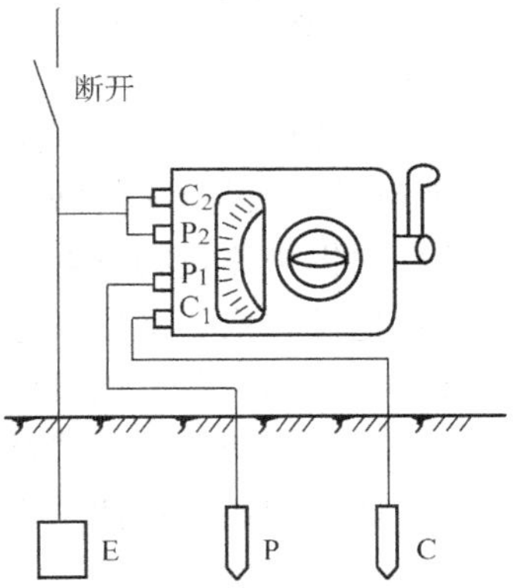

图7－13　接地电阻的测量

摇测时表放于水平位置，检查检流计的指针是否在中心线上，否则应用零位调整器把指针调到中心线。然后将表“倍率标度”置于最大倍数，缓慢摇动发电机手把，同时旋动“测量标度盘”，使指针在中心线上。用“测量刻度盘”的读数乘以“倍率标度”倍数，得数为所测的电阻值。

测量完毕后将开关拨于“O”或“关”的位置，以免缩短热敏电阻使用寿命。

9. 电桥

电桥属于比较仪器，是用来对电路参数（电阻、电感、电容等）进行精密测量的仪器。一般分为直流电桥和交流电桥两大类。

（1）直流电桥及使用方法　直流电桥分为直流单臂电桥和直流双臂电桥，是用来精密测量直流电阻值的。单臂电桥适用于测量中值电阻（$1\sim10^{6}\Omega$）；双臂电桥用于测量低值电阻（1Ω以下）。在使用时应注意以下几点。

1）使用前先把检流计锁扣或短路开关打开，调节调零器使指针或光点置于零位。

2）若使用外接电源应按测量范围的规定选择电源电压，使用外接检流计也应按规定选择其灵敏度和临界阻尼电阻值。

3）被测电阻接入电桥后，应根据其阻值范围，选择合适的电桥比率臂数值。

4）测量时先接通电源电路，再接通检流计电路。若检流计指针向标尺“—”偏转，应减小比较臂数值，反之则增加数值，直至指针或光点指示在标尺的零位。此时，

$$被测电阻值 = 比率臂数值 \times 比较臂数值$$

5）测量完毕，应先断开检流计电路，再断开电源电路，并将检流计锁扣锁住。

6）用直流双臂电桥进行测量时，除应遵守上述规定外，还需注意以下两点：a. 被测电阻的电流端钮和电位端钮应与双臂电桥的对应端钮相连接；b. 测量要迅速。

（2）交流电桥及使用方法　电路中交流参数的测量广泛使用交流电桥。使用时应注意：

1）首先检查所用电源是否符合要求，“接地”、“屏蔽”是否良好，再通电检查平衡指示仪是否符合要求。

2）根据被测量物选好测量种类开关位置。

3）把被测物正确接在电桥上。

4）调节调节器，使灵敏度逐步提高。

5）根据被测量大小选择适当的分倍率。

6）调节测量旋钮使平衡指示器指针向最大值偏转，于指针偏转不再增加，电桥达平衡，此时，

$$被测参数 = 倍率 \times 各测量旋钮读数之和$$

10. 光点检流计

光点检流计是一种高灵敏度仪表，用来测量极微小的电流或电压，通常用来检测电路有无电流（指零仪）。使用时应注意：

1）使用时必须轻拿轻放，搬动或用完后需将制动器锁上，无制动器的要合上断路开关或用导线将端子短路。

2）使用时要按规定的工作位置放置。具有水平指示装置的，用前要先调水平。

3）要按临界阻尼选好外临界电阻，根据实验任务要求合理地选择检流计的灵敏度。

4）用检流计测量时，其灵敏度应逐步提高。当流过检流计的电流大小不清楚时，不得贸然提高灵敏度，应串入保护电阻或并联分流电阻。

5）不准用万用表或电桥来测量检流计的内阻，以防损坏检流计线圈。

11. 钢直尺

钢直尺主要用于测量精度要求不高的工件或导线，主要规格有150mm、300mm、500mm及1000mm等，如图7－14所示。

使用钢直尺时应注意：尺边缘应与被测物体平行，刻度线垂直于测量线，“0”数字刻度线应与被测物体的测量起点对齐。读数时一般估测到0.1mm。

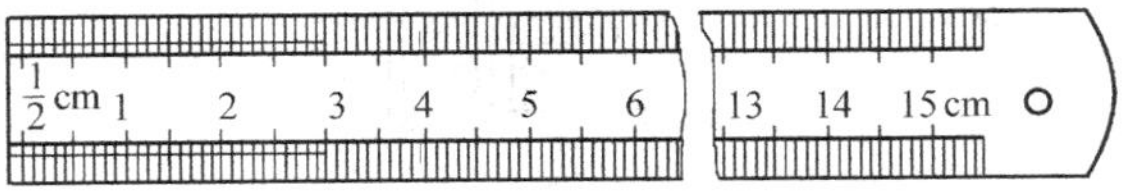

图7－14 钢直尺

12. 游标卡尺

游标卡尺主要用于测量工件的内径、外径、长度和孔深等，具有较高的测量精度，如图7－15所示。

使用游标卡尺时应注意：先要看清卡尺的规格，确定精度；测量时卡脚两侧应与工件贴合、摆正；读数时要看清主、副尺相对齐的刻度线，实测值包括主尺和副尺两部分。

13. 千分尺

千分尺可用于导线线长的直接测量，具有较高的精度，如图7－16所示。

使用千分尺时应注意：测量前应将测砧和测微螺杆端面擦干净并校准零位，使测砧接触工件后，再转动微分筒，当测微螺杆端面接近工件时，改用转动棘轮，当听到“喀喀”声时停止旋拧微分筒。实测值包括基准线上方值、基准线下方值和微分筒上的刻度值。

14. 塞尺

塞尺的用途是测量或检验两平行面的间隙，它的规格有100mm、150mm、

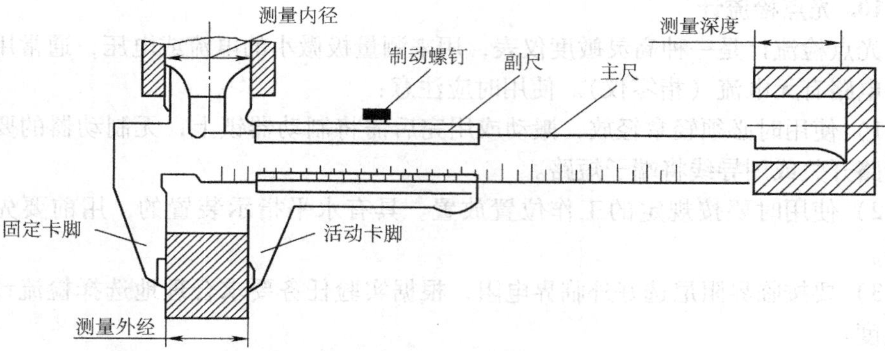

图 7－15 游标卡尺

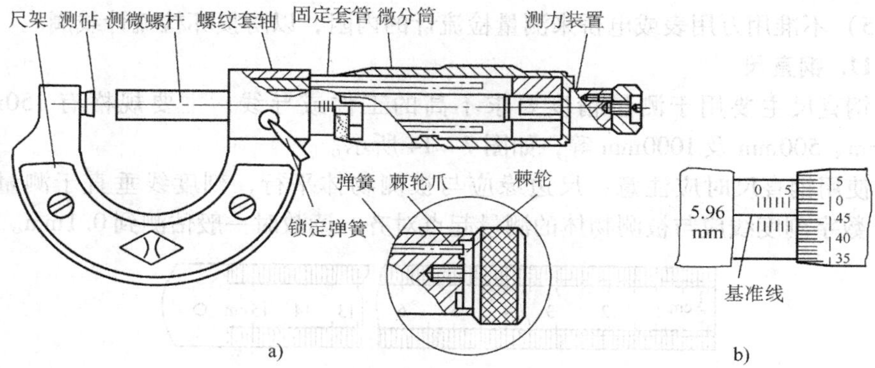

图 7－16 千分尺

a）外形图 b）读数示例

200mm、300mm、500mm、1000mm 等六种。

塞尺由厚度 0.02～1.0mm、11～16 种薄厚不同的塞尺片组成，最薄为 0.02mm、最厚为 1.0mm。塞尺使用时应注意：

1） 塞尺片不应有弯曲、油污现象。

2） 使用前必须将塞尺片擦干净和整平直。

3） 每次用完后应涂抹适量防锈油。

4） 测量的间隙按各片的标示值计算。

15. 水平尺

水平尺有金属材料和木质材料两种，目前大多使用的是金属材料制成的水平尺，它是检验设备安装的水平度和垂直度的一般量具，它的规格有 150～600mm 数种。使用时一定要注意刻度线上的标准值，如 150mm 长度的水平尺，主水准刻度值为 0.5mm；200～600mm 长度的水平尺，主水准刻度值为 2mm。

使用水平尺时应注意：

1）要擦干净被测位置的表面，同时水平尺的工作面也应擦拭干净，以免影响测量精度。

2）水平度的确定，要求按尺身的刻度值读数来核算。也可采用塞尺空间的测量方法，直接从塞尺片的数值来计算，达到设计水平要求。

3）水平尺应由专人专管，特别要防止工作面损伤，尺体变形。

16. 电梯导轨卡尺

电梯导轨卡尺是用来对轿厢导轨和对重导轨在就位后，出现的位置偏差进行调校的一种专用测量工具。调校的基准是挂两根导轨中心铅垂线，并用如图7－17所示的粗校卡板，分别自上而下地调整两列导轨的三个工作面，修正与导轨中心铅垂线的偏差值。经过粗调整和初调校后，再用精校卡尺进行精校，确保两列导轨的间距和垂直度符合设计要求。

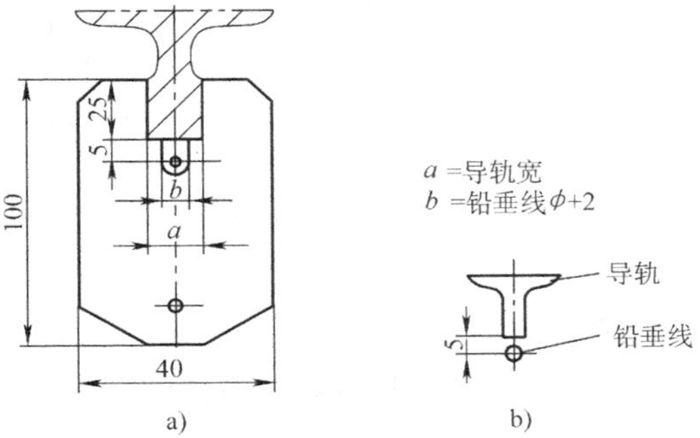

图 7－17　粗校卡板

a）粗校卡板　b）导轨与中心铅垂线

导轨卡尺一般都是由安装技术人员，根据两列导轨的设计安装尺寸确定组装的。卡尺两端用的卡板指示器、指针、侧面、顶面卡口等部位精度要求高，两端的指针应在同一条中心线上。在测量两根导轨的侧面时，可以直接检测两根导轨的偏差情况。两指针的侧基准边与导轨侧工作面应靠紧、贴实，两指针尖应同时指向卡尺中心线零位，这说明被测的两根导轨都没有偏扭和误差的情况。

测量两根导轨的轨顶距和垂直精度，如图 7－18 所示，卡尺一端与导轨顶面靠紧，另一端距离导轨保持有 1mm 的距离，按照这个值调整导轨。精校卡尺的纵横中心线要与轿厢中心线、对重中心线相对应。

六、灭火器

1. 一般安全使用要求

目前常用的灭火器材有泡沫灭火器、酸碱灭火器、干粉灭火器、1211 灭火器、CO_2 灭火器等六种。

（1）泡沫灭火器　有手提式和推车式泡沫灭火器两类。手提式泡沫灭火器由筒身、筒盖、瓶胆、瓶胆盖、喷嘴和螺母等组成。

使用手提式泡沫灭火器时，应将灭火器竖直向上平稳提到火场（不可倾倒）后，再颠倒筒身略加晃动，使碳酸氢钠和硫酸铝混合，产生泡沫从喷嘴喷射出去

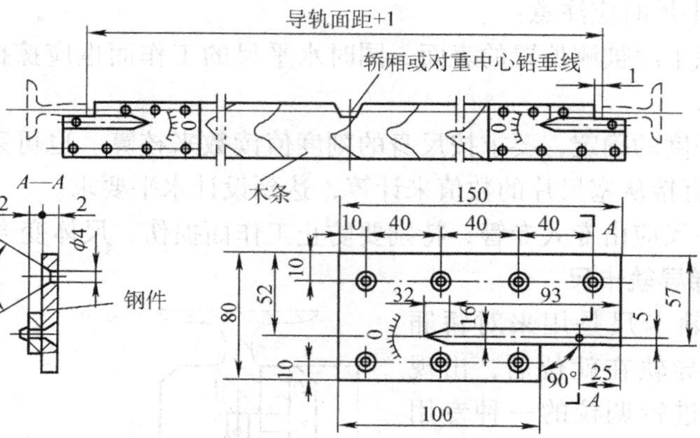

图 7－18　导轨精校卡尺

进行灭火。

使用注意事项如下：

1）若喷嘴被杂物堵塞，应将筒身平放在地面上，用铁丝疏通喷嘴，不能采取打击筒体等措施。

2）在使用时筒盖和筒底不得朝向人身体，防止发生意外爆炸时筒盖、筒底飞出伤人。

3）应放置在明显而易于取用的地方，而且应防止高温和冻结。

4）使用三年的手提式泡沫灭火器，其筒身应做水压试验，平时应经常检查泡沫灭火器的喷嘴是否畅通，螺帽是否拧紧，每年应检查一次药剂是否符合要求。

（2）CO_2 灭火器　有手提式和鸭嘴式灭火器两类。其基本结构由钢瓶（筒体）、阀门、喷筒（喇叭）和虹吸管四部分组成。

钢瓶用无缝钢管制成，肩部打有钢瓶的质量、CO_2 质量、钢瓶编号、出厂年月等钢字。手轮由铝合金铸造。阀门用黄铜，阀门上有安全膜，当压力超过允许极限时即自行爆破，起泄压作用。喷筒用耐寒橡胶制成。虹吸管连接在阀门下部，伸入钢瓶底部，管子下部切成30°的斜口，以保证 CO_2 能连续喷完。

筒身内 CO_2 在存储压力（15MPa）下处于液态，打开 CO_2 灭火器后，压力降低，CO_2 由液体变成气体。由于吸收汽化热，喷嘴边的温度迅速下降，当温度下降到 －78.5℃时，CO_2 将变成雪花状固体（常称干冰）。因此，由 CO_2 灭火器喷出来的 CO_2，通常是呈雪花状的固体。

鸭嘴式 CO_2 灭火器使用时只要拔出保险销，将鸭嘴压下，即能喷出 CO_2 灭火。手提式 CO_2 灭火器（MT 型）只需将手轮逆时针旋转，即能喷出 CO_2 灭火。

使用注意事项如下：

1）CO_2 灭火剂对着火物质和设备的冷却作用较差，火焰熄灭后，温度可能仍在燃点以上，有发生复燃的可能，故不适用于空旷地域的灭火。

2）CO_2 能使人窒息，因此，在喷射时人要站在上风处，尽量靠近火源，在空气不流通的场合，如乙炔站或电石破碎间等室内喷射后，消防人员应立即撤出。

3）CO_2 灭火器应定期检查，当 CO_2 的质量减少 1/10 时，应及时补充装罐。

4）CO_2 灭火器应放在明显而易于取用的地方，且应防止气温超过 42℃并防止日晒。

（3）干粉灭火器　有手提式干粉灭火器、推车式干粉灭火器和背负式干粉灭火器 3 类。

储气手提式干粉灭火器，由筒身、CO_2 小钢瓶、喷枪等组成，以 CO_2 作为发射干粉的动力气体。小钢瓶设在筒外的，称外装式干粉灭火器；小钢瓶设在筒内的称为内装式干粉灭火器。

储压式干粉灭火器省去储气钢瓶，驱动气体采用氮气，不受低温影响，从而扩大了使用范围。

手提式干粉灭火器喷射灭火剂的时间短，有效的喷射时间最短的只有 6s，最长的也只有 15s。因此，为能迅速扑灭火灾，使用时应注意以下几点：

1）应了解和熟练掌握灭火器的开启方法。使用手提式干粉灭火器时，应先将灭火器颠倒数次，使筒内干粉松动，然后撕去器头上的铝封，拔去保险销，一只手握住胶管，将喷嘴对准火焰的根部，另一只手按下压把或提起拉坏，在 CO_2 的压力下喷出干粉灭火。

2）应使灭火器尽可能在靠近火源的地方开始起动，不能在离火源很远的地方开启灭火器。

3）喷粉时要由近而远向前平推，左右横扫，不使火焰窜向。

4）手提式干粉式灭火器应设在明显而易于取用，且通风良好的地方。每隔半年检查一次干粉质量（是否结块），称一次 CO_2 小钢瓶的质量，若 CO_2 小钢瓶的质量减少 1/10 以上，则应补充 CO_2。应每隔一年进行一次水压试验。

（4）1211 灭火器　有手提式和推车式两种。手提式 1211 灭火器由筒体（钢瓶）和器头两部分组成。筒体用无缝钢管或钢板滚压焊接而成；器头一般用铝合金制造，其上有喷嘴、阀门、虹吸管或有压把、压杆、弹簧、喷嘴、密封阀门、虹吸管、保险销等。灭火剂质量大于 4kg 的灭火器，还配有提把和橡胶导管。

使用手提式 1211 灭火器时，应首先撕下铝封拔出保险销，在距离火源 1.5～3m处，对准火焰根部，一手压下压把、压杆使封闭阀打开，“1211”在氮气压力作用下，通过虹吸管由喷嘴喷出。当松开压把时，压把在弹簧作用下升起，封闭喷嘴停止喷射。使用灭火器时，应注意筒盖向上，不应水平或颠倒使用。应将“1211”喷向火焰根部，向火源边缘推进喷射，以迅速扑灭火焰。灭火器应放在阴凉干燥且便于使用的地方。每半年检查一次 1211 灭火器的质量，若质量减少 1/10 以上，应重新装药和充气。

（5）各种灭火器的主要性能及使用方法　见表 7－4。

表 7－4　各种灭火器的主要性能及使用方法

灭火器种类	CO_2 灭火器	干粉灭火器	1211 灭火器	泡沫灭火器
规格	2kg 以下，2～3kg，5～7kg	8kg，50kg	1kg，28kg，38kg	10L，56～130L
药剂	瓶内装有压缩成液态的 CO_2	钢管内装有钾盐或钠盐干粉并备有盛装压缩气体的小钢瓶	钢管内装有二氟一氯一溴甲烷并充填压缩氮气	筒内装有碳酸氢钠发泡剂和硫酸铝溶液
用途	不导电 扑救电气、精密仪器、油类和酸类火灾。不能扑救钾、钠、镁、铝等物质火灾	不导电 可扑救电气设备火灾，不宜扑救旋转电动机火灾。可扑救石油、石油产品有机溶剂、天然气和天然气设备火灾	不导电 扑救油类、电气设备、化工化纤等初起火灾	有一定导电性 扑救油类或其他易燃液体火灾，不能扑救忌水和带电物体火灾
效能	接近着火地点，保持 3m 远	8kg 喷射时间 4～18s，射程 4.5m；50kg 喷射时间 50～55s，射程 6～8m	1kg 喷射时间 6～8s，射程 2～3m	10L 喷射时间 60s，射程 8m；65L 喷射时间 170s，射程 13.5m
使用方法	一手拿好喇叭筒对着火源，另一手打开开关即可	提起拉环，干粉即可喷出	拔下铅封或横销，用力压下压把即可	倒过来稍加摇晃或打开开关，药剂即可喷出
保养和检查方法	保　管 1. 置于取用方便的地方 2. 注意使用期限 3. 防止喷嘴堵塞 4. 冬季防冻，夏季防晒 检　查 1. CO_2 灭火器，每月测量一次，低于原重 1/10 时，应充气 2. 应检查压力情况，低于规定压力应充气	置于干燥通风处，防受潮日晒，每年抽查一次干粉是否受潮或结块。小钢瓶内的气体压力，每半年检查一次，如质量减少 1/10，应换气	置于干燥处，勿摔碰，每年检查一次质量	一年检查一次，泡沫发生倍数低于 4 倍时，应换药

2. 灭火器配备及设置

（1）灭火器配备标准

1）厨房：面积在 100m^2 以内，配备灭火器三个，每增 50m^2 增配灭火器一个。

2）材料仓：面积在 50m^2 以内，配备灭火器不少于一个，每增 50m^2 增配灭火器不少于一个（如仓内存放可燃材料较多，要相应增加）。

3）施工办公室、水泥仓：面积在 100m^2 以内，配备灭火器不少于一个，每增 50m^2 增配灭火器不少于一个。

4）可燃物品堆放场：面积在 50m^2 以内，配备灭火器不少于两个。

5）电机房：配备灭火器不少于一个。

6）电工房、配电房：配备灭火器不少于一个。

7）垂直运输设备（包括施工电梯、塔吊）驾驶室：配备灭火器不少于一个。

8）油料仓：面积在 50m^2 以内，配备灭火器不少于两个，每增 50m^2 增配灭火器不少于一个。

9）临时易燃易爆物品仓：面积在 50m^2 以内，配备灭火器不少于两个。

10）木制作场：面积在 50m^2 以内，配备灭火器不少于两个，每增 50m^2 增配灭火器一个。

11）值班室：配备灭火器两个及一条直径为 65mm、长度为 20m 的消防水带。

12）集体宿舍：每 25m^2 配备灭火器一个，如占地面积超过 1000m^2，应每 500m^2 设立一个 2m^3 的消防水池。

13）临时动火作业场所：配备灭火器不少于一个和其他消防辅助器材。

14）在建建筑物：施工层面积在 500m^2 以内，配备灭火器不少于两个，每增 500m^2 增配灭火器一个，非施工层必须视具体情况适当配置灭火器材。

（2）灭火器的设置

1）灭火器应设置在明显的地点，如房间出入口、通道、走廊、门厅及楼梯等部位。

2）灭火器的铭牌必须朝外，以方便人们直接看到灭火器的主要性能指标。

3）手提式灭火器设置在挂钩、托架上或灭火器箱内，其顶部离地面的高度应小于 1. 50m，底部离地面的高度不宜小于 0. 15m。

设置在挂钩、托架上或灭火器箱内的手提式灭火器要竖直向上设置。

对于那些环境条件较好的场所，手提式灭火器可直接放在地面上。

对于设置在灭火器箱内的手提式灭火器，可直接放在灭火器箱的底面上，但灭火器箱离地面的高度不宜小于 0. 15m。

3. 灭火器的日常管理（见表7-5）

表7-5 灭火器的日常管理

序号	灭火器种类	放置环境要求	日常管理内容	使用年限/年	
				手 提	推 车
1	清水灭火器	1. 环境温度应为4~45℃ 2. 通风、干燥地点	1. 定期检查储气瓶，如发现动力气体的质量减少10%时，应重新充气，并查明泄漏原因及部位，予以修复 2. 使用两年后，应进行水压试验，并在试验后标明试验日期	6	—
2	泡沫灭火器	环境温度为4~45℃	1. 每次使用后应及时打开桶盖，将筒体和瓶胆清洗干净，并充装新的灭火药液 2. 使用两年后，进行水压试验，并在试验后标明试验日期	5	8
3	CO_2灭火器	环境温度不大于55℃，不能接近火源	1. 每年用称重法检查一次质量，泄漏量应不大于充装量的5%，否则需重新灌装 2. 每5年进行一次水压试验，并标明试验日期	12	12
4	卤代烷灭火器	1. 环境温度为-10~45℃ 2. 通风、干燥，远离火源和采暖设备，避免日光直射	1. 每隔半年检查一次灭火器上的压力表，如压力表的指针指示在红色区域内，应立即补足灭火剂和氮气 2. 每隔五年或再次充装灭火剂前进行水压试验，并标明试验日期	10	10
5	干粉灭火器	1. 环境温度为-10~55℃ 2. 通风、干燥地点	1. 定期检查干粉是否结块和动力气压力是否不足 2. 一经打开使用，不论是否用完，都必须进行再充装，充装时不得变换灭火剂品种 3. 动力气瓶充装CO_2气体前，应进行水压试验，并标明试验日期	8(储气瓶) 10(储压)	10(储气瓶) 12(储压)

4. 施工现场消防器材管理

1）各种消防梯保持完整、完好。

2）水枪经常检查，保持开关灵活、喷嘴畅通、附件齐全无锈蚀。

3）水带充水后防骤然折弯，不被油类污染，用后清洗晾干，存放时应单层卷起、竖放在架上。

4）各种管接口和扪盖应接装灵便、松紧适度、无泄漏，不得与酸、碱等化学品混放，使用时不得摔压。

5）消火栓按室内、室外（地上、地下）的不同要求定期进行检查和及时加注润滑油，消火栓井应经常清理，冬季采取防冻措施。

6）工地设有火灾探测和自动报警灭火系统时，应由专人管理，保证其处于完好状态。

7）消防器材应设置在明显的地方，必要时立标志板，便于取用。消防器材的附近不能堆放杂物，保持道路畅通。

七、照明器具

1. 照明器具的选择

1）正常湿度（相对湿度≤75%）的一般场所，可选用普通开启式照明器具。

2）潮湿或特别潮湿（相对湿度>75%）的场所，属于触电危险场所，必须选用密闭型防水照明器或配有防水灯头的开启式照明器具。

3）含有大量尘埃但无爆炸和火灾危险的场所，属于触电一般场所，必须选用防尘型照明器具，以防尘埃影响照明器具安全发光。

4）有爆炸和火灾危险的场所，亦属于触电危险场所，应按国家标准《爆炸和火灾危险环境电力装置设计规范》（GB 50058—1992）的要求选用防爆型照明器具。

5）存在较强振动的场所，应选用防振型照明器具。

6）有酸碱等强腐蚀介质的场所，选用耐酸碱型照明器具。

2. 照明电源的选择

1）一般场所，照明电源电压宜为220V，即可选用额定电压为220V的照明器具。

2）高温、有导电灰尘、比较潮湿或灯具离地面高度低于规定值2.4m等较易触电的场所，照明电源电压不应高于36V。

3）潮湿和易于触及带电体的触电危险场所，照明电源电压不得高于24V。

4）特别潮湿、导电良好的地面、易发生触电的高度危险场所，照明电源电压不得高于12V。

5）行灯电压不得高于36V。

6）照明电压偏移值最高为额定电压的-10%～5%。

3. 特低电压照明器具使用

1）隧道、人防工程、高温、有导电灰尘、比较潮湿或灯具离地面高度低于

2.5m 等场所的照明，电源电压不应高于36V。

2）潮湿和易触及带电体场所的照明，电源电压不得高于24V。

3）特别潮湿场所、导电良好的地面、锅炉或金属容器内的照明，电源电压不得高于12V。

4. 行灯的使用要求

1）电源电压不高于36V。

2）灯体与手柄应坚固、绝缘良好并耐热、耐潮湿。

3）灯头与灯体结合牢固，灯头无开关。

4）灯泡外部有金属保护网。

5）金属网、反光罩、悬吊挂钩固定在灯具的绝缘部位上。

5. 照明线路的设置

1）施工现场照明线路的引出处，一般从总配电箱处单独设置照明配电箱。为了保证三相负荷平衡，照明干线应采用三相线与工作零线同时引出的方式。或者根据当地供电部门的要求以及施工现场具体情况，照明线路也可从配电箱内引出，但必须装设照明分路开关，并注意各分配电箱引出的单相照明应分相接设，尽量做到三相负荷平衡。

2）照明变压器必须使用双绕组型安全隔离变压器，严禁使用自耦变压器。二次线圈、铁心、金属外壳必须有可靠的保护接零，并必须有防雨、防砸措施。携带式变压器的一次侧电源线应采用橡皮护套或塑料护套铜芯软电缆，中间不得有接头，长度不宜超过3m，电源插头应有保护触头。

3）照明线路不得拴在金属脚手架、龙门架上，严禁在地面上乱拉、乱拖。灯具需要安装在金属脚手架、龙门架上时，线路和灯具必须用绝缘物与其隔离开，且距离工作面高度在3m以上。控制刀开关应配有熔断器和防雨措施。

4）每路照明支线上，灯具和插座数量不宜超过25个，负荷电流不宜超过15A。

5）对夜间影响飞机或车辆通行的在建工程及机械设备，必须设置醒目的红色信号灯，其电源应设在施工现场总电源开关的前侧，并应设置外电线路停止供电时的应急自备电源。

6. 使用照明装置安全要求

1）照明灯具的金属外壳必须与PE线相连接，照明开关箱内必须装设隔离开关、短路与过载保护器和漏电保护器。

2）对于需要大面积照明的场所，应采用高压汞灯、高压钠灯或混光用的卤钨灯。流动性碘钨灯采用金属支架安装时，支架应稳固，灯具与金属支架之间必须用不小于0.2m的绝缘材料隔离。

3）室外220V灯具距地面不得低于3m，室内220V灯具距地面不得低于

2.5m。普通灯具与易燃物的距离不宜小于300mm；聚光灯、碘钨灯等高热灯具与易燃物的距离不宜小于500mm，且不得直接照射易燃物。达不到规定安全距离时，应采取隔热措施。

4）任何灯具的相线必须经开关箱配电与控制，不得将相线直接引入灯具。灯具内的接线必须牢固，灯具外的接线必须做可靠的防水绝缘包扎。

5）施工照明灯具露天装设时，应采用防水式灯具，距地面高度不得低于3m。

6）碘钨灯及钠、铊、铟等金属卤化物灯具的安装高度宜在3m以上，灯线应固定在接线柱上，不得靠近灯具表面。

7）投光灯的底座应安装牢固，应按需要的光轴方向将枢轴拧紧固定。

8）路灯的每个灯具应单独装设熔断器保护，灯头线应做防水保护。

9）荧光灯管应用管座固定或用吊链悬挂，荧光灯的镇流器不得安装在易燃的结构物上。

10）一般施工场所不得使用带开关的灯头，应选用螺纹口灯头。相线接在与中心触头相连的一端，零线接在与螺纹口相连的一端。灯头的绝缘外壳不得有损伤和漏电。

11）暂设工程的照明灯具宜采用拉线开关控制，开关安装位置不得有损伤和漏电。

① 拉线开关距地面高度为2~3m，与出入口的水平距离为0.15~0.2m，拉线的出口向下。

② 其他开关距地面高度为1.3m，与出入口的水平距离为0.15~0.2m。

12）施工现场的照明灯具应采用分组控制或单灯控制。

八、电焊机

1. 一般安全使用要求

1）电焊机必须安放在通风良好、干燥、无腐蚀性介质，以及远离高温、高湿和多粉尘场所的地方。露天使用的焊机应搭设防雨棚，焊机应用绝缘物垫起，垫起高度不得小于20cm，按规定配备消防器材。

2）电焊机使用前，必须检查绝缘及接线情况，接线部分必须使用绝缘胶布缠严，不得腐蚀、受潮及松动。

3）电焊机必须设单独的电源开关、自动断电装置。一次侧电源线长度应不大于5m，二次侧焊把线长度应不大于30m。两侧接线应压接牢固，必须安装可靠的防护罩。

4）电焊机的外壳必须设可靠的接零或接地保护。

5）电焊机的焊接电缆线必须使用多股细铜线电缆，其截面应根据电焊机使用规定选用。电缆外皮应完好、柔软，其绝缘电阻不小于1MΩ。

6）电焊机内部应保持清洁，定期吹净尘土，清扫时必须切断电源。

7）电焊机起动后，必须空载运行一段时间。调节焊接电流及极性开关应在空载下进行。直流焊机空载电压不得超过90V，交流焊机空载电压不得超过80V。

2. 使用氩弧焊机

1）工作前应检查管路，气管和水管不得受压、泄漏。

2）氩气减压阀、管接头不得沾有油脂。安装后应试验，管路应无障碍、不漏气。

3）水冷型焊机的冷却水应保持清洁，焊接中水流量应正常，严禁断水施焊。

4）高频氩弧焊机必须保证其高频防护装置良好，不得发生短路。

5）更换钨极时，必须切断电源。磨削钨极必须戴手套和口罩，磨削下来的粉尘应及时清除。钍、铈钨极必须放置在密闭的铅盒内保存，不得随身携带。

6）氩气瓶内的氩气不得用完，应保留98～226kPa的余压。氩气瓶应直立、固定放置，不得倒放。

7）作业后切断电源，关闭水源和气源。焊接人员必须及时脱去工作服，清洗手脸和外露的皮肤。

3. 使用二氧化碳气体保护焊机

1）作业前预热15min，开气时，操作人员必须站在瓶嘴的侧面。

2）二氧化碳气体预热器端的电压不得高于36V。

3）二氧化碳气瓶应放在阴凉处，不得靠近热源，最高温度不得超过30℃，并应放置牢靠。

4）作业前应检查焊丝的进给机构、电源的连接部分、二氧化碳气体的供应系统，以及冷却水循环系统是否符合要求。

4. 使用埋弧焊机

1）作业前应进行检查，送丝滚轮的沟槽及齿纹应完好，滚轮、导电嘴（块）必须接触良好，减速箱油槽中的润滑油应充足、合格。

2）软管式送丝机构的软管槽孔应保持清洁，定期吹洗。

5. 焊钳和焊接电缆

1）焊钳应保证在任何斜度都能夹紧焊条，且便于更换焊条。

2）焊钳必须具有良好的绝缘、隔热能力，手柄绝热性能应良好。

3）焊钳与电缆的连接应简便可靠，导体不得外露。

4）焊钳弹簧失效，应立即更换。钳口处应经常保持清洁。

5）焊接电缆应具有良好的导电能力和绝缘外层。

6）焊接电缆的选择应根据焊接电流的大小和电缆长度，按规定选用截面积较大的电缆。

7）焊接电缆的接头应采用铜导体，且接触良好、安装牢固可靠。

九、气瓶

1. 一般安全使用要求

1）氧气瓶存放必须符合防火防爆要求。

2）氧气瓶在运输时应平放，并加以固定，其高度不得超过车厢槽帮。

3）严禁用自行车、叉车或起重设备吊运高压钢瓶。

4）氧气瓶应设有防震圈和安全帽，搬运和使用时严禁撞击。

5）氧气瓶阀不得沾有油脂、灰土，不得用带油脂的工具、手套或工作服接触氧气瓶阀。

6）氧气瓶不得在强烈日光下曝晒，夏季露天工作时，应搭设防晒罩、防晒棚。

7）开起氧气瓶阀门时，操作人员不得面对减压器，应用专用工具。开起动作要缓慢，压力表指针应灵敏、正常。氧气瓶中的氧气不得全部用尽，必须保持不小于49kPa的压强。

8）严禁使用无减压器的氧气瓶作业。

9）安装减压器时，应首先检查氧气瓶阀门、接头不得有油脂，并略开阀门清除油垢，然后安装减压器。作业人员不得正对氧气阀门出气口。关闭氧气瓶阀门时，必须先松开减压器的活门螺钉。

10）作业中，如发现氧气瓶阀门失灵或损坏不能关闭时，应待瓶内的氧气自动逸尽后，再行拆卸修理。

11）检查瓶口是否漏气时，应将肥皂水涂在瓶口上观察，不得用明火试验。冬季阀门被冻结时，可用温水或蒸汽加热，严禁用火烤。

2. 使用乙炔瓶

1）现场乙炔瓶储存量不得超过5瓶，否则应放在储存间。储存间与明火的距离不得小于15m，并应通风良好，设有降温设施、消防设施和通道，避免阳光直射。

2）储存乙炔瓶时应直立，并必须采取防止倾斜的措施。严禁与氯气瓶、氧气瓶及其他易燃、易爆物同间储存。

3）储存间必须设专人管理，应在醒目的地方设安全标志。

4）应使用专用小车运送乙炔瓶。装卸乙炔瓶的动作应轻，不得抛、滑、滚、碰，严禁剧烈振动和撞击。

5）汽车运输乙炔瓶时应妥善固定。气瓶宜横向放置，头向一方；直立放置时，车厢高度不得低于瓶高的2/3。

6）乙炔瓶在使用时必须直立放置。

7）乙炔瓶与热源的距离不得小于10m，乙炔瓶表面温度不得超过40℃。

8）乙炔瓶使用时必须装设专用减压器，减压器与瓶阀的连接应可靠，不得漏气。

9）乙炔瓶内气体不得用尽，必须保留不小于98kPa的压强。

10）严禁铜、银、汞等及其制品与乙炔接触。

3. 使用液化石油气瓶

1）液化石油气瓶必须放置在通风良好处，室内严禁烟火，并按规定配备消防器材。

2）气瓶冬季加温时，可使用40℃以下温水，严禁火烤或用沸水加温。

3）气瓶在运输、存储时必须直立放置，并加以固定，搬运时不得碰撞。

4）气瓶不得倒置，严禁倒出残液。

5）瓶阀管子不得漏气，丝堵、角阀螺纹不得锈蚀。

6）气瓶不得充满液体，应留出10%~15%的汽化空间。

7）胶管和衬垫应采用耐油性材料。

8）使用时应先点火、后开气，使用后关闭全部阀门。

4. 使用减压器

1）不同气体的减压器严禁混用。

2）减压器出口接头与胶管应扎紧。

3）减压器冻结时应用热水或蒸汽加热解冻，严禁用火烤。

4）安装减压器前，应略开氧气阀门，吹除污物。

5）安装减压器前应进行检查，减压器不得沾有油脂。

6）打开氧气阀门时，必须缓慢开启，不得用力过猛。

7）减压器发生自流现象或漏气时，必须迅速关闭氧气瓶气阀，卸下减压器进行修理。

5. 使用焊炬和割炬

1）使用焊炬和割炬前必须检查射吸情况，射吸不正常时，必须修理，正常后方可使用。

2）焊炬和割炬点火前，应检查连接处和各气阀的严密性，连接处和气阀不得漏气。焊嘴、割嘴不得漏气、堵塞。使用过程中，如发现焊炬、割炬气体通路和气阀有漏气现象，应立即停止作业，修好后再使用。

3）严禁在氧气阀门和乙炔阀门同时开启时用手或其他物体堵住焊嘴或割嘴。

4）焊嘴或割嘴不得过分受热，温度过高时，应放入水中冷却。

5）焊炬、割炬的气体通路均不得沾有油脂。

6. 使用橡胶软管

1）橡胶软管必须能承受气体压力，各种气体的软管不得混用。

2）橡胶管的长度不得小于5m，以10～15m为宜，氧气软管接头必须扎紧。

3）使用中，氧气软管和乙炔软管不得沾有油脂，不得触及灼热金属或尖刃物体。

十、便携爬梯

1）只准使用带安全底脚的爬梯，无安全底脚的爬梯应做好标记，修复后方可使用。

2）因为金属爬梯导电，所以不应使用金属爬梯。

3）每次使用爬梯前应检查其是否完好，发现损坏的爬梯应做上“损坏—勿用”标识，并远离工地。

4）切勿给爬梯上油漆。

5）在爬梯上作业时不得试图把手臂伸出超过一臂长的范围。

6）只准使用高度足够的爬梯，临时加高爬梯属危险操作，禁止使用加高的爬梯。

7）使用爬梯从一个楼层上下至另一个楼层时，爬梯上端需至少高出上方楼层914mm（3ft），并用绳索固定。

8）放置爬梯时应保证爬梯底脚到墙面支承物的水平距离（直角三角形底边）为爬梯垂直高度（直角三角形长直角边）的四分之一（见图7－19）。

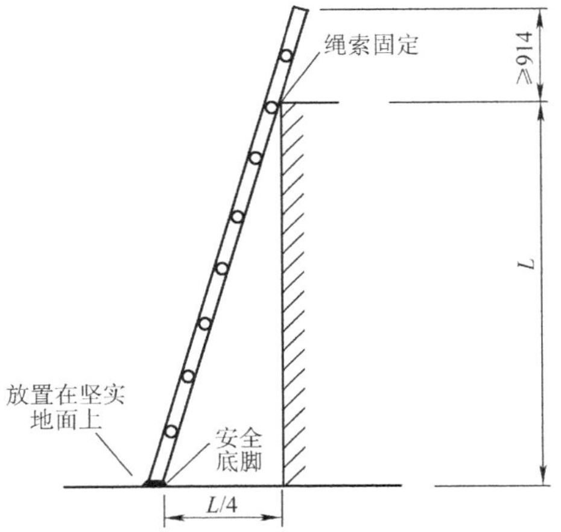

图7－19　爬梯放置

9）爬梯若在可能被别人碰撞处使用，则爬梯底部需另留一人看守。闲置爬梯切勿放置在易被别人碰撞之处。如果需要在门口前放置爬梯，则门口必须封闭、上锁或另留一人看守。

10）爬梯若置于走廊或楼道区，则该区域需用围栏或绳索隔开。

11）人员上下爬梯时，务必面向梯子并用双手攀扶。

12）提升或放下大件物料时需用手拉绳索。

13）用于楼层间通行的爬梯应当捆绑牢固，或用其他方法固定，以防移位。

14）可伸展式爬梯不得拆成两节爬梯使用，如果必须这样做，则两节爬梯需分别安装安全底脚。

15）使用折叠式爬梯时必须将其全部打开，将伸展定位或锁紧装置扳到有效位置，以防折叠爬梯意外收起。

第八章　附则：电梯安全使用须知

一、电梯安全搭乘方法

(1) 乘客候梯时

1) 在候梯厅，前往目的层站需上楼时按上行呼梯按钮“▲”，需下楼时按下行呼梯按钮“▼”。按钮灯亮表明呼叫已被登记（如果按钮已被其他乘客按亮，则无需重按），轿厢即将前来该层站停靠。

2) 当搭乘距离在两个层站之内时，由于候梯时间的原因搭乘电梯未必能更先到达，而且可能会降低大楼电梯的总输送效率，建议走行楼梯，同时也利于健康。

3) 呼梯时，乘客仅需按亮候梯厅内所去方向的呼梯按钮，请勿同时将上行和下行方向按钮同时按亮，以免造成无用的轿厢停靠，降低大楼电梯的总输送效率。

4) 爱护候梯厅内和轿厢内的按钮，要轻按，按亮后不要再反复按压，禁止拍打或用尖利硬物（如雨伞尖端）触打按钮，以免缩短按钮使用寿命甚至发生故障。如图 8－1 所示，勿大力触按电梯按钮，根据需要按下楼层和方向按钮，提高电梯使用效率。

图　8－1

5）候梯时，严禁倚靠层门，以免影响层门开启或开门时跌入轿厢，甚至因层门误开（电梯故障）时坠入井道，造成人身伤亡事故，严禁手推、撞击、脚踢层门或用手持物撬开层门，以免损坏层门结构，甚至坠入井道。

（2）乘客进入电梯时

1）轿厢到达该层站时到站钟发出声响以提示乘客，乘客由层门方向指示灯（或声音、数字提示）确认轿厢将上行或下行。若轿厢运行方向与呼叫方向相同，则已经按亮的呼梯按钮灯将熄灭，表明乘客可乘该梯；若方向相反，则呼梯按钮灯不熄灭，乘客仍需等待。

2）层门打开时，乘客应先下后上，进梯乘客应站在门口，让出梯的乘客先行，出入乘客不要相互推挤。

3）轿门打开后数秒即自动关闭。若需要延迟关闭轿门，按住轿厢内操纵盘上的开门按钮“◁|▷”；若需立即关闭轿门，按动关门按钮“▷|◁”。

4）进入轿厢后，立即按选层按钮中目的层站按钮（如果迟疑，轿厢可能会反向运行），按钮灯亮表明该选层已被登记，轿厢将按运行方向顺序前往。若有轿厢扶手，握住扶手。

5）注意轿厢内层站显示装置指示的轿厢所到达的层站。轿厢在运行途中，发生新的轿厢内选层或候梯厅呼梯时，则轿厢会喘路停靠。到达目的层站时，待轿厢停止且轿门完全开启后，按顺序依次走出轿厢。

6）搭乘电梯前应留心松散、拖曳的服饰（例如长裙、礼服等），以防电梯在其被层门、轿门夹住的情况下运行，造成人身伤亡。如图 8－2 所示，勿在电梯门中间停留，以免被电梯门夹伤。

图 8－2

7）勿搭乘没有张贴电梯安全检验合格证或合格证超过有效期的电梯（合格证通常张贴于轿厢内明显的位置），这样的电梯不能保证其安全性。

8）严禁搭乘正在进行维修的电梯，此时电梯正处于非正常工作状态，一旦搭乘容易发生安全事故。如图8－3所示，电梯维修和保养时，禁止乘梯，以免发生伤亡事故。

图　8－3

9）切忌使用过长的细绳牵领着宠物搭乘电梯，应用手拉紧或抱住宠物，以防电梯在细绳被层门、轿门夹住的情况下运行造成安全事故。如图8－4所示，乘坐电梯时儿童和宠物必须由成人陪同，避免发生意外。

图　8－4

10）电梯层门、轿门开启时，禁止将手指放在层门、轿门的门板上，以防门板缩回时挤伤手指。电梯层门、轿门关闭时，切勿将手搭在门的边缘（门缝），以免影响关门动作，甚至挤伤手指。

11）进入轿厢前，应先等层门完全开启后看清轿厢是否停在该层站（故障严重的电梯可能会出现层门误开），切忌匆忙迈进，以免造成人身坠落伤亡事故。切忌将头伸进井道窥视轿厢，以免发生人身剪切伤亡事故。

12）进出轿厢前，应先等层门或轿门完全开启后看清轿厢是否准确平层在该层站，即轿厢地板和候梯厅地板是否在同一平面（故障电梯会平层不准确），切忌匆忙举步，以免绊倒。切忌将手、腿伸入轿门与井道间缝隙处，以免轿厢突然起动造成剪切伤亡事故。

13）进入轿厢时，切忌在轿厢出入口逗留，也不要背靠安全触板（或光幕），以免影响他人搭乘或影响层门、轿门的关闭，甚至遇到开门运行故障时会发生人身剪切伤亡事故。进入轿厢后乘客应往轿厢里面站，勿离轿门太近，以免服饰或随身携带的物品影响轿厢关门，甚至被夹住。

14）电梯层门、轿门正在关闭时，切勿为了赶乘电梯或担心延误出轿厢而用手、脚、身体或棍棒、小推车等直接阻止关门动作。虽然正常的层门、轿门会在安全保护装置的作用下自动重新开启，但是一旦门系统发生故障就会造成严重后果。正确的方法是等待下次电梯，或按动候梯厅内呼梯按钮，或按动轿厢内开门按钮，使层门、轿门重新开启。如图 8－5 所示，禁止用异物卡住电梯厅门、轿门中间，人为阻止电梯关门；搬运重物需长时间使用电梯时，请与管理处联系。

图 8－5

（3）乘客在轿厢内

1）乘客勿将流水的雨伞、雨靴带入轿厢，清洁员在清洗楼板时不得将水流带入轿厢，以防弄湿轿厢地板而使乘客滑倒，甚至致使带入的水流顺着层门和轿门地坎间缝隙处进入井道而发生电气设备短路，如图 8－6 所示。

图　8－6

2）进入轿厢后，勿乱按非目的层站按钮，以免造成无用的停靠，降低大楼电梯的输送效率。正常情况下禁止尝试按动红色急停按钮或警铃按钮，以免因轿厢紧急制停而造成乘客被困在轿厢内，或误导电梯值班人员前来救援。

3）请勿在轿厢内乱蹦乱跳、追逐打闹，左右摇晃，以免安全装置误动作造成乘客被困在轿厢内，影响电梯正常运行，如图 8－7 所示。

图　8－7

4）勿在轿厢内大声喧哗、嬉闹，勿打开有臭味、刺鼻气味等特异味的物品的包装，以免影响他人搭乘，注意扶老携幼，讲究文明礼貌。

5）轿厢运行过程中，禁止乘客企图用手扒动轿门，一旦扒开门缝，轿厢就会紧急制停，造成乘客被困在轿厢内，影响电梯正常运行。如图 8－8 所示，禁止扒门和打开轿厢顶安全窗，以免坠落电梯井道，发生重大伤亡事故。

图 8－8

6）搭乘时切忌在轿厢内倚靠轿门，以免影响轿门的正常开启、损坏轿门或开启时夹持衣物，甚至当轿门误开时造成人身伤亡事故。如图 8－9 所示，身体勿倚靠电梯门，以免电梯开门时摔伤。

图 8－9

7）爱护轿厢内设施（例如装潢、操纵盘、楼层显示器、警铃按钮、摄像头等），勿将口香糖贴在按钮上，勿在轿厢内乱写乱画、乱抛污物，保持轿厢内清洁，以保证电梯的使用寿命。

8）禁止在轿厢内吸烟，以免影响他人健康，甚至引起火灾。

9）警惕轿厢内的抢劫、凶杀、爆炸、性骚扰等犯罪行为，特别是在晚上或客流量较小的时候，应留意陌生人进出轿厢。

（4）电梯发生异常情况时的处理

1）电梯因停电、安全装置动作、故障等原因发生乘客被困在轿厢内时，乘客应保持镇静，使用轿厢内报警装置电话“”、警铃按钮“”等通信设备，及时与电梯值班人员联络，并耐心等待救援人员的到来。等候时为防止轿厢突然起动而摔倒，最好蹲坐着或握住轿厢扶手。专业人员前来救援时，应配合其行动。

2）乘客被困在轿厢内时，严禁强行扒开轿门或企图从轿厢顶安全窗外爬逃生（安全窗仅供专业人员进行紧急救援或维修时使用），以防发生人身剪切或坠落伤亡事故。轿厢有通风孔，不会造成窒息；轿厢的应急照明能持续一段时间。如图 8－10 所示，电梯发生故障或停电被困时，请乘客保持镇静，使用电梯内报警装置报警后等待救援，千万不要强行撬门，擅自逃离。

图 8－10

3）乘客发现电梯异常（如层门、轿门不能关闭，有异常声响、振动或烧焦气味），应立即停止乘用并及时通知电梯专业人员前来检查修理，切勿侥幸乘用或自行采取措施。

4）电梯所在大楼发生火灾时，禁止企图搭乘电梯逃生，应采用消防通道疏散。电梯的消防控制功能仅供专业的消防人员救生时使用，不响应乘客的召唤。如图 8－11 所示，发生火灾时切勿乘坐电梯。

图 8－11

5）发生地震时，禁止企图搭乘电梯逃生。轿厢内的乘客应设法尽快地在最近的安全楼层撤离轿厢。

6）电梯发生水淹时（例如因大楼水管破裂），禁止乘客搭乘。轿厢内的乘客应设法尽快地在最近的安全楼层撤离轿厢。

（5）其他安全使用要求

1）勿让儿童单独乘梯，儿童一般不了解电梯搭乘规则，遇到紧急情况也缺乏及时、镇静的处理能力。

2）杂物电梯仅能用作运送图书、文件、食品等物品，没有针对载人的安全措施，严禁人员搭乘杂物电梯。

3）勿不加任何保护措施而随意将易燃、易爆或腐蚀性物品带入轿厢，以防造成人身伤害或设备损坏，禁止在轿厢内存放这类物品。

4）搬运体积、尺寸长的笨重物品搭乘时，应请专业人员到场指导协助，进出轿厢时切忌拖拽，也不要打开轿厢顶安全窗将长物品伸出轿厢外，以免损坏电梯设备，造成危险事故。

5）进出轿厢时，注意拐杖、高跟鞋尖跟不要施力于层门地坎、轿门地坎或二者的缝隙处，以免被夹持或损坏地坎。

6）勿向电梯门地坎沟槽内丢扔果核等，以免影响层门、轿门的启闭，甚至损坏门系统。若不慎将物品落入到轿门与井道缝隙中，勿自行采取措施，应立即通知电梯专业人员协助处理。

7）搬运大件物品时，若需保持层门、轿门的开启应按住开门按钮“◁|▷”，禁止用纸板、木条等物品插入层门、轿门之间，或用箱子等物件拦阻层门、轿门的关闭，以免损坏层门、轿门部件，造成危险。

8）切勿超载搭乘电梯。轿厢承载超过额定载荷时会超载报警且电梯不能起动，此时后进入的乘客应主动退出轿厢。严重超载时会发生溜梯，造成设备损坏或人身伤害事故。

9）严禁非专业人员未经允许进入电梯机房、监控室、井道（通过检修门等）、底坑，以防受到运动部件的伤害，或者是进行错误操作导致电梯发生事故。

10）通往机房的通道和机房进出口勿堆放物品，要保持其畅通无阻，以免影响专业人员日常维保和紧急情况下的救援与修理，或者因堆放物引起火灾。

11）电梯层门钥匙、三角钥匙、操纵盘钥匙、机房门钥匙仅能由经过批准的且受过训练的专业人员使用，严禁非专业人员或乘客擅自配置而随便使用，以防造成人身伤亡或设备损坏。

12）禁止私自拆装候梯厅内、轿厢内的操纵盘等各类电梯部件（例如当按钮面板松脱时）进行修理，以免造成电梯故障或遭到电击。

13）除专门设计的载货电梯外，禁止使用机动叉车在轿厢内起卸货物，以免造成设备损坏。

14）发现其他乘客有危险的乘梯动作或状态时，应善意地进行劝阻，并向其说明危险性。

二、自动扶梯（人行道）安全搭乘方法

（1）进入自动扶梯（人行道）时

1）搭乘前应系紧鞋带，留心松散、拖曳的服饰（例如长裙、礼服等），以防被梯级边缘、梳齿板、围裙板或内盖板挂拽。如图 8－12 所示，乘梯时应踩在黄色线边框内并握好扶手。穿软胶鞋、系带鞋、长裙、宽脚长裤等衣物时，请注意避免鞋带或衣角卷入梯级缝隙而造成伤害。

2）在自动扶梯或自动人行道出入口处，乘客应按顺序依次搭乘，勿相互推挤，特别是有老年人、儿童及视力较弱者共同乘用时更应注意。

3）乘客在自动扶梯梯级入口处踏上梯级水平运行段时，应注意双脚离开梯级边缘，站在梯级踏板黄色安全警示边框内。勿踩在两个梯级的交界处，以免梯级运行至倾斜面时因前后梯级的高差而摔倒。搭乘自动扶梯或自动人行道时，勿将鞋子或衣物触及围裙板或内盖板，避免梯级运动时因挂拽而造成人身伤害。

4）搭乘时应面向梯级运动方向站立，一手扶握扶手带右侧或左侧，以防因

图 8-12

紧急停梯或他人推挤等意外情况造成摔倒。若因故障扶手带与梯级运行不同步时，注意随时调整手的位置。

5）在自动扶梯或自动人行道梯级出口处，乘客应顺梯级运动之势抬脚迅速迈出，跨过梳齿板落脚于前沿板上，以防绊倒或鞋子被夹住。

6）勿在自动扶梯或自动人行道出口处逗留，以免影响其他乘客的到达。如图 8-13 所示，儿童和宠物乘梯时要由成人陪同。人多时，不要推挤他人，以免造成危险。

图 8-13

7）儿童和老弱病残人员应由看护员（有行为能力的人）一手拉紧或搀扶搭乘，婴幼儿应由看护员抱住搭乘，看护员也应用手扶握扶手带，以免发生意外事故。依靠拐杖、助行架、轮椅行走的乘客应去搭乘电梯。

8）搭乘自动人行道时，“靠左行走，靠右站稳”，即乘客在乘用时应尽量靠近梯级右侧站立，留出左侧空间作为急行通道，供有急事的乘客通行，这是一种文明乘梯方法。

（2）禁止不安全搭乘行为

1）切忌将头部、肢体伸出扶手装置以外张望，以防受到天花板、相邻的自动扶梯或倾斜式自动人行道的撞击，或被夹住造成人身伤害事故，如图 8－14 所示。

图　8－14

2）禁止将拐杖、雨伞尖端或高跟鞋尖跟等尖利硬物插入梯级边缘的缝隙中或梯级踏板的凹槽中，以免损坏梯级或梳齿板，造成意外事故。

3）勿沿扶手带运行的反方向故意用手回拉扶手带企图阻止其运行；勿让手指、衣物接触两侧扶手带以下的部件；勿用手翻抠扶手带下缘。否则，会影响扶手带的正常运行，损坏扶手装置部件，或擦伤、挤伤手指。

4）禁止儿童攀爬于扶手带或内盖板上搭乘，禁止将扶手带或内、外盖板当做滑梯玩耍，以防发生人员擦伤、夹伤或坠落事故，如图 8－15 所示。

5）禁止在运动的梯级上蹦跳、嬉闹、奔跑，在自动扶梯上即使是顺向行走也要尽量避免。

6）禁止沿梯级运行的方向行走与跑动，以免影响他人使用或跌倒。禁止倚靠扶手侧立，以防衣物挂拽或损坏扶手装置。

图 8-15

7）禁止在梯级上丢弃烟蒂，以防发生火灾；勿在梯级上丢弃果核、瓶盖、雪糕棒、口香糖、商品包装等杂物，以防损坏梳齿板；乘客勿脚穿鞋底沾有水、油等易使人滑倒的鞋子搭乘。

8）自动扶梯或自动人行道运行时梳齿板是较为危险的部位，乘客应尽量避免手、身体、鞋子、衣物、物品、尖利硬物触及此处，以免发生危险。

9）禁止用手、脚或其他异物触及扶手带入口处，以防卷住；禁止儿童在扶手带转向端附近玩耍、嬉闹，以防头部、手臂或身体在扶手带和地板之间夹住，如图 8-16 所示。

图 8-16

10）禁止赤脚搭乘，禁止蹲坐在梯级踏板上搭乘，勿穿着松软的塑料鞋、橡胶鞋搭乘，尤其是当梳齿板有梳齿缺损、变形时，容易使脚部或臀部受到严重伤害。

11）禁止手推婴儿车、购物小推车等搭乘自动扶梯，以免车子失去平衡造成滚落，甚至造成其他乘客的伤害或设备损坏，需要时请搭乘电梯或自动人行道，如图 8－17 所示。

图　8－17

12）搭乘时乘客随身的箱包、手提袋等行李物品应用手提起携带（对于自动人行道可将其放在购物小推车内），宠物应抱住，切勿放在梯级踏板上或扶手带上。

13）禁止利用自动扶梯或自动人行道作为输送机直接运载物品。禁止乘客携带外形长或体积大的笨重物品乘用，以防碰及天花板、相邻的自动扶梯等而造成人身伤害或设备损坏，如图 8－18 所示。

（3）当发生异常情况时

1）发生意外紧急情况时（例如乘客摔倒或手指、鞋跟被夹住），应立即呼叫位于梯级出入口处的乘客或值班人员立即按动扶手盖板附近的红色紧急停止按钮，停止自动扶梯或自动人行道的运行，以免造成更大伤害。正常情况下勿按动此按钮，以防突然停止运行而使其他乘客因惯性而摔倒，如图 8－19 所示。

2）禁止大楼发生火灾和地震时搭乘，应通过消防楼梯疏散。自动扶梯和自动人行道发生水淹时（例如因大楼水管破裂），勿搭乘。

3）自动扶梯停止运转期间，勿将其作为步行楼梯使用，因为梯级的垂直高

图 8-18

图 8-19

度不适于人员步行，容易造成绊倒或滚落。

三、电梯紧急情况的处理

1. 电梯开、关门不正常或关门后电梯不运行

此时可按关门按钮再次关门，若开关门仍不正常或关门后电梯仍不能运行，应停止使用此电梯。

2. 门未关电梯起动运行

由于某种原因，电梯在厅、轿门未关闭时就起动（轻载时向上，重载时向下）。此时乘客不能惊慌，不可妄动，绝不能企图逃离轿厢，这样会发生剪切、挤压等伤害事故。

厅外人员在发现电梯门未关就起动时，应立刻停止进入轿厢，退至安全地带。如轿厢离开时，厅门仍未关闭，此时厅外人员应设法做好防护或派人把守，同时通知管理处电梯维修人员到场处理。

3. 电梯的运行速度有明显变化且电梯失控时

此时不能惊慌，更不能企图逃离轿厢，正确的做法是乘客应远离轿门、屈膝踮脚，做好电梯安全装置起作用引起轿厢急停或撞击引起的反弹带来冲击的准备，免遭或减轻伤害。

4. 电梯不平层或不开门

电梯在停止运行后开门，但不平层，即轿厢高出或低于厅门地坎，此时乘客仍可离开轿厢，应依次离开，不得拥挤，同时应看清地面情况，防止跌倒。

电梯停梯后不开门或仍继续运行，乘客不可急躁，不可强行扒门，正确的做法是按报警铃求助或拨打报警电话，等候解救（电梯轿厢内都张贴有维修电话及24h服务电话）。

5. 接触电梯的任何金属部分有麻电现象时

此时应立即停止使用电梯，并切断全部电源，等候处理。

6. 电梯发出焦煳的气味时

在电梯运行过程中，闻到电梯任何部位发出焦煳的气味，应立即停止使用电梯，由维修或管理人员检查电动机是否过热，制动器是否打开，接触器、接线端子是否打火，电线、电缆、杂物是否燃烧。

7. 有异常噪声，较大振动、冲击时

在电梯运行过程中，发现有异常噪声，较大振动、冲击时，应立即停止使用电梯，由维修人员检查主机、导轨、轿厢、对重装置、补偿链等是否正常。

8. 发生火灾时

发生火灾时应以立即停止电梯运行为原则，并采取如下措施：

1）及时与消防部门取得联系并报告有关领导。

2）发生火灾时，对于有消防运行功能的电梯，应立即按动“消防按钮”，使电梯进入消防运行状态，供消防人员使用。对于无此功能的电梯，应立即将电梯直驶到首层并切断电源或将电梯停于火灾尚未蔓延的楼层。

3）使乘客保持镇静，组织疏散乘客，使其离开轿厢，从楼梯撤走。将电梯置于“停止运行”状态，用手关闭厅门并切断总电源。

4）井道内或轿厢发生火灾时，应即刻停梯疏散乘客，使其撤离，切断电源，用二氧化碳、干粉和1211灭火器灭火。

5）共用井道中有电梯发生火灾时，其余电梯应立即停运，远离火灾蔓延区，或交消防人员用以灭火。

6）相邻建筑物发生火灾时也应停梯，以免因火灾而停电造成困人事故。

9. 发生地震时

国务院发布的《破坏性地震应急条例》已于1995年4月1日起实施。对于破坏性地震，将由省、自治区、直辖市人民政府发布临震预报，有关地方人民政府在临震应急期，将根据实际情况向预报区居民发布紧急处理措施，电梯是否停运、何时停运，应由有关部门决定，电梯管理部门应遵照执行。

对于震级和烈度较大、震前又没有发布临震预报而突然发生的地震，很可能来不及采取措施。在这种情况下，一旦有震感应就近停梯，乘客离开轿厢就近躲避。如被困在轿厢内则不要外逃，保持镇静，待援。

地震后应对电梯进行检查和试运行，正常后方可恢复使用。当震级为四级以下、烈度为六度以下时，应对电梯进行如下检查：

1）检查供电系统有无异常。

2）电梯井道、导轨、轿厢有无异常。

3）以检修速度做上下全程运行，发现异常即刻停梯，并使电梯反向运行至最远层站停梯，通知专业维修人员检查修理。如上下全程运行无异常现象，再多次往返运行后，方可投入运行。

当地震震级为四级以上（含四级）、烈度为六度以上时，应由专业人员对电梯进行安全检查，无异常现象或对设备进行检修后方可试运行，经多次运行一切正常后方可投入使用。

10. 电梯湿水处理

电梯机房处于建筑物最高层，底坑处于建筑物最底层，井道通过层站与楼道相连。机房会因屋顶或门窗漏雨而进水；底坑除因建筑防水层处理不好而渗水外，还会因暖气及上下水管道、消火栓、家庭用水等的泄漏，使水从楼层经井道流入底坑；发生洪水时，井道、轿厢也会遭水淹。当发生湿水事故时，除从建筑设施上采取堵漏措施外，还应采取以下应急措施。

1）当底坑内出现少量进水或渗水时，应将电梯停在二层以上，停止运行，断开总电源。

2）当楼层发生水淹而使井道或底坑进水时，应将轿厢停于进水层站的上两层，停梯断电，以防止轿厢进水。

3）当底坑井道或机房进水很多时，应立即停梯，断开总电源开关，防止发生短路、触电等事故。

4）发生湿水时，应迅速切断漏水源，设法使电气设备不进水或少进水。

5）对湿水电梯应进行除湿处理，如采取擦拭、热风吹干、自然通风、更换管线等方法。确认湿水消除、绝缘电阻符合要求并经试梯无异常后，方可投入运行。对微机控制电梯，更需仔细检查以免烧毁线路板。

6）电梯恢复运行后，详细填写湿水检查报告，对湿水原因、处理方法、防范措施记录清楚并存档。

11. 停电或故障造成停梯时

运行中的电梯将会因停电、故障等原因而突然停梯，可能造成乘客被困在轿厢内，此时电梯管理人员或维修人员应先确定轿厢内是否有人员，可采用对讲电话、监控装置、喊话等方式与轿厢内人员联系；轿厢内人员应及时通过按报警铃、使用轿厢内通话装置、拨打轿厢内张贴的紧急联系电话等方式与外界取得联系。

采用如下具体处理方法：

1）如果有司机操作，司机应对乘客说明原因，使乘客保持镇静并与维修人员联系，进行盘车放人操作。

2）如无司机操作，维修人员应与轿厢内被困人员取得联系，说明原因，使乘客保持镇静，耐心等待。有备用电源的应及时启用。

3）如恢复送电需较长时间，则应进行盘车放人操作，解救被困乘客，操作方法见后文。

4）恢复送电后，及时与轿厢内乘客联系，重新选层走梯。

四、电梯应急救援预案

1. 国家有关法律、法规、规定

1）《中华人民共和国安全生产法》规定：“生产经营单位的主要负责人员有组织制定并实施本单位的生产安全事故应急预案的职责。”

“生产经营单位对重大危险源应当登记建档，进行定期检测、评估、监控，并制订应急预案，告知从业人员和相关人员在紧急情况下应采取的应急措施。”

2）《特种设备安全监察条例》（549 号令）第六十五条规定：“特种设备使用单位应当制定事故应急专项预案，并定期进行事故应急演练。”

3）《电梯使用管理与维护保养规则》中明确要求：电梯使用单位“制定出现突发事件或者事故的应急措施与救援预案，学校、幼儿园、机场、车站、医院、商场、体育场馆、文艺演出场馆、展览馆及旅游景点等人员密集场所的电梯使用单位，每年至少进行一次救援演练，其他使用单位可根据本单位条件和所使用电梯的特点，适时进行救援演练”。

4）原国家建设部2006年还发布了《电梯应急指南》，其中规定："电梯使用管理单位应当根据本单位的实际情况，配备电梯管理人员，落实每台电梯的责任人，配置必备的专业救援工具及24h不间断的通信设备。"

"电梯使用管理单位应当制定电梯事故应急措施和救援预案。"

"电梯使用管理单位应当每年进行至少一次电梯应急预案的演练，并通过电梯轿厢内张贴宣传品和标明注意事项等方式，宣传电梯安全使用和应对紧急情况的常识。"

2. 电梯应急救援预案响应

电梯使用单位在生产和服务过程中，应对可能发生的电梯事故作出有效的积极响应，建立电梯事故应急救援预案，以避免事故的发生或降低事故的危害程度、减小其影响范围。

对于电梯事故应急救援预案制度的建立，目前各电梯使用管理单位都在积极探讨。深圳市某电梯工程有限公司已制定了电梯事故应急救援预案的管理办法，现摘录如下可供参考。

附：电梯应急救援预案管理办法。

（一）总　　则

为了保证电梯在发生事故时能及时有效地得到处理，最大限度地减少伤害、损失，特制定本管理办法。

本管理办法根据国务院颁布的《特种设备安全监察条例》和原国家建设部发布的《电梯应急指南》的规定及要求制定。

本管理办法适用于本单位内发生的电梯设备特别重大事故、特大事故和一般事故，以及困人救援演习。

（二）领导及救援小组组成

1. 由本单位法人代表任组长，分管电梯设备或安全负责人任副组长，组员应包括物业（或后勤）部门负责人、电工、电梯司机、维修保养员工等人。

2. 具体分工：组长负责事故或救援演习的现场总指挥，对外联络，对内组织、协调及进行技术指导工作；副组长负责落实具体事故救援或救援演习措施，如疏散人员、照相、做事故记录，或拟定救援演习参加人员、通知维修保养单位（或专业应急救援单位）实施救援；各成员负责现场秩序维护和救援工具准备工作。

3. 维修保养单位和专业应急救援单位人员均到达现场后，则由电梯维修保养单位具体实施应急救援或演习，专业应急救援单位给予技术支持。

（三）报告制度

1. 发生电梯设备安全事故后，现场负责人、操作人员应在第一时间把事故情况向救援领导小组报告，如发生特别重大事故、特大事故时，救援领导小组应立即上报市质监局分管领导，直至分管市长。事故报告应包括：事故发生的时间、地点、设备名称、人员伤亡、经济损失以及事故概况。事故概况如：整机倾翻、坠落、剪切、设备主构件断裂、炽热金属物质意外发生等。

2. 进行困人救援演习时，现场负责人应精心组织，并向市质监局特种设备监察处报告备案，模拟被困人员或现场负责人应拨打轿厢内的维修电话向电梯维修保养单位求援。

（四）现场保护

1. 为了进一步调查事故发生的原因，以便吸取教训以及善后处理，应注意保护事故发生后的现场，除非因抢救伤员必须移动现场物件外，未经救援小组组长或副组长同意一律不能破坏现场。必须移动的现场物件，最好事先摄像保存其原始性。要妥善保护现场的重要痕迹、物证等。

2. 困人救援演习现场也要做好秩序维护工作，以防止演习中发生不应出现的问题。

（五）救援工具

救援演习单位必须配备安全带、安全帽、绝缘鞋、救援服、缆绳、担架及对讲机等。

（六）救援实施方法和步骤

1. 发生事故后救援实施方法和步骤

（1）救援小组查明事故原因和危害程度，确定救援方案，组织指挥救援行为。

（2）设立警戒线，抢救伤员，保护现场，防止事故扩大，疏通交通道路，引导救护车、救火车等。需移动现场物件的，应摄像保存或做出标志，绘制现场简图，做出书面记录。

（3）使受伤人员尽快脱离现场，根据需要拨打120、119。

（4）对于易燃、易爆、有毒及炽热金属等特别物件，应迅速采取对策，及时处理。

（5）对救援人员进行安全监护，保证救援人员绝对安全，防止事故进一步扩大。

2. 困人救援演习的实施办法和步骤

（1）及时与被困人员取得联系，安抚受困人员使其不要慌张，保持镇定，等待救援，不要扒门或将身体任何部位伸出轿厢外（指轿厢未平层且电梯门被打开的情形）。

（2）迅速和电梯维修保养单位取得联系，告之电梯发生困人事件。若一时无法联系或维修保养单位的救援人员不能及时赶到，可直接致电市质监局投诉热线12365，市质监局将派就近专业救援单位的救援人员前往。

（3）尽量确认被困人员所在轿厢的位置，防止其他在电梯外等候的乘客对设备做出不理智的举动。在一层和故障层设好防护栏，防止意外事故发生。

（4）若得之被困人员中有伤、病员，应做好其他救援准备。

（5）救援人员到达现场后，应按“盘车救援基本步骤”（见附件一）进行。

附件一：使用单位困人救援准备

1. 电梯发生故障时，首先确定电梯里是否困人。若未困人，用户可致电电梯维保公司热线，要求解决电梯故障。

2. 若电梯困人，则首先致电电梯维保公司热线。若维保公司的救援人员不能及时赶到，直接致电市质量技术监督局投诉热线12365，市质量技术监督局将派救援人员前往。

3. 及时与被困人员取得联系，稳定其情绪，防止其采取撬门等行为。如有伤病员，应做好救援准备。

4. 在救援人员到来之前，应做好现场的保护和安抚工作，防止其他在电梯外等候的乘客对设备做出不理智的举动。在一层和故障层设好防护栏，防止意外事故的发生。

5. 若使用单位的人员经过专门的电梯困人救援培训，并且持有有效的特种设备作业证，在电梯维保公司允许并认可后可采取盘车救援措施。其基本步骤如下：

盘车救援基本步骤

步骤	内　容	安全注意事项	备　注
1	机房检修，断开主电源	确实是切断了要实施救援的电梯的主电源，并保证轿厢内仍有照明和对讲等	机房有检修开关的要转至检修位置
2	安慰乘客	及时与被困人员取得联系，安慰受困人员不要慌张，保持镇定；确认是否有伤员、病人；告之正在实施救援工作，要求乘客配合，切勿靠近门边，不能扒门，防止意外	如有伤员或病人，通知使用单位做好相应准备工作（如通知医院派救护车进行急救）

（续）

步骤	内　容	安全注意事项	备　注
3	确认轿厢位置	尽量确认被困人员所在轿厢位置。如电梯停留在平层位置以上 500mm 时可直接开启轿门将乘客救出，如果超出上述标准，则应严格遵守相关基本规范进行救人	在一层和故障层设好防护栏，防止意外事故发生
4	确认所有厅门、轿门关闭	必须严格确认，否则后果严重	逐层检查
5	安装盘车手轮（如需要的话）	要正确安装、可靠固定	防止手轮发生意外
6	两人以上配合盘车	松闸人员要听从盘车人员指挥，同时，松闸人员要渐进式地一点一点松闸，并时刻注意盘车人员的有关情况	盘车人员只有在盘车轮上加力后，才可以发令。防止盘车人员受伤或盘车失控造成事故
7	盘车上、下行的选择	通常以节省人力和时间的原则来决定上行或下行，如对重的质量大于轿厢和乘客的总质量，则往上盘；如果轿厢和乘客的总质量大于对重的质量，则往下盘	一定要小心缓慢进行
8	盘动电梯下行时	如盘动电梯下行时，遇到不能盘动，可能是轿厢下梁的安全钳已经动作，进一步工作需由技术全面的技工指导进行	下行盘动遇阻时，不能硬行操作，以防意外
9	盘动高速电梯时	盘动无变速箱的高速电梯时，应谨防因电梯轿厢和内部乘客的总质量大于对重总质量产生的重力加速过快而使电梯失去控制	加倍小心，以防失控的危险
10	确认到达可靠放人位置，拆除松闸扳手（如需要的话）	维修人员可到轿厢停站楼层，用外层门钥匙打开层轿门，确定轿厢已停在两地坎之间，有护脚板的 ±500mm 以内，无护脚板的 ±300mm 以内，并确认制动器制动有效之后，方可着手放人	首次开层门时，开门宽度不得大于 100mm，确认轿厢是否在本层时一定要注意安全
11	到相应楼层开门放人	盘动电梯轿厢至接近楼层的楼面后，电梯制动装置一定要复原，再与乘客沟通，慢速开门，将乘客顺序放出	对老、弱、病、残、儿童予以搀扶，防止摔倒
12	拆除盘车装置（如需要的话）		通知维保公司维修

注：1. 有的盘车或松闸杆已与曳引机形成一体不需要装拆。

2. 无机房梯、液压梯等救援的步骤比较复杂，请详细阅读厂家随机提供的使用手册。

（七）公布联系电话

1. 电梯维修保养单位应在轿厢内张贴单位名称、电话号码及24小时值班电话。

2. 在电梯轿厢内还应公布质监局投诉热线电话12365及其他救援电话。

（八）小结

应急救援或演习结束后，应在其后两个工作日内按《电梯应急救援/演习工作报告书》（见附件二）的要求，分别向市质监局特种设备监察处和救援/演习单位提交报告书。

附件二：电梯轿厢困人救援/演习报告书

年　月　日

<table>
<tr><td colspan="2">电梯使用单位名称</td><td colspan="2"></td><td>电梯安装地址</td><td></td></tr>
<tr><td colspan="2">救援/演习单位（部门）名称</td><td colspan="2"></td><td>参加救援人员姓名</td><td></td></tr>
<tr><td>电梯品牌</td><td colspan="2"></td><td>电梯编号</td><td>层站</td><td></td></tr>
<tr><td colspan="2">发出救援信号时间</td><td colspan="2">救援/演习人员到达时间</td><td colspan="2">救援/演习时间</td></tr>
<tr><td colspan="2">月　日　时　分</td><td colspan="2">月　日　时　分</td><td colspan="2">自　时　分　至　时　分</td></tr>
<tr><td colspan="4">现场电梯状态</td><td colspan="2">困人
无□　有□
人数
困人时间
伤亡
无□　有□
人数</td></tr>
<tr><td colspan="6">处理情况报告
救援/演习部门负责人</td></tr>
<tr><td colspan="4" rowspan="4">用户确认及意见
用户单位负责人</td><td colspan="2">参加演习人员签名</td></tr>
<tr><td colspan="2"></td></tr>
<tr><td colspan="2"></td></tr>
<tr><td colspan="2"></td></tr>
</table>

注：本报告书一式两份，电梯维保单位和电梯使用单位各一份备查。

五、电梯事故预防与处理

电梯使用单位应建立事故调查处理规定，以确保能及时准确地调查电梯事故，分析产生的原因，并制定出相应的纠正和预防措施。

1. 电梯事故的预防

1）电梯事故是可以预防的。电梯事故的发生看似偶然，其实有其必然性。据海因里西法则计算，每出现30000起不安全的行为或情况，必会发生3000起未遂事故，300起记录伤害事故，30起严重伤害事故，1起重大人身伤亡事故。这就是说，平时的不安全行为就会为以后发生重大事故埋下隐患。电梯事故有其发生、发展的规律，掌握其规律，事故是可以预防的。比如坠落事故，许多事故类型、发生原因都基本相同，都是在层门可以开启或已经开启的状态下，轿厢又不在该层时，误入井道造成坠落事故，如果吸取教训，改进设备，使其处于安全状态，只有轿厢停在该层时，该层层门方能被打开，就可杜绝此类事故的发生。

2）预防电梯事故需全面治理。因为产生事故的原因是多方面的，有操作者的原因、设备本身的原因以及管理原因；有直接原因，也有间接原因和社会原因及历史原因。比如将电梯安装及维保工作交给不具备资质的单位或个人承担，而导致事故的发生，这就是社会原因。在我国，有的在用电梯出厂在先，国家标准在后，电梯产品不符合国家标准要求，这是发生事故的历史原因。因此，预防电梯事故必须全方位地综合治理。

3）预防电梯事故的措施。预防电梯事故的根本是要抓好安全教育、安全检查、安全管理和安全技术。

2. 电梯事故的处理

（1）事故现场处理

1）事故发生后，要尽一切可能抢救伤员和排除险情，采取有效措施阻止事故蔓延扩大。

2）严格保护事故现场。因抢救伤员需要移动现场物件时，必须做出标记，绘制现场简图并做出书面记录，妥善保护现场重要痕迹、物证，有条件的可以拍照或录像。

3）及时报告事故。在保护现场、抢救受伤人员的同时，最先发现事故的人员应立即向有关部门报告事故发生情况。

4）清理事故现场，必须经有关部门同意后方能进行。

（2）事故调查

1）接到事故报告后，有关领导除应立即赶赴现场组织抢救外，还应及时着手开展事故的调查工作。

2）根据事故的性质及严重程度，有关部门组成事故调查组。调查组成员应符合下列条件：

① 应有工会代表参加。

② 具有事故调查所需要的某一方面的专长。

③ 与所发生事故没有直接利害关系。

3）调查事故时，应检查现场，收集物证、人证材料及与事故有关的事实资料；调查事故发生的起因；现场拍照或录像和绘制事故图；勘查设施、设备损坏或其他异常情况。

4）调查组要召开事故分析会，写出有关事故调查、分析材料和技术鉴定书，以及根据事故后果和责任者的情节轻重写出处理意见书，一并上报主管部门。

（3）事故责任追究

1）在查明事故经过、弄清造成事故的各种因素之后，调查组要认真分析事故原因，从中吸取教训，采取相应措施防止类似事故重复发生。

事故分析拟按以下内容进行：受损伤部件、受伤性质、起因物、致害物、伤害方式、不安全状态、不安全行为。然后确定事故的直接原因、间接原因和事故责任者。

2）分析事故原因，确定事故的直接责任者和领导者，根据事故后果和事故责任人应负的责任提出处理意见。

3）调查组应着重按事故的经过、原因、责任分析和处理意见，以及本次事故的教训和改进工作的建议等写成文字报告，经调查组全体人员签字后报批。

4）事故处理完毕后，事故调查小组还应当尽快写出详细的处理报告，并按规定上报。

六、电梯使用单位安全管理

1. 电梯使用单位应建立健全安全管理制度

国家质检总局发布的《电梯使用管理与维护保养规则》（TSG T5001—2009）中第七条规定：使用单位应当根据本单位实际情况建立以岗位责任制为核心的电梯使用和运营安全管理制度，并且严格执行。安全管理制度至少包括以下内容：

1）相关人员的职责。

2）安全操作规程。

3）日常检查制度。

4）维保制度。

5）定期报检制度。

6）电梯钥匙使用管理制度。

7）作业人员与相关运营服务人员的培训考核制度。

8）意外事件或事故的应急救援预案与应急救援演习制度。

9）安全技术档案管理制度。

2. 电梯使用单位应当履行的职责

《电梯使用管理与维护保养规则》第九条规定："电梯使用单位应当履行以下职责：

1）保持电梯紧急报警装置能够随时与使用单位安全管理机构或者值班人员实现有效联系。

2）在电梯轿厢内或出入口的明显位置张贴有效的《安全检验合格》标志。

3）将电梯使用的安全注意事项和警示标志置于乘客易于注意的显著位置。

4）在电梯显著位置标明使用管理单位名称、应急救援电话和维保单位名称及其急修、投诉电话。

5）医院提供患者使用的电梯、直接用于旅游观光的速度大于2.5m/s的乘客电梯，以及采用司机操作的电梯，由持证的电梯司机操作。

6）制定出现突发事件或者事故的紧急措施与救援预案，学校、幼儿园、机场、车站、医院、商场、体育场馆、文艺演出场馆、展览馆及旅游景点等人员密集场所的电梯使用单位，每年至少进行一次救援演练，其他使用单位可根据本单位条件和所使用电梯的特点，适时进行救援演练。

7）电梯发生困人时，及时采取措施，安抚乘客，组织电梯维修作业人员实施救援。

8）在电梯出现故障或者发生异常情况时，组织对其进行全面检查，消除电梯事故隐患后，方可重新投入使用。

9）电梯发生事故时，按照应急救援预案组织应急救援，排险和抢救，保护事故现场，并且立即报告事故所在地的特种设备安全监督管理部门和其他有关部门。

10）监督并且配合电梯安装、改造、维修和维保工作。

11）对电梯安全管理人员和操作人员进行电梯安全教育和培训。

12）按照安全技术规范的要求，及时采用新的安全与节能技术，对在用电梯进行必要的改造或者更新，提高在用电梯的安全与节能水平。

3. 电梯登记、变更、停用和注销

国务院于2009年1月24日颁布的《特种设备安全监察条例》（549号令）以及原国家质量技术监督局于2001年4月9日以锅发［2001］57号文发布的《特种设备注册登记与使用管理规则》，对电梯登记、变更、使用和注销都作出了明确规定。

（1）登记　电梯在投入使用前或投入使用后30日内，使用单位应当向直辖市或者设区的市的质量技术监督部门办理登记。办理使用登记时，应当提供以下资料：

1）组织机构代码证书或者电梯产权所有者（指个人拥有）身份证（复印件一份）。

2）《特种设备使用注册登记表》（一式两份）。

3）安全监督检验报告。

4）使用单位与维保单位签订的维保合同。

5）电梯安全管理人员、电梯司机（规定需要司机操作的）等与电梯相关的特种作业人员证书。

6）安全管理制度目录。

（2）变更

1）维保单位变更时，使用单位应当持维保合同，在新合同生效后30日内到原登记机关办理变更手续，并且更换电梯内维保单位相关标志。

2）电梯产权发生转让时，原产权单位应当持拟转让设备的《特种设备注册登记表》及有关证书等，到注册登记机构办理注销变更手续。

（3）停用　产权单位或使用单位自行决定封停电梯使用且其期限超一年时，应当报该设备注册登记机构备案，办理停止使用手续。

（4）注销　电梯设备存在严重事故隐患，无改造、维修价值，或者超过安全技术规范规定的使用年限，电梯设备使用单位应当及时予以报废，并应当在30日内向原使用登记机关办理注销手续。

4. 特种设备作业人员持证上岗制度

国家质检总局于2004年12月24日颁布的《特种设备作业人员监督管理办法》中第二条、第五条、第十条都对特种设备作业人员的条件及持证上岗作出如下规定。

特种设备作业人员应当按照国家有关规定经特种设备安全监督管理部门考核合格，取得国家统一格式的特种设备作业人员证书，方可从事相应的作业或者管理工作。

特种设备作业人员应当符合以下条件：

1）年龄在18周岁以上。

2）身体健康并满足申请从事的作业种类对身体的特殊要求。

3）有与申请作业种类相适应的文化程度。

4）有与申请作业种类相适应的工作经历。

5）具有相应的安全技术知识和技能。

6）符合安全技术规范规定的其他要求。

持有《特种设备作业人员证》的人员，必须经用人单位的法定代表人（负责人）或者其授权人雇（聘）用后，方可在许可的项目范围内作业。

5. 特种设备作业人员应当遵守的规定

《特种设备作业人员监督管理办法》中第十九条，提出特种设备作业人员应当遵守以下规定：

1）作业时随身携带证件（复印件亦可），并自觉接受用人单位的安全管理和质量技术监督部门的监督检查。

2）积极参加特种设备安全教育和安全技术培训。

3）严格执行特种设备操作规程和有关安全规章制度。

4）拒绝违章指挥。

5）发现事故隐患或者不安全因素应当立即向现场管理人员和单位有关负责人报告。

6）其他有关规定。

6. 电梯作业人员与相关运营服务人员的培训考核制度

国务院于2009年1月24日颁布的《特种设备安全监察条例》（549号令）以及国家质检总局于2005年9月16日发布的《特种设备作业人员考核规则》等文件对特种设备作业人员培训、考核等都作出明确的规定。电梯使用单位应以这些规定为依据制定作业人员及运营服务人员的培训考核制度，落实教材、课时、教师及培训人员，使受培训人员真正成为理论与实际紧密结合、称职的持证人员。

（1）电梯作业人员培训考核制度

1）电梯作业人员必须经过培训考核合格取得《特种设备作业人员证》，方可从事相应的作业或管理工作。

2）申请《特种设备作业人员证》的人员，应当首先到发证部门指定的特种设备作业人员考核机构参加考试；考试包括理论和实际操作两个科目，均实行百分制，60分合格。

3）考试合格的人员，由考试机构向发证部门统一申请办理《特种设备作业人员证》。

4）《特种设备作业人员证》每两年复审一次。持证人员应当在复审期满三个月前，向发证部门提出复审申请。复审合格的，由发证部门在证书正本上签章；复审不合格的，应当重新参加考试。

5）电梯使用单位应当按照国家质检总局制定的相关作业人员培训考核大纲的内容，要求作业人员具备必要的安全作业知识、作业技能和及时进行更新。培训要做好记录。

（2）电梯运营服务人员培训考核制度

1）电梯运营服务人员培训考核的内容应当按照国家质检总局制定的《电梯安全管理人员和作业人员考核大纲》中的相关内容、要求进行。

2）电梯使用单位应当每年制定电梯运营服务人员培训教育计划，保证其具备必要的安全操作知识、技能和及时更新。培训、教育时要做好记录。

3）对电梯运营服务人员的考核拟定每月进行一次，采用百分等级制作好考核。等级分为优秀（90～100分）；优良（70～89分）；良好（70～79分）；合格（60～69分）；不合格（59分以下）。

4）百分考核的内容分为5类共20项。

①岗位纪律。a. 按时到岗；b. 精神饱满；c. 完整的工作记录；d. 有无脱岗记录。

②仪容仪表。a. 着装规范、整洁；b. 持证上岗，佩戴标志；c. 禁止穿拖鞋上岗；d. 不得佩戴非工作要求的饰物。

③服务技巧。a. 语言文明；b. 有无操作失误或造成伤害；c. 处理紧急情况的能力；d. 电梯钥匙妥善保管。

④服务质量。a. 杜绝违章指挥；b. 不得刁难客户；c. 不得酒后开梯；d. 不准开“带病”电梯。

⑤环境卫生。a. 轿内清洁；b. 机房整洁；c. 首层厅门前应通畅；d. 层门地坎无杂物。

5）百分等级考核应和电梯运营服务人员的当月工资挂钩。

7. 电梯的维修保养制度

《电梯使用管理与维护保养规则》等文件，对电梯的维修保养的基本项目和要求等作出如下明确的规定：电梯使用单位应当对在用电梯制定实施例行保养和定期维护的制度，明确规定维修保养的基本项目和达到的要求。

（1）例行（半个月）维修保养　电梯维修保养人员应每半个月（15天）对电梯的主要机构和部件进行一次检查、维保，并进行全面的清洁除尘、润滑、调整工作。每台工作量视电梯而定，一般不少于2h。

（2）季度维修保养　电梯维修保养人员每隔90天左右，对电梯的各重要机械部件和电气装置进行一次细致的调整和检查，视电梯而定其工作量，一般每台所用时间不少于4h。

（3）半年维修保养　电梯维修保养人员在半月、季度维修保养的基础上，对电梯易于出现故障和损坏的部件进行较为全面的维修。

（4）年度定期检验　电梯每运行一年后，应由电梯专业保养单位技术主管人员负责组织安排维修保养人员，对电梯的各机械部件和电气设备以及各辅助设施进行一次综合性的全面检查、维修和调整，并按技术检验标准进行一次全面的安全性能测试，以弥补电梯用户技术检测手段的不足。通过检验，特别是对易损件的仔细检验，及时对存在问题进行判断，电梯是否需要更换主要部件，是否要进行大、中修或专项修理或需停机进一步检查。年度检验合格后，可办理《安全检验合格证》，之后电梯方可继续运行使用。

8. 制定电梯应急救援预案

这方面的内容、要求，可参阅本章“电梯应急救援预案”一节。

9. 电梯安全管理部门职责

《特种设备安全监察条例》以及《电梯使用管理与维护保养规则》，都要求电梯使用单位应设置电梯的安全管理机构，具体负责电梯的安全使用和管理工作，其主要职责如下：

1）全面负责电梯安全使用、管理方面的工作。

2）建立健全电梯使用操作规程、作业规范以及管理电梯的各项规章制度，并督促检查实施情况。

3）组织制定电梯中大修计划和单项大修计划，并督促实施。

4）搞好电梯的安全防护装置，设施要保持完好、可靠，确保电梯正常安全运行。

5）负责电梯特种作业人员的安全技术培训。

6）组织对电梯的技术状态作出鉴定，及时进行修改，消除隐患。

7）搞好电梯安全评价工作，制定整改措施，并监督实施情况。

8）对由于电梯管理方面的缺陷造成的重大伤亡事故负全责。

10. 电梯专职安全管理人员岗位职责

《特种设备安全监察条例》以及《电梯使用管理与维护保养规则》中，都明确要求：电梯使用单位应当配备专职的电梯安全管理员，并取得《特种设备作业人员证》，方能上岗。《电梯使用管理与维护保养规则》还提出电梯使用单位的安全管理人员应当履行下列职责：

1）进行电梯运行的日常巡视，记录电梯日常使用状况。

2）制定和落实电梯的定期检验计划。

3）检查电梯安全注意事项和警示标志，确保齐全清晰。

4）妥善保管电梯钥匙及其安全提示牌。

5）发现电梯运行事故隐患需要停止使用的，有权作出停止使用的决定，并且立即报告本单位负责人。

6）接到故障报警后，立即赶赴现场，组织电梯维修作业人员实施救援。

7）实施对电梯安装、改造、维修和维保工作的监督，对维保单位的维保记录签字确认。

11. 电梯司机岗位职责

《电梯使用管理与维护保养规则》明确要求：“医院提供患者使用的电梯、直接用于旅游观光的速度大于 2.5m/s 的乘客电梯，以及采用司机操作的电梯，由持证的电梯司机操作。”电梯司机的岗位职责如下：

1）提前到岗做好电梯日常巡视保养工作，确保电梯安全运行；着装整洁，精神饱满，热情、文明服务乘客。

2）保持轿厢、机房整洁、卫生，及时清除地坎中的垃圾，以保证门的动作顺畅。

3）严格遵守电梯运行中"五要五不要"、"十不开"以及电梯日常行驶中应注意的事项。

4）应能积极采取措施，及时妥善处理、减少和消除电梯运行中的不正常现象。

5）参与电梯故障和事故的排除。

6）在维保人员修理电梯时，应协助维保人员工作。

7）认真填写好电梯运行记录。

附：电梯运行中司机需做到"五要五不要"、"十不开"。

1. 电梯司机在工作中要遵循"五要五不要"

1）要由经过培训、考核且有安全操作证（《特种作业人员操作证》）者驾驶电梯，不要让无证者驾驶电梯。

2）要按安全操作规程驾驶电梯，不要违章驾驶电梯。

3）要用手操纵开关（按钮或手柄），不要用手臂或身体其他部位操纵开关（按钮或手柄）。

4）要站在（包括乘客）轿厢里或井道外等候，不要站在轿厢与井道之间等候。

5）要听从检修人员指挥（检查时），不要听从其他任何人指挥（紧急情况除外）。

2. 电梯司机要严格做到"十不开"

1）超载荷不开。

2）安全装置失效不开。

3）物件太大，不好关门不开。

4）物件堆放不牢固、不稳妥不开。

5）物体超长、伸出安全窗等紧急出口不开。

6）层（厅）门、轿厢门关闭不好不开。

7）有人把头、手、脚伸出轿厢或伸入井道不开。

8）轿厢行驶速度比平时加快或减慢不开。

9）电梯不正常（声响不对、有异味、有地方碰撞等）不开。

10）有易燃、易爆、易破碎等危险品不开。

12. 机房管理制度

机房的管理以满足电梯的工作条件和安全为原则，主要内容如下：

1）非岗位人员未经管理者同意不得进入机房。

2）机房内配置的消防灭火器材要定期检查，放在明显易取部位（一般在机房入口处），保持完好状态。

3）保证机房照明、通信电话的完好、畅通。

4）保持机房地面、墙面和顶部的清洁及门窗的完好，门锁钥匙不允许转借他人。

5）房内不准存放与电梯无关的物品，更不允许堆放易燃、易爆危险品和腐蚀、挥发性物品。

6）保持室内温度在5～40℃，有条件时，可适当安装空调设备，但通风设备必须满足机房通风要求。

7）注意防水、防鼠的检查，严防机房顶及墙体渗水、漏水和鼠害。

8）注意电梯电源配电盘的日常检查，保证其完好、可靠。保持通往机房的通道、楼梯间的畅通。

13. 电梯日常使用管理制度

1）电梯管理员每日对电梯做例行检查，如发现有运行不正常或损坏时，应立即停梯检查，并通知维修保养单位。

2）电梯管理员应加强对电梯钥匙（包括机房钥匙、电锁钥匙、轿厢内操纵箱钥匙、厅门开锁三角钥匙等）的管理，禁止任何无关人员取得并使用。

3）运行中电梯突然出现故障时，电梯管理员应以最快的速度救援乘客，及时通知维修保养单位。

4）发现电梯设备浸水或底坑进水时，应立即停止使用，设法将电梯移至安全的地方并处理。

5）发生火警时，切勿搭乘电梯。

6）禁止超载，超载铃响时，后进者应主动退出。

7）七岁以下儿童、精神病患者及其他病残不能独立使用电梯者，应由有行为能力的人扶助。

8）住户搬家或其他大宗物品需占用电梯时间较长时，必须选择在人流量较少的时候进行。

9）电梯轿厢内的求救警铃、风扇、应急照明等必须保证工作状态正常可靠，以免紧急情况时发生意外。

10）因维修保养而影响电梯正常使用时，应至少在首层明显位置悬挂告示牌及设防护栏。

11）电梯使用有效期将满时，应及时督促维修保养单位申报年度检验。

12）未经许可，不得擅自使用客梯运载货物，超长、超宽、超重、易燃、易爆物品禁止进入电梯。

13）禁止在电梯内吸烟、乱涂、乱画等损坏电梯的行为，并做好电梯的日常清洁工作。

14. 电梯日常检查制度

《特种设备注册登记与使用管理规则》第十八条规定：使用单位应当严格执行特种设备年检、月检、日检等常规检查制度，发现有异常情况时，必须及时处理，严禁带故障运行。检查可根据本单位设备的具体情况进行，但内容至少应当包括：

1）对在用特种设备，每年至少进行一次全面检查，对乘载类特种设备，必要时要进行载荷试验，并按额定速度进行起升、运行、回转、变幅等机构的安全技术性能检查。

2）月检至少应检查下列项目：a. 各种安全装置或者部件是否有效；b. 动力装置、传动和制动系统是否正常；c. 润滑油量是否足够，冷却系统、备用电源是否正常；d. 绳索、链条及吊辅具等有无超过标准规定的损伤；e. 控制电路与电气元件是否正常。

3）日检至少应检查下列项目：a. 运行、制动等操作指令是否有效；b. 运行是否正常，有无异常的振动或者噪声；c. 客运索道、游艺机和游乐设备易磨损件状况；d. 门联锁开关及安全带等是否完好（当有这些装置时）。

检查应当做详细记录，并存档备查。

4）对于电梯使用单位，在《电梯使用管理与维护保养规则》中，更明确地提出电梯使用单位要建立电梯日常检查制度，并要有日常检查与使用状况记录，且记录至少保存两年。

电梯日常检查应由电梯安全管理员或电梯司机（如果有）负责，每天对运行中的电梯主要部位进行检查，检查项目至少应包括以下主要内容。

① 曳引与强制驱动电梯日常检查项目：a. 电梯运行平稳，无异常声响、抖动和异味；b. 轿厢照明、风机应齐全，工作正常；c. 轿厢报警系统应能与值班系统可靠应答；d. 轿厢按钮、显示齐全，工作正常；e. 轿厢平层良好；f. 轿厢内应张贴《安全检查合格》标志原件；g. 轿厢内应张贴安全注意事项和警示标志；h. 门地坎槽内应清洁（货）；i. 机房环境符合要求；j. 机房内无异味；k. 曳引机工作无异常声音；l. 控制屏元器件工作时无异常声音。

② 自动扶梯（人行道）日常检查项目；a. 自动扶梯及其周边，特别在梳齿板附近应有足够的照明；b. 扶梯运行平稳，无异常声响、抖动；c. 扶手带相对梯级速度无滞后，且表面无破损；d. 上下机仓无异味；e. 主机工作无异常声音；f. 扶梯两侧的防护栏杆或防攀爬人字架齐全、牢固；g. 如果建筑物的障碍会引起人员伤害，则垂直防碰挡板应齐全、固定牢固，高度≥0.3m；h. 梳齿板梳齿完好、无缺损；i. 梳齿板支撑座与机仓盖板之间空隙处应清洁；j. 起动钥匙、

急停按钮齐全、工作正常、中文标志齐全；k. 扶梯出入口应张贴《安全检验合格》标志原件；l. 扶梯入口使用须知标牌齐全；m. 出入口应张贴使用安全提示。

③ 液压电梯日常检查项目：a. 电梯运行平稳，无异常声响、抖动和异味；b. 轿厢照明、风机应齐全，工作正常；c. 轿厢报警系统应能与值班系统可靠应答；d. 轿厢按钮、显示齐全，工作正常；e. 轿厢平层良好；f. 轿厢内应张贴《安全检验合格》标志原件；g. 轿厢内应张贴安全注意事项和警示标志；h. 门地坎槽内应清洁；i. 机房环境符合要求；j. 机房内无异味；k. 机房内温度应在5～40℃；l. 控制屏元器件工作时无异常声音；m. 冷却器应处于通电状态。

15. 电梯三角钥匙的管理制度

《电梯使用管理与维修保养规则》、《电梯监督检验和定期检验规则》等文件中，都明确要求电梯使用单位必须建立电梯钥匙管理制度，特别是要加强对电梯三角钥匙的管理。

1）三角钥匙必须由经过培训并取得特种设备操作证的人员使用，其他人员不得使用。

2）使用的三角钥匙上必须附有安全警示牌或在三角锁孔的周边贴有警示牌：注意禁止非专业人员使用三角钥匙，门开启时先确定轿厢位置。

3）用户或业主必须指定一名具有一定机电知识的人员作为电梯安全管理员，负责电梯的日常管理。

4）电梯安全管理员应负责收集并管理电梯钥匙（包括操纵箱、机房门钥匙、电锁钥匙、厅门开锁三角钥匙）；如果电梯管理员出现变动则应做好三角钥匙的交接工作。

5）严禁任何人擅自把三角钥匙交给无关人员使用，否则，造成事故，后果由该人负责。

6）三角钥匙的正确使用方法：

① 打开厅门时，应先确认轿厢位置，防止轿厢不在本层，造成踏空坠落事故。

② 打开厅门口的照明，清除各种杂物，并注意周围不得有其他无关人员。

③ 把三角钥匙插入开锁孔，确认开锁的方向。

④ 操作人员应站好，保持重心，然后按开锁方向缓慢开锁。

⑤ 门锁打开后，先把厅门推开一条约100mm宽的缝，取下三角钥匙，观察井道内情况，特别要注意此时厅门不能一下开得太大。

⑥ 操作人员在开锁完成后，应确认厅门已可靠锁闭。

16. 电梯安全技术档案管理制度

《特种设备安全监察条例》、《特种设备质量监督与安全监察规定》、《电梯使用管理与维护保养规则》等文件，都要求电梯使用单位应当建立电梯安全技术档案。安全技术档案至少包括以下内容：

1）《特种设备使用登记表》。

2）设备及其零部件、安全保护装置的产品技术文件。

3）安装、改造、重大维修的有关资料、报告。

4）日常检查与使用状况记录、维保记录、年度自行检查记录或报告、应急救援演习记录。

5）安装、改造、重大维修监督检验报告、定期检验报告。

6）设备运行故障与事故记录。

日常检查与使用状况记录、维保记录、年度自行检查记录或报告、应急救援演习记录、定期检验报告、设备运行故障记录，至少保存两年，其他资料应当长期保存。使用单位变更时，应当随机移交安全技术档案（《电梯使用管理与维护保养》第十一条）。

17. 电梯定期检验申报制度

《特种设备安全监察条例》、《电梯使用管理与维护保养规则》、《电梯监督检验和定期检验规则》等文件，对电梯监督检验和定期检验的内容与要求都提出了非常严格的规定。

电梯在《安全检验合格证》有效期到期前30天时，电梯使用单位必须协助电梯维修保养单位开始办理电梯年度定期检验申报手续。在此期间，要配合电梯维修单位维保人员和质检人员，对电梯的各机械部件和电气设备以及各辅助设施进行一次全面的检查和维修，并按技术检验标准进行一次全面的安全性测试，在检测合格后，协助电梯维修单位向市特种设备质量技术安全检测部门申报电梯设备的定期检验。

为保证电梯的安全运行，防止事故发生，充分发挥设备的效率，延长使用寿命，电梯使用单位必须根据电梯日常运行状态、零部件磨损程度、运行年限、频率、特殊故障等，在日常维修保养已无法解决时，对电梯进行中、大修或单项大修。

18. 司机交接班制度

对于多班运行的电梯岗位，应建立交接班制度。以明确交接双方的责任，交接的内容、方式和应履行的手续。否则，一旦遇到问题，易出现推诿、扯皮现象，影响工作。在制定此项制度时，应明确以下内容：

1）交接班时，双方应在现场共同查看电梯的运行状态，清点工具、备件和机房内配置的消防器材，当面交接清楚，而不能以见面打招呼的方式进行交接。

2）明确交接前后的责任。通常，在双方履行交接签字手续后再出现问题，由接班人员负责处理；若正在交接时电梯出现故障，应由交班人员负责处理，但接班人员应积极配合；若接班人员未能按时接班，在未征得领导同意前，待交班人员不得擅自离开岗位。

3）因电梯岗位一般配置人员较少，遇较大运行故障，当班人力不足时，已下班人员应在接到通知后尽快赶到现场共同处理。

19. 切实做好电梯的全过程管理

电梯的全过程管理，按管理的不同阶段可分为前期管理、使用期管理和后期管理三个阶段。做好全过程管理，是安全、有效使用电梯的基础。

（1）电梯的前期管理　当一个单位需要配置电梯时，就应落实电梯的管理部门，对电梯进行全过程的管理，做好电梯的前期管理工作，搞好技术可行性研究、工艺方案审定、选用和评价、安装和验收。有的单位由于不了解电梯的全过程管理和电梯的特点，忽视电梯的前期管理工作，或者电梯的前期管理工作归一个部门管理，把投产后的电梯交给设备部门管理，往往使电梯全过程管理脱节，遗留许多问题，需要引起重视。

电梯的前期管理应做好以下工作：

1）搞好技术可行性研究和工艺方案审定。确认电梯在建筑物中配置的数量、位置、型号能否满足该单位乘客或运送货物的需要，电梯使用维护是否方便。

2）搞好电梯的选用和评价。应认真做好电梯的选型调查，确定电梯制造厂家，索取电梯厂对机房、井道等土建要求的有关资料，根据建筑物土建进度确定交货日期。

3）根据电梯厂提供的对土建要求的有关资料，确定机房、井道、底坑、层门洞、预留孔洞和预埋件等的设计。在土建工程施工中，要经常检查工程质量是否符合图样要求。

4）确定电梯安装单位。电梯由电梯制造厂或认可的单位负责安装。电梯安装单位必须持有特种设备技术监督部门颁发的安全认可证件。电梯安装前，应根据电梯制造厂的要求，进行开箱检查，根据装箱单核实厂方发货是否与订货型号一致，零部件是否短缺，随机文件是否齐全，随机工具、备件是否齐全。

随机文件要登记造册，一份交档案室保存，一份交安装单位，待电梯安装竣工验收后如数收回，一份留作维修档案资料。随机文件只有一份的，要提前复制。

随机工具、备件应登记造册，妥善保管。

5）根据本单位情况，选配专职电梯维护人员，并到劳动部门和有合适条件的单位培训，取得电梯维护操作合格证。

电梯维护人员最好自始至终跟随电梯安装工作，检查电梯安装施工质量，学习电梯维护技术。

6）经常检查电梯安装施工质量，及时解决安装中存在的质量问题，进行电梯安装过程中隐蔽工程的验收。电梯安装竣工后，根据《电梯制造与安装安全规范》（GB 7588—2003），对电梯逐条、逐项地进行检查试验。交付使用前，应取得当地特种设备质量技术监督部门颁发的安全检验合格证。

7）根据本单位情况，选配专职电梯司机，并到当地劳动部门培训，取得安全操作证。

8）建立电梯技术档案和原始记录。电梯技术档案和原始记录是正确使用、维修电梯必不可少的技术资料，必须注意保管和认真填写。

（2）电梯的使用期管理　电梯安装竣工验收，取得当地特种设备质量技术监督部门颁发的安全检验合格证后，就要投入正常运行使用。电梯能否正常安全运行，并经常处于良好的技术状态，除了做好电梯的前期管理工作外，还要做好电梯使用期的管理。

电梯的使用期间管理是电梯有效使用寿命期的管理，是电梯全过程管理中重要的阶段。为使电梯能始终安全运行，人员平安，首先要求"用好"电梯，要采取各种有效的组织技术措施，合理地、充分地使用电梯，充分发挥电梯的设备效能；其次是"修好"电梯，有专职维护人员对电梯进行定期维护保养，对电梯在使用过程中产生的磨损、发生的故障，要及时修理，在保证维修质量的前提下，缩短停机修理时间，降低修理费用。

电梯的使用期管理一般应做好以下工作：

1）经常检查电梯的使用情况，采取各种方法，严格按安全操作规定，纠正不正确使用电梯的行为，提高设备使用率。

2）编制电梯年度维护作业计划，由维修人员分解执行。检查维修人员对电梯维护作业计划的执行情况和作业质量，降低设备故障率，减少故障停机时间。

3）经常检查电梯技术质量，检查维修人员的各项原始记录，登记统计，考核维修工作质量，及时解决维护工作中存在的各种问题，进行电梯质量检查评定，提高一类设备率。

4）经常进行设备安全检查和安全教育，纠正违章作业现象，消除各种事故隐患。当发生人为设备事故时，做好事故应急处理并及时向上级汇报，做好事故的善后处理。

5）申报电梯改造维修费用计划，合理使用维修费；检查电梯维护材料、备件、工具仪表的使用、管理；审批维修人员提交的购料计划。

6）指导电梯维修人员、电梯司机进行技术业务学习和岗位练兵活动，提高职工技术业务素质；开展安全技术教育，提高安全意识。

7）根据电梯使用率和设备状况，确定电梯大修周期，申报电梯大修计划，组织电梯大修的实施和大修后的验收。

8）贯彻国家有关部门颁发的有关设备维护的政策、法令、规程，推广现代化的设备管理方法，不断健全和完善设备管理制度，提高设备管理水平。

（3）电梯的后期管理　根据电梯技术状况和使用年限，向上级提交电梯更新计划，待上级批准更新后，组织实施电梯的更新计划，总结被更新电梯全过程管理中的经验、教训。

参考文献

[1] 夏国柱，郭力宜，刘安铭，等．电梯工程实用手册［M］．北京：机械工业出版社，2008.

[2] 夏国柱，郭力宜，刘安铭，等．电梯安装维修人员培训考核必读［M］．北京：机械工业出版社，2009.

[3] 夏国柱，郭力宜，刘安铭，等．电梯司机培训考核必读［M］．北京：机械工业出版社，2010.

[4] 夏国柱，郭力宜，方美娟，等．电梯安全管理人员培训考核必读［M］．北京：机械工业出版社，2010.

[5] 闪淳昌，卢齐忠，等．现代安全管理实务［M］．北京：中国工人出版社，2003.

[6] 王洪德．安全员——施工现场业务管理细节大全丛书［M］．北京：机械工业出版社，2007.

[7] 吕保和，朱建军．工业安全工程［M］．北京：化学工业出版社，2004.